高等职业教育畜牧兽医专业教材

现代猪场疾病防治技术

主　编　李雪梅　杨仕群　阳　刚

U0255603

中国轻工业出版社

图书在版编目（CIP）数据

现代猪场疾病防治技术/李雪梅，杨仕群，阳刚主
编 . —北京：中国轻工业出版社，2020.12
ISBN 978-7-5184-3175-5

Ⅰ. ①现… Ⅱ. ①李… ②杨… ③阳… Ⅲ. ①猪病—
防治 Ⅳ. ①S858. 28

中国版本图书馆 CIP 数据核字（2020）第 170144 号

责任编辑：贾　磊　王昱茜
策划编辑：贾　磊　责任终审：张乃柬　封面设计：锋尚设计
版式设计：王超男　责任校对：晋　洁　责任监印：张　可

出版发行：中国轻工业出版社（北京东长安街 6 号，邮编：100740）
印　　刷：北京君升印刷有限公司
经　　销：各地新华书店
版　　次：2020 年 12 月第 1 版第 1 次印刷
开　　本：720×1000　1/16　印张：16.75
字　　数：350 千字
书　　号：ISBN 978-7-5184-3175-5　定价：39.00 元
邮购电话：010-65241695
发行电话：010-85119835　传真：85113293
网　　址：http://www.chlip.com.cn
Email：club@ chlip.com.cn
如发现图书残缺请与我社邮购联系调换
190406J2X101ZBW

本书编写人员

主　编

李雪梅（宜宾职业技术学院）

杨仕群（宜宾职业技术学院）

阳　刚（宜宾职业技术学院）

副主编

曹洪志（宜宾职业技术学院）

许思遥（宜宾职业技术学院）

罗星颖（宜宾职业技术学院）

于　川（宜宾职业技术学院）

参　编

易宗容（宜宾职业技术学院）

李成贤（宜宾职业技术学院）

刘小琬（宜宾职业技术学院）

李　浪（宜宾职业技术学院）

孙佳静（宜宾职业技术学院）

黄荣焱（宜宾职业技术学院）

李帅东（宜宾职业技术学院）

陈达海（宜宾职业技术学院）

文　平（宜宾职业技术学院）

庞永建（云南谷朴生物科技有限公司）

前　言

　　本教材是高职高专院校畜牧兽医类专业的核心课程教材，也是宜宾职业技术学院"1+2"现代学徒制畜牧兽医专业学习领域的特色教材。根据疾病的发生情况，本教材共分为猪场猪病发生特征及防控、猪常见病毒性疾病、猪常见细菌性疾病、猪常见寄生虫病、猪常见普通病、猪其他疾病共六章内容，每个项目附有相关实训，使学生在学习猪病防治的基本理论、基础知识和先进技术的同时，在实践中加深对教材内容的理解，并掌握初步的操作技能。

　　本教材由李雪梅、杨仕群、阳刚任主编，曹洪志、许思遥、罗星颖、于川任副主编。具体编写分工：项目一由宜宾职业技术学院杨仕群编写；项目二的一至七由宜宾职业技术学院阳刚编写，八和实训由宜宾职业技术学院罗星颖编写；项目三的一至十一由宜宾职业技术学院许思遥，实操训练由易宗容编写；项目四的一至实训三由宜宾职业技术学院李雪梅编写，实训四由云南谷朴生物科技有限公司庞永建编写；项目五由宜宾职业技术学院曹洪志、李成贤编写；项目六由宜宾职业技术学院于川编写；附录一由孙佳静、李帅东、黄荣焱、陈达海整理，附录二由刘小琬、李浪、文平整理。全书由李雪梅统稿。

　　本教材除作为高职高专畜牧兽医类院校专业教材外，还可作为中等职业院校畜牧兽医类专业学生及基层畜牧兽医人员、专业化养猪场的技术员和饲养员的参考书。

　　由于编者知识水平有限，加之出版时间紧促，不妥之处在所难免，敬请读者批评指正。

编者

2020 年 6 月

目　录

项目一 猪场猪病发生特征及防控

1. 掌握猪传染病的基础知识。
2. 掌握猪场猪病发生特征。
3. 掌握猪场猪病防控基本原则和基本内容。
4. 掌握猪场生物安全体系的构建内容。
5. 掌握猪场常用的消毒方法、猪场消毒程序。
6. 掌握猪场免疫程序的制定方法。
7. 掌握猪场疫苗的使用方法。

1. 能正确剖检病死猪只。
2. 能正确构建猪场的生物安全体系。
3. 能正确进行消毒液的配制和猪场消毒。
4. 能根据猪场实际情况，制定合理科学的免疫程序。
5. 能正确选择和使用疫苗。

一、猪场猪病发生特征

（一）猪传染病的基础知识

1. 感染与传染病的概念

病原微生物侵入动物机体，并在一定的部位定居、生长繁殖，从而引起机体一系列病理反应，这个过程称为感染或传染。猪被病原微生物感染后会有不同的临床表现，从完全没有临床症状到表现明显的临床症状，甚至死亡，这是病原的致病性、毒力与宿主条件综合作用的结果。凡是由病原微生物引起的，具有一定的潜伏期和临诊表现，并具有传染性的疾病，称为传染病。传染病的表现虽然多种多样，但也具有一些共同特点，根据这些特点可与其他疾病相区别。传染病的共同特点如下所述。

（1）传染病是在一定环境条件下由病原微生物与机体相互作用所引起的，每一种传染病都有其特异性的致病性微生物，如猪瘟是由猪瘟病毒引起的，非洲猪瘟是由非洲猪瘟病毒引起的。

（2）传染病具有传染性和流行性 从患病猪体内排出的病原微生物，侵入另一有易感性的健康猪体内，能引起同样症状。像这样使疾病从病猪传染给健康猪的现象，就是传染病与非传染病相区别的一个重要特征。当环境条件适宜时，在一定时间内，某一地区易感动物群中可能有许多动物感染，致使传染病蔓延传播，形成流行。例如，某饲养户从外地引进一批仔猪，当引入时，该批仔猪中有 1 头或几头仔猪体内已经感染了猪的高致病性蓝耳病毒，放入到圈舍内，当遇到气温忽高忽低或饲养管理不当时，猪抵抗力下降等可造成全群该病的发生，临床上常见患有蓝耳病的病猪体温升高达 42℃ 以上，呼吸困难，耳发绀，眼结膜潮红，脸部肿大，关节肿大，后躯瘫软无力，呈犬坐式等，一般 3~7d内死亡。由 1 头或几头带病菌的仔猪可通过粪便、尿液、互相舔咬引起全批仔猪的感染，而造成该病的传染和流行。

（3）被感染的机体发生特异性反应 在传染病发展过程中，由于病原微生物的抗原刺激作用，机体发生免疫学的改变，产生特异性抗体和变态反应等。这种改变可以用血清学方法等特异性反应检查出来。

（4）耐过动物能获得特异性免疫 耐过传染病后，在大多数情况下均能产生特异性免疫，使机体在一定时期内或终生不再患该种传染病，如猪、牛、羊的口蹄疫，慢性猪瘟等。

（5）具有特征性的临诊表现 大多数传染病都具有该病特征性的综合症状和一定的潜伏期与病程经过。如猪丹毒，一般架子猪和育肥猪多发病，以夏天常见，临床表现为体温升高达 42℃ 或更高，不食、便秘，皮肤有圆形、菱形疹块，俗称"打火印"。猪丹毒的潜伏期一般为 1~7d，平均 3~5d，急性型一般多在 2~4d 内死亡。

2. 传染病的类型

临床上的传染病表现错综复杂，从不同的角度可以有不同的分类方法。下面介绍几种主要的临床分类方法。

（1）分为最急性、急性、亚急性和慢性传染病 按病程长短可将传染病分为最急性、急性、亚急性和慢性传染病。病程短，通常不超过 1d，症状和病变不明显而突然死亡的称为最急性传染病。病程较短，从几天到两三周不等，并伴有明显症状的称为急性传染病。症状不如急性传染病明显、比较缓和的称为亚急性传染病。病程发展慢，常达 1 个月以上，症状不明显或不表现的称为慢性传染病。

（2）分为单纯性、混合性、原发性和继发性传染病　按病原种类可将传染病分为单纯性、混合性、原发性和继发性传染病。由一种病原体所引起的传染病称为单纯性传染病。由两种或两种以上不同病原体同时在同一动物体内发生的传染，称为混合性传染病。猪感染了一种病原体后，又有另一种病原体传染了该猪，那前者称原发性传染病，后者称继发性传染病，如慢性猪瘟常继发猪肺疫或副伤寒等。

（3）分为显性传染病和隐性传染病　按临床表现可将传染病分为显性传染病和隐性传染病。感染了某种病原微生物后表现出该病所特有的明显的临床症状称为显性传染病。在感染后不呈现任何临床症状而呈隐蔽经过称隐性传染病。

（4）分为良性传染病和恶性传染病　按传染病的严重程度可将其分为良性传染病和恶性传染病。一般以猪的死亡率作为判定传染病严重程度的主要指标。不引起病畜大批死亡的称为良性传染病，引起病畜大批死亡的称为恶性传染病。

（5）分为局部性传染病和全身性传染病　按传染病是否表现全身症状可将其分为局部性传染病和全身性传染病。由于机体的抵抗力较强，而侵入的病原体毒力较弱或数量较少，被局限在一定部位生长繁殖，并引起一定的病变称局部性传染病，如放线菌病、各种脓肿。由于机体抵抗力较弱，而病原体数量多、毒力强，病原体冲破机体的各种防御屏障侵入血液向全身扩散，并引起全身症状称全身性传染病，如菌血症、毒血症、败血症、脓毒症和脓毒败血症等。

3. 传染病的发展阶段

由生物性因素引起的传染病的发展过程多数情况下具有严格的规律性，大致可以分为潜伏期、前驱期、明显（发病）期和转归期 4 个阶段。

（1）潜伏期　从病原体侵入机体开始至最早临床症状出现为止的期间，称为潜伏期。不同的传染病其潜伏期的长短是不相同的，就是同一种传染病的潜伏期长短也有很大的变动范围。这是由于不同的动物种属、品种或个体的易感性不同，侵入病原体的种类、数量、毒力和侵入途径、部位等不同而出现的差异。

（2）前驱期　从开始出现临床症状，到出现主要症状为止的时期，称为前驱期。其特点是临床症状开始表现出来，如体温升高、食欲减退、精神沉郁、生产性能下降等，但该病的特征性症状仍不明显。

（3）明显（发病）期　前驱期之后，疾病的特征性症状逐步明显地表现出来的时期称为明显（发病）期。本期是疾病发展的高峰阶段，这个阶段有很多代表性的特征性症状相继出现，在诊断上比较容易识别，有重要的临床意义。

（4）转归（恢复）期　疾病进一步发展为转归期。如果病原体的致病性增强，或动物体的抵抗力减退，则传染过程以动物死亡为转归。如果动物体的抵抗力增强，临诊症状逐渐消退，正常的生理机能逐步恢复，则传染过程以动物康复为转归。但动物机体在一定时期内仍保留免疫学特性，有些传染病在一定时期内还有带菌（毒）、排菌（毒）现象存在。

4. 传染病流行过程的3个基本环节

猪传染病的一个基本特征是能在猪与猪之间通过直接接触或间接接触互相传染，形成流行。病原体由传染源排出，通过各种传播途径，侵入易感猪体内，形成新的传染，并继续传播形成猪群体感染发病的过程称为猪传染病的流行过程（图1-1）。传染病流行必须具备3个条件，一是传染源，二是传播途径，三是易感动物。这3个条件称为传染病流行过程的3个基本环节，当这3个条件同时存在并相互联系时就会造成传染病的发生。因此，掌握传染病流行过程的基本条件及其影响因素，有助于制定正确的防疫措施，控制传染病的蔓延或流行。

图1-1　猪传染病的流行过程

（1）传染源　传染源（又称传染来源）是指体内有病原体寄居、生长、繁殖，并能将其排到体外的动物。猪传染病的传染源就是受感染的猪，可以分为患病猪和病原携带猪两种类型。

（2）传播途径　病原体由传染源排出后，经一定的方式再侵入其他猪体内所经的途径称为传播途径。传播途径可分两大类。一是水平传播，即传染病在群体之间或个体之间以水平方式横向传播；二是垂直传播，即母体所患的传染病或所带的传染性病原体，经胎盘传播给子代的传播方式。水平传播在传播方式上可分为直接接触传播和间接接触传播两种。

①直接接触传播：被感染的猪（传染源）与其他猪直接接触（交配、舐咬

等）而引起感染的传播方式。

②间接接触传播：易感猪接触传播媒介而发生感染的传播方式。将病原体传播给易感猪的中间载体称为传播媒介。传播媒介可能是生物（媒介者），如蚊、蝇、牛虻、蜱、鼠、鸟、人等；也可能是无生命的物体（媒介物或称污染物），如饲养工具、运输工具、饲料、饮水、畜舍、空气、土壤等。

大多数传染病如口蹄疫、猪瘟等以间接接触为主要传播方式，同时也可以通过直接接触传播。两种方式都能传播的传染病也称为接触性传染病。

在正常的养殖过程中，饲养人员和兽医工作者等如不注意遵守卫生消毒制度，或消毒不严时，在进出患病猪和健康猪的圈舍时可将手上、衣服、鞋底沾染的病原体传播给健康动物；此外，兽医使用的体温计、注射针头以及其他器械如消毒不彻底也可能成为猪传染病的传播媒介。

（3）易感动物　易感动物指对某些传染病没有抵抗力的动物，它是传染病发生与传播的重要环节之一，直接影响传染病是否造成流行以及传染病的严重程度。动物易感性的高低一方面与病原体的种类和毒力强弱有关，另一方面主要还是由动物群的内在因素（遗传因素、年龄差异、免疫状态等）、动物群的外界因素（饲养管理水平、气候、饲料）和机体的免疫状态所决定。因此，平时应注意保护易感动物，降低其易感性。目前，免疫接种是有效降低易感动物易感性、预防传染病的最主要措施之一。

5. 传染病流行过程的特征

（1）流行过程的表现形式　在传染病的流行过程中，根据一定时间内猪的发病率高低和传染范围大小（即流行强度）可将猪群体中猪病的表现分为下列4种表现形式：散发性、地方流行性、流行和大流行。

①散发性：疾病发生无规律性，随机发生，局部地区病例零星地散在发生，各病例在发病时间与发病地点上没有明显的关系时，称为散发。出现这种散发的主要原因有以下两点：

a. 可能是猪群对某种疾病的免疫水平较高，如猪瘟本是一种流行性很强的传染病，但在每年进行全面免疫接种后，易感猪的环节基本上得到控制，但如果平时预防工作不够细致，防疫密度不够高时，还是可能出现散发病例；

b. 某病的隐性感染比例较大，仅有一部分猪偶尔出现症状；

c. 某病的传播需要的条件比较高，如破伤风、放线菌病等。

②地方流行性：在一定的地区和猪群体中，带有局限性传播特征的，并且是比较小规模流行的猪传染病，可称为地方流行性，或该病的发生有一定的地区性。

③流行：所谓发生流行是指在一定时间内一定猪群体出现比平时多的病例，它没有一个发病比例的绝对数界限，而仅仅是指疾病发生频率较高的一个相对名词。流行性疾病的传播范围广、发病率高，如不做好平时预防，疾病可

传播到几个乡、县甚至省。这些疾病的病原毒力较强，能以多种方式传播，且猪群体的易感性较高。

"爆发"是一个不太确切的名词，大致可作为流行性的同义词。一般认为，某种传染病在一个猪群体单位或一定地区范围内，在短期间（该病的最长潜伏期内）突然出现很多病例时，可称为爆发。

④大流行：大流行是一种规模非常大的流行，群体中受害动物比例大，流行范围可扩大至全国，甚至可涉及几个国家或几大洲。在历史上如口蹄疫和流感等都曾出现过大流行。

上述几种流行形式之间的界限是相对的，并且不是固定不变的。

（2）流行过程的季节性和周期性　猪某些传染病经常发生于一定的季节，或在一定的季节出现发病率显著上升的现象，称为流行过程的季节性。出现季节性的原因，主要有下述几个方面。

①季节对病原体在外界环境中存在和散播的影响：夏季气温较高，日照时间长，这对那些抵抗力较弱的病原体在外界环境中的存活是不利的。例如，炎热的气候和强烈的日光暴晒，可使散播在外界环境中的部分病原很快失去活力，所以一般在夏季减缓或平息季节传染病的发生较少，如口蹄疫在夏季发生少；而在多雨和洪水泛滥季节有些传染病较多见，如土壤中含有炭疽杆菌芽孢或气肿疽梭菌芽孢，则可随洪水散播，因而炭疽或气肿疽的发生可能增多。

②季节对活的传播媒介（如节肢动物）的影响：夏、秋炎热季节，蚊、蝇、虻类等吸血昆虫大量滋生且活动频繁，凡是能由它们传播的疾病都较易发生，如乙型脑炎、猪丹毒、炭疽等。

③季节对猪活动和抵抗力的影响：冬季猪群聚集拥挤，接触机会增多，如圈内温度降低，湿度增高，通风不良，常易促使经由空气传播的呼吸道传染病暴发流行，如猪流行性感冒和猪喘气病。季节变化主要是气温的变化，对猪抵抗力有一定的影响，这种影响对于由条件性病原微生物引起的传染病尤其明显。如在寒冬或初春，容易发生某些呼吸道传染病。

除了季节性以外，在某些传染病如口蹄疫，经过一定的间隔时期（常以数年计），还可能表现再度流行，这种现象称为传染病的周期性。

（3）影响流行过程的因素　构成猪传染病的流行过程，必须具备传染源、传播途径和易感猪3个基本环节。只有这些基本环节相互联结，协同作用时，猪传染病才可能发生和流行。导致这3个基本环节相互联结、协同作用的因素是动物活动所在的环境和条件，即各种自然因素和社会因素。它们对流行过程的影响是通过对传染源、传播途径和易感猪的作用而发生的。

①自然因素：

作用于传染源：如一定的地理条件（海、河、高山等）对传染源的转移产生一定的限制，成为天然的隔离条件。季节变换，气候变化引起机体抵抗力的变动，如气喘病的隐性病猪，在寒冷潮湿的季节里病情恶化，咳嗽频繁，排出病原体增多，散播传染病的机会增加。反之，在干燥温暖的季节里，加上饲养情况较好，病情容易好转，咳嗽减少，散播传染的机会也小。

作用于传播媒介：自然因素对传播媒介的影响非常明显。例如，夏季气温上升，在吸血昆虫滋生的地区，作为传播流行性乙型脑炎等病的媒介昆虫——蚊类的活动增强，因而乙型脑炎病例增多。日光和干燥对多数病原体具有致死作用，反之，适宜的温度和湿度则有利于病原体在外界环境中较长期的生存。当温度降低湿度增大时，有利于气源性感染，因此呼吸道传染病在冬、春季节发病率增高；洪水泛滥季节，地面粪尿被冲刷至河塘，造成水源污染，易引起钩端螺旋体病和炭疽等疫病的流行。

作用于易感动物——猪：自然因素对易感猪这一环节的影响首先是增强或减弱机体的抵抗力。如低温高湿的条件下，不但可以使飞沫传播媒介的作用时间延长，同时也可使易感猪易于受凉、降低呼吸道黏膜的屏障作用，有利于呼吸道传染病的流行。在高气温的影响下，肠道的杀菌作用降低，使肠道传染病增加。

②社会因素：影响猪病流行过程的社会因素主要包括社会制度、生产力和人们的经济、文化、科学技术水平以及贯彻执行法规的情况等。它们既可能是促进猪病广泛流行的原因，也可以是有效消灭和控制猪传染病流行的关键因素。

总之，影响传染病流行过程是多因素综合作用的结果。传染源、宿主和环境因素不是孤立地起作用，而是相互作用引起传染病的流行。

（二）猪场猪病发生特征

近年来，随着人们对肉的需求量不断加大，我国养猪业得到了巨大的发展，涌现出了一大批集约化、规模化、工厂化的养猪场。但随着这种养殖模式的急速增加，很多硬件设施和软件设施不能合理配套使用，或者厂房设计不合理，或技术力量薄弱等，造成很多养殖场出现了一系列影响发展的问题，导致当前猪场猪病发生形成了新的特征。

1. 新病时有出现，老病、少发病增多

由于饲养模式的变化与对外交流的增加，新病原时有发现。据统计，我国近10年来新出现畜禽传染病30余种，而猪病有7种以上。有些传染病（如猪蓝耳病、圆环病毒感染等），在国外出现不久就相继在我国发现。其次，由于饲养模式，环境条件与管理技术等原因，出现了许多新病（如非洲猪瘟、异嗜癖、应激综合征、呼吸道综合征等）。再则，过去已被控制或少发生的猪链球

菌病、仔猪伪狂犬病、仔猪多系衰弱综合征等，近年来发病增多；还有仔猪水肿病、猪霉形体肺炎等往往不被人们重视的传染病，也有高发的趋势。

猪病发生日趋复杂，病因病原种类多，为猪病的诊断与防治提出了更高的要求。如目前引起猪腹泻的疾病主要有传染性胃肠炎、猪瘟、猪流行性腹泻、轮状病毒病、仔猪黄白痢、球虫病、红痢、副伤寒、伪狂犬、猪丹毒等；引起母猪流产、死胎的疾病有细小病毒病、乙型脑炎、伪狂犬、猪瘟、流感、水泡性病、巨细胞病毒感染、布氏杆菌病、蓝耳病等；引起呼吸道系统的疾病有传染性萎缩性鼻炎、巨细胞病毒感染、曲霉菌病、气喘病、腺病毒感染、嗜血杆菌感染、接触性传染性胸膜肺炎、副伤寒、伪狂犬、流感等；引起神经性症状的疾病有伪狂犬、水肿病、链球菌、李氏杆菌病、副嗜血杆菌、破伤风等。

2. 细菌耐药现象严重，细菌性疾病难以控制

随着集约化养殖场的增多和规模的不断扩大，养殖场环境污染越加严重，加上长期不合理使用抗生素和含抗菌药物的饲料添加剂的滥用，导致耐药菌株不断出现，使细菌性疾病的控制难度增加。近年来，畜禽养殖场细菌性疫病明显增多，如大肠杆菌病、沙门菌病、巴氏杆菌病、布氏菌病、葡萄球菌病、链球菌病、绿脓杆菌病、支原体病等疫病的发病率不断增高，细菌性疾病已成为养殖场的常发疾病，其危害日益严重。

3. 混合感染与非典型性发病增多

目前，多病原混合感染已成为猪病发生的主要形式。其既有多种细菌相加，或多种病毒相加，如猪瘟与牛黏膜病毒病、猪瘟和猪繁殖与呼吸障碍综合征、圆环病毒病与猪瘟、猪繁殖与呼吸障碍综合征、细小病毒病、猪气喘病与巴氏杆菌、猪传染性胸膜肺炎混合感染等；也有多种细菌与病毒相加的；或与附红细胞体相加的；或是一种或几种疾病原发，再继发或并发其他疾病，使其临诊表现和病理变化不像单纯感染那么典型，给猪病的诊断和防治带来了更大的难度。这些已知病原在不同地区甚至同一地区的多重感染组合可能不同，但其共同表现是"看啥不像啥，看啥又像啥"。几种病毒、细菌和霉菌毒素混合感染或继发感染表现出的复杂综合征，发热只是其中之一，却让人觉得是新病原的出现，而事实上并非什么新病原，或某种单一病原所致，从而给判断与防控对策的制定带来了极大的困难，多病原体的混合共存，其中一些能抵御或破坏宿主的防御系统，使共生病原体得到保护。尤其重要的是，混合感染常使抗生素活性受到干扰，体外药敏试验常不能反映出混合感染病灶中的实际情况，使得依据药敏试验结果这一传统的抗生素使用的"黄金标准"受到了严峻的考验。过去猪病多是急性典型发作，侵害导致猪发病和死亡，用疫苗与药物进行单纯的特异性防治十分有效；而当前的猪病多是以猪免疫系统受损而导致多种病原并发、继发或复合感染为特征，改变了病原与猪体之间的原有关系，造成

了许多猪病以非典型或综合征的形式出现。其发病也许并不很急，但就是难以控制与治愈。

温和型、慢性及隐性传染病逐年增多，使种公猪、母猪、后备种猪、初生仔猪、保育猪、育肥猪等同一猪场中的各类型猪，均可感染疾病。临诊上母猪多表现为流产、死产、产弱仔及震颤；仔猪多表现为生长迟缓、成为僵猪、产生免疫耐受、发生免疫失败等，给整个养猪业带来巨大的经济损失。

4. 免疫抑制性因素增多

有些猪场疫苗应用与免疫程序似乎都无可挑剔，却总有散发的或疑似的猪瘟发生，支原体肺炎、副猪嗜血杆菌病存在，用疫苗也无济于事；特别是人工免疫后群体免疫效价低和抗体效价整齐度差，其原因不是疫苗质量变差了、病原体的毒力变强了，而是产生了所谓的猪群免疫抑制现象。如我国猪瘟兔化弱毒疫苗是世界公认最好的预防猪瘟的疫苗；研究也发现，我国猪瘟病毒野毒株中也并没有出现能抵抗现行疫苗免疫作用的突变强毒株，但近几年来，却不断有猪场在多次使用疫苗后仍发生猪瘟的报告。其原因固然是多方面的，如与疫苗保存、运输及使用不当等有关，但更多的与猪群发生免疫抑制现象有很大的关系。

免疫抑制是指由于猪免疫系统遭到破坏而引起的临时性或永久性免疫应答功能障碍，从而导致猪对病原的敏感性提高，造成低致病力病原或弱毒疫苗也可能感染发病的一种临诊常见病理现象。引起猪群产生免疫抑制的因素很多，既有传染性因素，也有非传染性因素。传染性因素如蓝耳病、圆环病毒病、伪狂犬病、猪瘟、支原体肺炎、细小病毒感染、猪流感、巨细胞病毒感染以及许多细菌的感染；非传染性因素如遗传因素、毒素毒害作用、营养因素、药物因素、疫苗因素与理化因素等。

5. 饲养管理性发病增多

随着集约化与规模化养殖的发展，有些养猪场片面地追求大规模与密集化，让猪生活在集中营式的圈舍中。限位栏、限产床、不给放风、不见阳光、3 周断乳、剪牙、断尾等，使猪遭受的应激反应与痛苦超过了其承受能力而处于亚健康状态，从而使其体质衰弱、免疫力下降、疾病易感性增强。盲目从国外引种，带来外来病原，而国内活猪大流通又导致病原大扩散。规模化养猪场引来外来病原带给散养户，反过来散养户又威胁规模化猪场的安全。

二、猪场猪病防控

动物传染病是对养殖业危害最严重的一类疾病，动物传染病的控制和消灭程度，是衡量一个国家兽医事业发展水平的重要标志。猪病防控重在传染病，现代集约化猪场的猪病防控原则，应贯彻"预防为主"的方针，在加强饲养管理的基础上，预防为主，防重于治，养防结合。

（一）现代防疫工作的理念

1. 群防群治的理念

在猪传染病的综合防治过程中应确立群体保健、防疫、诊断及治疗，而不是个体防治的观点，所采取的措施要从群体出发，要有益于群体。但这并不否认对猪个体的情况予以重视，因为在猪群体中，个体的价值虽然低，但通过个体防治可以从中得到启发。因此，应根据猪场实际情况，制订免疫程序，对一些重要细菌性猪传染病，应在猪传染病发生之前给予药物预防。

2. 长远规划的理念

集约化养殖场兽医防疫工作是一项长期的任务，必须有一个长远的计划，有计划地分期完成各项防疫措施，使疫病防疫体系不断完善。

3. 多病因论的理念

猪传染病的发生往往涉及多种因素，通常是多种因素相互作用的结果。因此，诊断猪传染病，不仅应查明致病的病原，还应考虑外界环境、管理条件、应激因素、营养状况、免疫状态等因素，用环境、生态及流行病学的观点进行分析研究，从设施、制度、管理等方面，采取综合措施，才能有效地控制猪传染病的发生。

4. 多学科协作的理念

兽医、畜牧、生态、机械设备等学科应密切配合，从场址选择、场舍建筑、种群引进、种源净化等方面，均应考虑防疫问题。

（二）猪传染病防控工作的基本原则

1. 健全机构的原则

县以上的农牧部门是兽医行政机构，县级人民政府和乡级人民政府应当采取有效措施，还可根据动物防疫工作需要，向养猪场派驻兽医机构，共同担负动物传染病的预防与扑灭工作。兽医防疫工作是一项系统的工程，它与农业、商业、外贸、卫生、交通等部门都有密切的关系，只有依靠政府的统一领导、协调，从全局出发，大力合作，统一部署，全面安排，才能有效及时地把兽医防疫工作做好。

2. 预防为主的原则

养猪生产过程中，搞好综合性的防疫措施是极其重要的。随着集约化、现代化养猪的发展，"预防为主"方针的重要性显得更加突出，否则兽医防疫工作将会陷入完全被动的局面，猪生产也会走向危险的境地。

3. 法规建设的原则

我国于 1991 年颁布了《中华人民共和国进出境动植物检疫法》，对我国动物检疫的原则和办法做了详尽的规定。1997 年通过的、2015 年修订的《中华人民共和国动物防疫法》，对我国动物防疫工作的方针政策和基本原则做了明确而具体的规定。这两部法律是我国目前执行的主要兽医法规。做好猪传染病防治的前提是严格执行以上法规。

4. 调查监测的原则

由于不同传染病在时间、地区及猪群中的分布特征、危害程度和影响流行的因素有一定的差异，因此要制定适合养猪场的传染病防制计划或措施，必须在对该地区展开流行病学调查和研究的基础上进行。

5. 突出重点的原则

猪传染病的控制或消灭需要针对流行过程的三个基本环节采取综合性防治措施。但在实施和执行综合性措施时，必须考虑不同传染病的特点及不同时期、不同地点和猪群的具体情况，突出主要因素和主导措施，即使为同一种猪传染病，在不同情况下也可能有不同的主导措施，在具体条件下究竟应采取哪些主导措施要根据具体情况而定。

（三）防控工作的基本内容

猪传染病的流行是由传染源、传播途径和易感动物 3 个因素相互联系而造成的复杂过程。因此，采用适当的方法来消除或切断这 3 个环节的相互关联，就可以阻止疫病的继续传播。在采取防疫措施时，应根据各种传染病对应不同的流行环节，分轻重缓急，找出重点措施，以达到在尽可能短的时间内以最少的人力、物力控制传染病的流行。例如，消灭猪瘟以免疫接种为主，而消灭结核病、猪气喘病则以控制病猪和带菌猪为重点措施。但是任何传染病都不能凭单一的措施进行控制，而要采取"养、防、检、治"4 个基本环节的综合性措施。传染病的防疫措施主要分为平时的预防性措施和发生传染病后的隔离、封锁和扑灭措施。

1. 平时的预防性措施

（1）控制和消灭传染源，主要采取以下六种措施。

①隔离饲养：隔离饲养的目的是防止或减少有害生物（病原微生物、寄生虫、虻、蚊、蝇、鼠等）进入和感染（或危害）健康猪群，也就是防止从外界传入疫病。为做好隔离饲养，猪场应选择地势高、干燥、平坦、背风、向阳、水源充足、水质良好、排水方便、无污染的地方，远离铁路、公路干线、城镇、居民区和其他公共场所，特别应远离其他动物饲养场、屠宰场、畜产品加工厂、集贸市场、垃圾和污水处理场所、风景旅游区等。

②猪场建设应符合动物防疫条件：猪场要分区规划，隔离区、生活区、生产管理区、辅助生产区、生产区、病死动物和污物、污水处理区，应严格分开并相距一定距离；生产区应按人员、动物、物资单一流向的原则安排建设布局，防止交叉感染；栋与栋之间应有一定距离；净道和污道应分设，互不交叉；生产区大门口应设置值班室和消毒设施等。

③要建立严格的卫生防疫管理制度：严格管理人员、车辆、饲料、用具、物品等流动和出入，防止病原微生物侵入猪场。

④要严把引进猪关：凡需从外地引进猪，必须首先调查了解产地传染病流行情况，以保证从非疫区健康猪群中购买；再经当地动物检疫机构检疫，签发检疫合格证后方可启运；运回后，隔离观察30d以上，在此期间进行临床观察、实验室检查，确认健康无病，方可混群饲养，严防带入传染源。

⑤定期开展检疫和疫情监测：通过检疫和疫情监测，及时发现患病猪和病原携带猪，以便及时清除，防止疫病传播蔓延。

⑥科学使用药物预防：使用化学药物防治动物群体疾病，可以起到有病治病，无病防病的功效，特别是对于那些目前没有有效的疫苗可以预防的疾病，使用化学药物防治是一项非常重要的措施。

（2）切断传播途径主要包括以下六点。

①消毒：建立科学的消毒制度，认真执行消毒制度，及时消灭外界环境（圈舍、运动场、道路、设备、用具、车辆、人员等）中的病原微生物，切断传播途径，阻止传染病传播蔓延。

②杀虫：虻、蝇、蚊、蜱等节肢动物是传播疫病的重要媒介。因此，杀灭这些媒介昆虫，对于预防和扑灭动物传染病有重要的意义。

③灭鼠：鼠类是很多种人、畜传染病的传播媒介和传染源。因此灭鼠对于预防和扑灭传染病有着重大意义。

④实行"全进全出"饲养制：同一饲养圈舍只饲养同一批次的动物，同时进、同时出，同一饲养圈舍动物出栏后，经彻底清扫，认真清洗，严格消毒（火焰烧灼、喷洒消毒药、熏蒸等），并空圈舍半个月以上，再饲养另一批猪，可消除连续感染、交叉感染。

⑤严防饲料、饮水被病原微生物污染。

⑥驱鸟：可防止一些传染病的传播。

（3）提高易感动物的抵抗力主要通过以下途径。

①科学饲养：科学饲养，喂给全价、优质饲料，满足动物生长、发育、繁育和生长需要，增强猪抵抗力。

②科学管理：圈舍保持适宜的温度、适宜的湿度、适宜的光照、通风，给猪创造一个适宜的环境，增强猪的抵抗力和免疫力。

③免疫接种：要按照动物防疫部门的安排及时给猪接种疫苗，使猪机体产生特异性抵抗力，让易感染猪转化为不易感染猪。

④采取自繁自养模式，确保猪群稳定和健康。

2. 发生动物传染病时应采取以下六项扑灭措施

（1）迅速报告疫情　任何单位和个人发现猪传染病或疑似猪传染病时，应立即向当地动物防疫机构报告，并就地隔离患病猪或疑似病猪和采取相应的防治措施。

（2）尽快做出正确诊断和查清疫情来源　动物防疫机构接到疫情报告后，应立即派技术人员奔赴现场，认真进行流行病学调查、临床诊断、病理解剖检查，并根据需要采取病料，进一步进行实验室诊断和调查疫情来源，尽快做出正确诊断和查清疫源。

（3）隔离和处理患病猪　确诊的患病猪和疑似感染猪应立即隔离，指派专人看管，禁止移动。并根据疫病种类、性质，采取扑杀、无害化处理或隔离治疗。

（4）封锁疫点、疫区　当发生一类动物疫病，或二、三类动物疫病呈暴发流行时，当地畜牧兽医行政部门应当立即派人到现场，划定疫点、疫区、受威胁区，并报请当地政府实行封锁。封锁要"早、快、严、小"，即封锁要早、行动要快、封锁要严、范围要小。同时，在封锁区边缘地区，设立明显警示标志，在出入疫区的交通路口设置动物检疫消毒站；在封锁期间，禁止染疫和疑似染疫猪、猪产品流出疫区；禁止非疫区的猪进入疫区；并根据扑灭传染病的需要对出入封锁区的人员、运输工具及有关物品采取消毒和其他限制性措施。对病猪和疑似病猪使用过的垫草、残余饲料、粪便、污染物及病死猪的尸体等采取集中焚烧或深埋等无害化处理措施。对染疫猪污染的场地、物品、用具、交通工具、圈舍等进行严格彻底消毒，并开展杀虫、灭鼠工作。在疫区，根据需要对易感猪及时进行预防接种，必要时暂停猪的集市交易和其他集散活动。

（5）受威胁区要严密防范，防止疫病传入　受威胁区要采取对易感猪进行紧急免疫接种，管好本区人、畜，禁止出入疫区，加强环境消毒，加强疫情监测，及时掌握疫情动态。

（6）解除封锁　在最后一头患病猪急宰、扑杀或痊愈并且不再排出病原体时，经过该病一个最长潜伏期，再无疫情发生时，通过全面的、彻底的终末消毒，再经动物防疫监督机构验收后，由原决定封锁机关宣布解除封锁。

（四）猪场生物安全体系的构建

无论过去，还是现在，疫病已成为我国养猪业面临的最主要挑战。生物安全体系是猪场疫病防控的第一道防线，是保障生产安全、防控疫情发生、提高经济效益的主要手段，这是国内外养猪行业中达成了广泛的共识。

1. 生物安全体系的概念和基本原则

（1）生物安全体系的概念　猪场生物安全体系建设就是围绕消灭传染源、切断传播途径、保护易感动物等传染病三要素开展的。猪场的生物安全体系是指为阻断场外病原（病毒、细菌、真菌、寄生虫等）感染猪群、维护猪群健康安全、保障猪场正常生产而采取的一系列疫病综合防范措施的集合。主要包括以下3个方面。

①防止猪场以外有害病原微生物（包括寄生虫）进入猪场；

②防止在猪场内传播扩散；

③防止传播扩散到其他猪场。

其具体任务就是对养猪生产经营相关的"五流"，即人流、车流、物流、猪流、水流等实现有效管控。

（2）生物安全体系建立的基本原理

①猪场及猪群的健康等级：在生猪生产及生物安全体系中，不同的猪场由于代级、地理位置等因素不同，其健康等级也不同，一般来讲原种场 > 祖代扩繁场 > 父母代猪场 > 商品场 > 体系以外猪场；同理，在同一猪场的猪群中，其健康等级也是不同的，公猪的健康等级最高，其次母猪群，再是保育猪，最低的是肥育猪。

②猪场净区和脏区概念：净区和脏区的概念是相对的，相对于整个猪场区域，猪场以外是脏区，以内是净区；而在猪场内部区域，生活区是脏区，生产区是净区；在生产区中，舍内是净区，舍外及其他区域是脏区。

③猪群的单向流动不可逆原则：猪群由高健康等级向低健康等级流动，同样，猪群只能从净区流向脏区，不可逆流。

2. 生物安全体系建设的具体内容

生物安全体系是一个十分复杂并涉及法律法规、兽医学、微生物学、建筑学、营养学、管理学等众多学科的系统工程，从猪场规划建设开始，贯穿于猪场生产经营的方方面面，主要包括以下方面。

（1）组织机构及制度建设　为了长期持续地做好生物安全工作，需要成立以企业一把手为领导、包括主要管理、技术人员及门岗等其他关键岗位为成员的生物安全领导小组，小组主要职责：负责生物安全体系及制度的规划、修改和完善、监督落实及处罚违规情况。

生物安全制度是养殖企业的根本大法，需要定期培训，要求人人掌握。让生物安全意识成为每一个人的自觉行为，成为一种习惯。建立生物安全风险预警制度，了解猪场周边猪病流行情况及发展态势，及时发布预警，比如：

Ⅰ级红色预警：所在县域内发生重大疫情；

Ⅱ级橙色预警：所在市内发生重大疫情；

Ⅲ级黄色预警：所在省内发生重大疫情；

Ⅳ级蓝色预警：相邻省份发生疫情。

此外，设立生物安全专员的岗位，监督检查生物安全制度的落实情况，确保达到效果；利用 QQ、微信等现代化通信技术，建立生物安全工作群，实现动态管理。

（2）场址选择　场址选择十分重要，如果选址不佳，对后续的生物安全及疫病防控带来严峻挑战。场址选择主要考虑以下几个方面。

①合规性：应符合国家相关法律、法规的规定或要求，符合地方政府的土地发展规划政策，不属于基本农田和林地，应位于法律、法规明确规定的禁养区以外，禁止在旅游区、自然保护区、水源保护区和环境公害污染严重的地区建场。

②生物安全：选择人烟稀少、相对偏远的山区或者丘陵地带，具有山、树林等天然防疫屏障，隔离条件良好；场址周围 3km 内无大型工厂、矿区、皮革加工厂、屠宰场、肉品加工厂、农贸市场、活畜交易市场和其他养猪场，场址距离干线公路、城镇、居民区和公众聚会场所 1km 以上，远离交通干道和养殖密集区。

③环保：选择向阳避风、地势高燥、通风良好的地段，场址应位于居民区常年主导风向的下风向或侧风向。最好周边有大片农田、果蔬基地，可以消纳猪场产生的粪肥。

④其他：配备专用深水井和蓄水池，保质保量，不易污染；保障电力供应，备用柴油发电机；交通便利；了解当地水文资料，地质构造，避免发生自然灾害。

（3）猪场布局及配套设施　一个现代化的大型养猪场应该由饲料厂、中转料塔、养殖基地、二次转运台、洗消中心等板块组成。饲料厂根据生猪生产体系规模规划建设，可以是养殖基地的一部分，或者是独立厂区（独立核算）。饲料厂选址建设及生产也要注重生物安全；中转料塔可以避免外来饲料车靠近生产区，可以在办公区和生产区的交界处；二次转运台建在生产区的下风向，距养殖基地的 1km 以上，净道和脏道规划合理，互不交叉。避免外来运猪车进入养殖基地，最大程度的降低生物安全风险。洗消中心是现代化大型养猪场必不可少的组成部分，距养殖基地的 3km 以上。

现代化养猪一般采用两点式（小规模可采用一条龙模式）或三点式，各区相隔 1km 以上，有利于疾病的控制。基地建设的规模要适宜，一般单场基础母猪 1000～3000 头比较合适，而当前已建成的单场基础母猪 5000 头、甚至 10000 头以上的超大规模猪场以及大跨度连片猪舍在非洲猪瘟这个"新常态"

下是否可行，需要时间去检验。

根据生物安全等级不同，将养殖基地划分为四大区域，分别为场外、外部工作区、内部生活区和生产区。每个区域之间有清晰的物理界限，并按风向合理布局，实行严格的分区管理。各区安全等级为生产区＞内部生活区＞外部工作区＞场外；入场路线依次为场外→外部工作区→内部生活区→生产区浴室→猪舍，不可跨区。

猪舍朝向应兼顾通风与采光，舍间距应大于8m，加大舍间距离可降低气溶胶感染的风险。猪舍建设材料符合环保要求、保温隔热性能良好，耐腐蚀、防火。猪场四周设围墙，围墙外可种植防护林，可一定程度上减少气源性疾病的传播。

（4）人员管理　因行业的特殊性，现代规模化猪场大多实行了封闭式管理，主要目的就是尽可能地减少人员流动带来的疫病风险。猪场选址偏僻，生活单调，因此管理要人性化，生活配套设施齐全，关心、尊重员工，丰富员工文化娱乐生活，开展培训，提供学习充电的机会，关注员工成长，让员工能够安心工作。

人员隔离制度，进入场区的所有人员一律到门岗洗手、消毒。禁止携带猪、牛、羊及其他肉类制品，门卫做好监督检查。需进入生产区的人员在隔离宿舍隔离3d（72h），如果防疫压力较大，可适当延长隔离时间或者增加场外隔离。完成隔离消毒后可进入内部生活区宿舍，及时更衣洗澡，穿内部生活区工作服和鞋。外来购猪人员等高危人群需加强管理，由专人陪同，禁止随意活动。在实际管理中，为便于监督，可实行"颜色管理"，即不同的人员，在不同的区域（四大区）穿不同的工作服和鞋（水靴），劳保用品由公司统一购买发放。

（5）饲料饮水和物资管理　病从口入，饲料主要做好原料把关，从粮库采购烘干玉米，禁止使用肉骨粉、血浆蛋白粉等高风险的动物源性原材料，新原料经生物安全风险评估后方可使用。成品料由专车运输，避免污染。饮水系统也是疾病传播的一个源头，须纳入日常管理中，定期检测、定期消毒，保证水质。

需进入内部生活区及生产区的所有物资物品均需在后勤大库臭氧熏蒸消毒12h。对于不能熏蒸的物品，可用酒精等擦洗或喷雾消毒。不是急需物资，尤其是物料，可在生产区库房进行二次熏蒸消毒。食堂外采食材、员工网购的快递包裹等均需做出明确的生物安全要求，餐余垃圾集中无害化处理。

（6）车辆管理　实行分区、分类管理。主要措施就是洗车、干燥、消毒等。生物安全是一个概率问题，因此要尽量减少各类车辆外出或来场的次数。实行生物安全一票否决制，也就是说，车不合格坚决不让进场。

疫病传播的主要途径仍然是接触传播。因此，运猪车是猪场生物安全的最大威胁之一，是重点管理的对象。

所有运猪车辆先到洗消中心洗车、消毒，检查合格后才能到二次转运台装猪，未经此流程的车辆一律不接待。洗车要彻底，车厢、厢板、驾驶室、车顶、车底、轮胎及挡泥板等，车内及驾驶室不能有杂物。

（7）消毒管理　消毒是消灭传染源、切断传播途径的主要手段。

①为保证消毒效果和提高劳动效率，场区要配备性能良好的消毒设施、设备。

门岗设有人员智能雾化消毒通道、车辆自动喷雾消毒通道和消毒池；

物资库房安装有定时臭氧发生器；

兽医室等安装有紫外线灯；

场区大环境消毒配有喷洒消毒机动车；

猪舍内装有中央清洗系统或高压冲洗机；

每个单元门口放一个脚踏盆等等，消毒设备各区专用。

②制定规范的消毒制度，日常管理中严格执行。

场区大环境根据预警等级调整消毒频次，每周至少2~3次；

场区所有硬化路面主要路口等区域铺洒生石灰；

空舍消毒按以下步骤进行：清理、浸泡、冲洗、干燥、消毒、风干、消毒、干燥，必要时可增加消毒的次数或熏蒸消毒。消毒要彻底，不留死角，记录清晰，有据可查，保证消毒效果。

（8）免疫与抵抗力　接种疫苗使猪群产生特异性免疫力而获得保护是控制传染病的主要手段。一般来讲，规模化猪场除国家强制免疫的口蹄疫以外，猪瘟、蓝耳病、伪狂犬、圆环病毒病等是需要重点防控的疫病，根据自身情况，确定疫苗种类及免疫程序。疫苗要选择大品牌、口碑良好、安全性有保障、性价比合理的疫苗厂家，一味地追求便宜或非进口不用都不是理智的选择。尤其是蓝耳病疫苗的选择或者更换更要慎之又慎。免疫程序不是一成不变的，定期（每季度至少一次）进行血清学检测，评价免疫效果；定期进行病原筛查或针对性的监测。根据检测结果，适时调整免疫程序。

在实际生产中，要树立"养防为主、治疗为辅"理念，注重日常的饲养管理，环境舒适、通风良好（空气过滤系统）、密度适宜、营养全面，定期在饲料或饮水中添加提高免疫力，抑制病毒复制、解毒排毒的产品，提高猪群对病毒的抵抗力，防控疫病发生。

（9）舍内管理

生产区严禁非工作人员进入；

饲养人员经更衣、洗澡，穿生产区专用工作服和水靴进入猪舍；

严禁不洗澡或穿个人衣物进入生产区；

严禁携带个人物品（包括手机）进入生产区；

工作服定期高温清洗，保持干净整洁，靴子天天刷洗，定点摆放；

管理人员巡舍巡场要遵循安全等级原则：公猪站→繁殖区→生长育肥区；同类舍：按日龄由小→大或健康→疾病。

实行批次化（节律）生产，实现全进全出，切断疾病在批次间的传播。各场可根据自己的实际情况确定合适的批次节律，最好与母猪的生理周期（约21d）相结合，便于日常管理，一般以单周批、三周批为常见。

展示厅、出猪室及装猪台是生产区直接与外界接触的通路，是高风险区域，需要重点管理。净区和脏区界限清晰，生产区人员只能在净区，不能进入脏区；猪只严格遵守单向流动原则，即已进入装猪台的猪只绝对禁止返回猪舍。

（10）引种及隔离舍管理　规模化猪场要坚持自繁自养，尽量减少外引种猪（精液）的次数。因生产需要，确需引进时，要对目标场日常管理、生产成绩、健康状况及生物安全风险进行详细考察和综合评估，同时进行抗原、抗体检测，必要时进行毒株分离和测序，不合格绝不引进。集团化养猪公司要建成"金字塔"养猪体系，要有原种场（核心场）和公猪站，做好育种工作，辐射自身养猪体系，尽量避免从体系外引进种猪。

隔离舍建在生产区的下风向，距生产区至少500m以上，1km为好。要做到人、猪、物的完全隔离，隔离期3~6周，混群前要做再次检测。

（11）无害化处理区域管理　胎盘、病死猪及其他生产废弃物等由生产人员送到各区指定区域，再由后勤人员统一收集并送到无害化处理设施处理，禁止随意丢弃。解剖室建在无害化处理设施附近，场区其他区域严禁解剖，要有严格的生物安全管理办法及消毒设施，做好个人防护，防止疫病扩散。

粪污排放及处理设施建在生产区的下风向的边缘地带，在建场之初就要规划好，做到雨污分流，处理模式因地制宜，符合国家及当地政府的环保要求。目前，国内还没有一个十分成熟的处理模式，大多采用厌氧发酵干湿分离有机肥及沼液还田的模式，但南、北方效果不尽相同。因此，环保是养猪业面临的又一严峻挑战。

此外，后勤人员及时驱赶靠近和进入场区的诸如牛、羊、猫、狗等动物；聘请专业人员灭鼠，每年2次以上。搞好场区环境及舍内的卫生，做好蚊蝇杀灭工作。

生物安全工作是一个系统工程，只有具备了良好的生物安全意识、科学合理选址布局及硬件设施、细致完善的管理制度以及执行力等条件，才有可能做好此项工作，而其中老板及高管团队的意识更为关键。

（五）猪场消毒

随着现代化、集约化养猪业的迅速发展，市场不断开放，流通逐渐加强，但猪病也更趋复杂化。尤其某些传染病，猪场一旦发生，难以控制，往往大批死亡，造成惨重的损失。因此，搞好种猪场的疫病防治和净化，消毒越来越重要。

1. 消毒的概念

消毒是贯彻"预防为主"方针的一项重要措施。消毒主要是指用消毒药剂杀灭病原微生物，切断传播途径，预防和控制传染病流行，避免损失，从而达到提高猪群健康水平的目的。

2. 消毒的种类

（1）预防性消毒　预防性消毒是指未发生传染病的安全猪场，为防止传染病的传入，结合平时的清洁卫生、工作和门卫制度所进行的消毒，以达到预防一般传染病的目的。这是猪场一项经常性的工作。主要包括日常对猪群及其生活环境的消毒，定期向消毒池内投放药物，对进入生产区的人员和车辆的消毒，饮用水的消毒等。

（2）紧急消毒　紧急消毒是在猪群发生传染病时，为了及时消灭刚从病猪体内排出的病原体而采取的消毒措施。主要包括对病猪所在栏舍、隔离场地自己被病猪分泌物、排泄物污染和可能污染的场所和用具的消毒。

（3）终末消毒　终末消毒是在疫区解除封锁之前所进行的一次全方位彻底消毒。某些烈性传染病感染的猪群，已经死亡、淘汰或痊愈，在解除封锁之前为了消灭猪场内可能残留的病原体所进行的一次全面、彻底的大消毒。

3. 消毒的方法

（1）物理消毒方法　猪场中的物理消毒主要包括清扫冲洗、通风干燥、太阳暴晒、紫外线照射、火焰喷射等。

①清扫冲洗：猪圈、环境中存在的粪便、污染物等，用清洁工具进行清除并用高压水泵冲洗，不仅能除掉大量肉眼可见的污物，而且能清除许多肉眼见不到的微生物，同时也为提高使用化学消毒方法的效果创造了条件。

②通风干燥：通风虽然不能消灭病原体，但可以在短期内使舍内空气交换，减少病原体的数量。特别在寒冷的冬春季节，为了保温常紧闭猪舍的门窗，在猪群密集的情况下，易造成舍内空气污浊，氨气积聚。注意通风换气对防病有重要的作用。同时通风能加快水分蒸发，使物体干燥，缺乏水分，致使许多微生物都不能生存。

③太阳暴晒：病原微生物对日光尤为敏感，利用阳光消毒是一种经济、实用的办法。但猪舍内阳光照不进去，只适用于清洁工具、饲槽、车辆的消毒。

④紫外线照射：即用紫外线灯进行照射消毒。紫外线的穿透力很弱，只能对表面光滑的物体才有较好的消毒效果，而且距离只能在1m以内，照射的时间不少于30min。此外，紫外线对人的眼睛和皮肤有一定的损害，所以并不适宜放置在猪场进出口处对人员的消毒。

⑤火焰喷射：用专用的火焰喷射消毒器，喷出的火焰具有很高的温度，这是一种最彻底而简便的消毒方法，可用于金属栏架、水泥地面的消毒。专用的火焰喷射器需要用煤油或柴油作为燃料。不能消毒的木质、塑料等易燃的物体。消毒时应注意安全，并按顺序进行，以免遗漏。

（2）化学消毒方法　具有杀菌作用的化学药品，可广泛地应用于猪场的消毒。化学消毒药的使用方法有以下几种。

①喷雾法：即将消毒药配制成一定浓度的溶液，用喷雾器对需要消毒的地方进行喷雾消毒。此法方便易行，大部分化学消毒药都可以用喷洒消毒方法。消毒药的浓度，按各药物的说明书配制。喷雾器的种类很多，一般农用喷雾器都适用。消毒药液的用量，按消毒对象的性质不同而有差别。

②擦拭法：用布块浸沾消毒药液，擦拭被消毒的物体，如猪舍内的栏杆、笼架以及哺乳母猪的乳房。

③浸泡法：将被消毒的物品浸泡于消毒药液内，如食槽、铲子及各种用具。

④熏蒸法：常用的有福尔马林配合高锰酸钾等进行熏蒸消毒，此法的优点是熏蒸药物能分布到各个角落，消毒较全面，省工省力，但要求畜舍能够密闭。消毒后有较浓的刺激气味，畜舍不能立即应用。

（3）生物热消毒法　生物热消毒法用于污染粪便的无害处理。采取堆积发酵等方法，可使其温度达到70℃以上。经过一段时间，可杀死芽孢以外的病原体。

（4）消毒时应注意的事项

①猪舍进行大消毒前，必须将全部猪只迁出。

②猪舍中有机物的存在，可使药物的杀菌作用大为降低，而且有机物被覆于菌体上，阻碍与药物接触，对细菌起着机械保护作用，因此，对猪舍中有机物，包括粪便、分泌物、排泄物、饲料残渣等，必须清扫、冲洗干净。试验表明：清扫猪圈可除掉20%的细菌，高压冲洗，可除掉50%的细菌，消毒药只能杀灭20%的细菌，三者相加可使猪舍内的细菌减少90%以上。

③影响消毒药物作用的因数很多。一般来说，消毒液的浓度、温度和作用时间与消毒杀菌的效果成正比，即消毒液的浓度越大、温度越高、作用时间越长，其消毒效果越好。

④每种消毒剂的消毒方法和浓度各有不同，应按产品说明书配制。对于某

些有挥发性的消毒药（如含氯制剂），应注意其保存方法是否适当，保存期是否已超过，否则会使效果减弱或失效。

⑤有些消毒剂具有刺激性气味，如甲醛等，有的消毒剂对猪的皮肤有腐蚀性，如氢氧化钠等，当猪舍使用这些消毒剂后，不能立即进猪。有的消毒剂有挥发性气味，如臭药水、来苏儿等，应避免污染饲料、饮水，否则影响猪的食欲。

⑥几种消毒剂不能同时混合使用，以免影响药效。但同一场所，用几种消毒药先后搭配使用，则能增加消毒效果，如经喷雾消毒后又熏蒸消毒。

4. 猪场消毒程序

（1）猪场大门口的消毒

①车辆消毒：运猪车辆的消毒（图1-2）：对于运输商品猪运猪车，每次回场之后，要在专门的地方对其进行清洗消毒，注意不可使其进入生产区。对于生产区使用的仔猪转运车，每次使用完毕后，要在生产区特定的地点进行消毒处理。可按照下列程序进行：清除遗留粪便→5%浓度氢氧化钠消毒液冲洗干净→再次喷洒其他消毒药液→干燥一定时间→清水冲洗→暴晒5h以上→存放以备下次使用。

图1-2 车辆消毒

场区运粪车辆的消毒：对于场区使用的运粪车，要做到每栋猪舍专车专用，不同猪舍之间不可串用。每次使用完毕后要在集粪场将车辆冲洗干净，然后喷洒消毒液进行消毒。

场区其他车辆和用具的消毒：对于场区使用的其他车，如饲料运输车等和用具，要定期进行清洗消毒。

②人员消毒：猪场入口设置专用消毒通道，进入养殖场的一切员工和访客，在进入通道前先进行汽化喷雾，等人员进入后全身黏附一层消毒剂气溶胶，能有效地阻断外来人员携带的各种病原微生物。可用碘消毒液 1∶500 稀释或百毒杀 1∶800 稀释，两种消毒剂 1～2 月互换一次。通道地面可做成浅池型，池中可垫入塑料地毯，并加入碘消毒液 1∶500 稀释或戊二醛消毒液 1∶300 稀释，每天适量添加，每周更换一次，两种消毒剂 1～2 月互换一次。

有条件的养殖场，在生产区入口设置消毒室。在消毒室内洗澡（图 1 - 3）、更换衣物，穿戴清洁消毒好的工作服、帽和靴，经消毒池后进入生产区。消毒室经常保持干净、整洁、工作服、工作靴和更衣室定期洗刷消毒。每 $1m^3$ 空间用 42mL 福尔马林熏蒸消毒 20min。工作人员在接触猪、饲料等之前必须洗手，并用 1∶1000 的新洁尔灭溶液浸泡消毒 3～5min。

图 1 - 3　美国 Holden 公司农场人员洗澡间

（2）场区环境的消毒　场区环境的消毒对于猪场疫病的控制也十分重要，因此要定期进行消毒。消毒次数可根据季节的变化而定。夏季是蚊蝇等可携带病原微生物的昆虫的活动高峰，又是疫病容易流行的季节，因此应每天进行一次喷雾消毒。春秋季每 3～5d 进行一次。冬季一般对病原微生物的繁殖不利，同时猪舍的门窗关闭对微生物的传播也起到一定的阻挡作用，场区环境的消毒可每 10～15d 进行一次。在进行场区环境消毒时，应该注意要全面消毒，不要遗漏任何地方。同时，对于场区的垃圾要及时清运出去。若本地区发生疫情，可适当增加场区环境消毒次数，并选用针对该种疫情的消毒剂。

（3）猪舍消毒

①"全进全出"猪舍消毒：实行"全进全出"饲养工艺的猪舍，在猪群转出后，可按以下程序进行消毒。

第一，喷雾消毒：先对猪舍进行喷雾消毒，作用一定时间后再清扫。先消毒后清扫，其一可以避免清扫过程中的尘土飞扬，其二可以最大限度地避免病原微生物随着飞扬的尘土和清除的粪便污物到处扩散。

第二，除粪、清扫：为了使消毒剂发挥最大功效以达到消毒的目的，首先要彻底清除猪舍及其设备、用具上遗留的污物和饲料残渣。在清扫时尤其应该注意的是不应只清扫地面，墙壁和天花板上的灰尘等也要清扫干净。

第三，冲洗：清扫过后，用高压清洗机彻底冲洗天花板、墙壁、门窗、地面及其他一切设施、设备。

第四，喷洒消毒：等冲洗过后的猪舍干燥后，用5%浓度的氢氧化钠等消毒液进行喷洒消毒。

第五，火焰消毒：喷洒消毒过后，用火焰消毒器对猪舍地面，尤其是清粪通道、离地面1.5m内的墙壁进行火焰消毒，以最大限度地杀灭病原微生物。对于铸铁网床、食槽等不怕火的设备也可进行火焰消毒。

第六，熏蒸消毒：火焰消毒过后，关闭门窗，用甲醛气体进行熏蒸消毒，24h后打开门窗进行通风或强制排风，7~15d以后才能转进猪群。

②一般猪舍消毒：对连续使用的一般猪舍，每次转出猪群后，空出的猪栏按照以下程序进行消毒。

第一，清除剩余饲料：猪群转出后，首先将空出的猪栏中的剩余饲料清除，以利于后面的清扫消毒工作。

第二，喷洒消毒剂：用5%浓度的氢氧化钠喷洒地面、墙壁和天花板，作用一定时间后再清扫。

第三，清扫：将墙壁和天花板上的灰尘清扫干净，地面上遗留的粪便要彻底清除。

第四，消毒：清扫过后，再用消毒液对地面、墙壁、天花板和猪栏等进行喷洒消毒。在消毒时注意不要使用甲醛等对猪有伤害的消毒剂。消毒过后3~5d再转入新的猪群。

第五，冲洗地面：新猪群转入之前要对地面进行冲洗。

（4）运动场消毒　运动场的消毒按照以下程序进行：首先将运动场上遗留的粪便冲洗干净，然后进行喷雾消毒。不要使用对猪有伤害的消毒剂。运动场喷雾消毒，夏季每天1次，春秋季每2~3d进行1次，冬季每7d进行1次。采用实体猪栏的运动场，每半年要用石灰乳粉刷1次。

（5）转群通道消毒　猪场每次转群或育肥猪出栏结束，都要对转群通道进行一次消毒。首先清除遗留在通道上的粪便，然后进行清洗，最后喷洒消毒液消毒。

（6）水线消毒 每天为猪只提供洁净饮水，是确保猪群健康和实现最佳经济效益的必要条件。由于输送饮水的管线不透明，看不到里面的情况，因此，当在空舍期清洗和消毒猪舍时，很容易忽略这一重要部分。事实上，每批猪清空后，应认真清洗消毒饮水系统。

水线的结构多种多样，它们的状态不断变化，这些都会给水线卫生带来挑战。不过，可以利用日常的水质信息、正确的清洗消毒方法化解这些挑战。良好的饮水卫生，需要一套完善的饮水系统清洗消毒程序。遵循六步指导原则，猪只将拥有一流的饮水供给。

①分析水质：分析结垢的矿物质含量（钙、镁和锰）。如果水中含有90mg/L 以上的钙镁，或者含有 0.05mg/L 以上的锰、0.3mg/L 以上的钙和0.5mg/L 以上的镁，那么就必须把除垢剂或酸化剂纳入清洗消毒程序，这些产品将溶解水线及其配件中的矿物质沉积物。

②选择清洗消毒剂：选择一种能有效地溶解水线中的生物膜或黏液的清洗消毒剂。具有这种功能的最佳产品就是浓缩双氧水溶液。在使用高浓度清洗消毒剂之前，请确保排气管工作正常，以便能释放管线中积聚的气体。

③配制清洗消毒溶液：为了取得最佳效果，请使用清洗消毒剂标签上建议的上限浓度。大多数加药器只能将原药液稀释至 0.8%～1.6%。如果必须使用更高的浓度，那么就在一个大水箱内配制清洗消毒溶液，然后不经过加药器、直接灌注水线。比如要配制3%的溶液，则在 97 份的水中加入 3 份原药液。最好的清洗消毒溶液可用 35% 的双氧水溶液配制而成。

④清洗消毒水线：灌注长 30m、直径 20mm 的水线，需要 30～38L 的清洗消毒溶液。150m 长的猪舍有两条水线，最少要配制 380L 的消毒液。水线末端应设有排水口，以便在完全清洗后开启排水口、彻底排出清洗消毒溶液。需遵循下列步骤，清洗消毒水线：

打开水线，彻底排出管线中的水；

用清洁消毒溶液灌入水线；

观察从排水口流出的溶液是否具有消毒溶液的特征，比如有泡沫；

一旦水线充满清洗消毒溶液，立即关闭阀门，根据制造商的建议，将消毒液保留在管线内 24h 以上；

保留一段时间后，冲洗水线。冲洗用水应含有消毒药，浓度与猪只日常饮水中的浓度相同。如果您的猪场没有标准的饮水消毒程序，那么您可以在 1L水中加入 30g 5% 的漂白粉，制成浓缩消毒液，然后再以每升水加入 7.5g 的比例，稀释浓缩液，即可制成含氯 3～5mg/L 的冲洗水；

水线经清洗消毒和冲洗后，流入的水源必须是新鲜的，并且必须是经过加氯处理的（离水源最远处的浓度为 3～5mg/L）；

在空舍期间，从水井到猪舍的管线也应得到彻底的清洗消毒。最好不要用舍外管线中的水冲洗舍内的管线。请把水管连接到加药器的插管上，反冲舍外的管线。

⑤去除水垢：水线被清洗消毒后，可用除垢剂或酸化剂产品去除其中的水垢。柠檬酸是一种具有除垢作用的产品。

将 110g 柠檬酸加入 1L 水中，制成浓缩溶液。按照 7.5g:1L 的比例，稀释浓缩液。用稀释液灌注水线，并将稀释液在水线中保留 24h。记住：要达到最佳除垢效果，pH 必须低于 5；

排空水线。配制每升含有 60～90g 5% 漂白粉的浓缩液，然后以 7.5g 浓缩液：1L 的比例稀释成消毒溶液。用消毒溶液灌注水线，并保留 4h。在水中添加常规饮水消毒浓度的消毒剂，即每升浓缩液中含有 30g 的漂白粉（5%），然后再以 7.5g:1L 的比例进行稀释，直至水线中的氯浓度降到 5mg/L 以下。

⑥保持水线清洁：水线经清洗消毒后，保持水线洁净至关重要。应为猪只制定一个良好的日常消毒规程。理想的水线消毒规程应包含加入消毒剂和酸化剂。请注意，这种程序可能需要两个加药器，因为在配制浓缩液时，酸和漂白粉不能混合在一起。如果只有一个加药器，请在饮水中加入每升含有 40g 5% 漂白粉的浓缩液，稀释比为 7.5g 浓缩液 1:L。目标是使猪舍最远端的饮水中保持 3～5mg/L 稳定的氯浓度。

5. 猪场常用化学消毒剂

（1）碱类消毒剂　高浓度的 OH⁻ 能水解菌体蛋白和核酸，使酶系和细胞结构受损，并能抑制代谢机能，分解菌体中的糖类，使细菌死亡。碱对病毒和细菌的杀灭作用均较强，高浓度溶液可杀灭芽孢。碱类的特点是廉价、渗透能力强，并且稳定，因此常用；除此之外，还具有膨胀、去污作用。常用的有烧碱、生石灰。缺点是有腐蚀性，如烧碱不能用于带猪消毒，需空栏使用，且在进猪前尤应注意清洗圈舍，避免灼伤猪蹄及皮肤。

（2）醛类消毒剂　醛类杀灭微生物的机制主要是烷基化作用，如甲醛分子中的醛基可与微生物蛋白质和核酸分子中的氨基、羧基、羟基、巯基等发生反应，从而破坏了生物分子的活性，致死微生物。甲醛与戊二醛比较常用，戊二醛气味淡，甲醛比较刺激，但甲醛杀菌效果、渗透能力比较强，甲醛对细菌、病毒甚至芽孢等都有不错的效果。鉴于戊二醛味淡、甲醛味刺激的特点，甲醛多用于浸泡和熏蒸，戊二醛多用于环境、带猪体表消毒。

（3）酚类消毒剂　酚类是一种表面活性物质，可损害菌体细胞膜，较高浓度时也是蛋白质变性剂，故有杀菌作用。此外，酚类还通过抑制细菌脱氢酶和氧化酶等活性，而产生抑菌活性。在适当浓度下，对大多数不产生芽孢的细菌和真菌均有杀灭作用，但对芽孢和病毒作用不强。优点是价廉、渗透力强，缺点是杀灭病原微生物的作用较弱，对霉菌、细菌尚可，对病毒、芽孢的作用就差一些。该类消毒剂有刺激性气味和腐蚀性，常用于外环境，如猪场大门口、排污沟等。

（4）季铵盐类消毒剂　季铵盐消毒剂可以吸附于菌体表面，其疏水基逐步渗入细胞的类脂层，改变细胞壁、膜的通透性，使胞内物质泄漏，酶或蛋白质变性，最后导致菌体死亡。其杀菌作用方式为：破坏细胞的壁、膜结构，抑制酶或蛋白的活性，影响细胞代谢过程。季铵盐类消毒剂不能杀灭真菌、结核杆菌、亲水病毒和细菌芽孢。有单链和双链两种，单链无刺鼻味、性温和、安全性较高、低腐蚀性，对细菌、病毒皆有效；双链具有单链的一系列优点，且杀菌效果比单链强。无论是单链还是双链，渗透力差是两者的共同缺点。生产中常用于人员洗手，带猪消毒，圈舍栏、车辆、料槽以及用具等的消毒。

（5）卤素类消毒剂　最常用的为含氯消毒剂和含碘消毒剂。含氯消毒剂包括无机类含氯消毒剂（次氯酸钠、漂白粉、二氧化氯等）；有机类含氯消毒剂（二氯异氰尿酸、二氯异氰尿酸钠、三氯异氰尿酸），属于高效消毒剂。有机含氯消毒剂杀菌力强于无机含氯消毒剂，在水中使用药效持久，是以非离解形式起到杀菌作用的，所以在酸性环境中其杀菌效果好，碱性环境稍差。该类消毒剂性质稳定、易储存、使用方便、高效、消毒谱广，是环境消毒的首选消毒剂。缺点是易受有机质、还原性物质和酸碱度的影响，另外有机氯消毒剂对人畜有一定的危害性。含碘消毒剂，有碘酊、碘伏、复合碘制剂等，属于中效消毒剂。碘酊具有快速而高效地杀灭细菌、芽孢、各种病毒及真菌的作用，早就成为外科消毒的首选消毒药。碘伏类消毒剂的优点是：消毒谱广，对各种细菌、芽孢、病毒以及真菌均有杀灭能力；作用快速；气味小，无刺激，无腐蚀、毒性低；性质稳定、耐储存。缺点是在酸性环境下（pH = 2 ~ 5）消毒效果好，对金属有腐蚀作用；pH偏高时，杀菌效果较差；碘杀菌的有效成分是游离碘，还原物质存在时消毒效果下降；另外日光会加速碘伏的分解，故应避光保存。

（6）过氧化物类消毒剂　过氧化物类药物与有机物相遇时，可释放新生态氧，使菌体内活性基团氧化而起杀灭作用。猪场常用该类药物如过氧乙酸，过氧乙酸属于高效消毒剂，其气体和溶液都具有很强的杀菌能力。能杀灭细菌繁殖体、芽孢、真菌及病毒，也可以破坏细菌毒素。过氧乙酸、过氧化氢与臭氧比较常用。过氧乙酸的杀菌能力最强，同时也被广泛使用。这三种消毒剂对细菌、病毒、霉菌以及芽孢等都有杀灭效果，但有刺激性酸味，会引起猪打喷嚏，且易挥发，对栏舍有一定的腐蚀性。此类消毒剂常用浸泡、喷洒、涂抹等方式进行消毒，避免了刺激的缺点。

三、猪群免疫

（一）免疫接种

免疫接种是通过给猪接种抗原（疫苗、菌苗、类毒素等）或免疫血清，从而激发猪产生特异性抵抗力，使易感猪转化为非易感猪的一种手段。有组织有计划地进行免疫接种，是预防和控制猪传染病的重要措施之一。根据免疫接种时机的不同，可分为预防接种和紧急接种两大类。

1. 预防接种

在经常发生某种传染病的地区，或有某些传染病潜在的地区，或受到邻近地区某些传染病经常威胁的地区，为了防患于未然，在平时有计划地给健康猪群进行的免疫接种称为预防接种。预防接种通常使用疫苗，根据疫苗的免疫特性，可采取注射、喷鼻等不同途径，接种疫苗后经一定时间，可产生免疫力。根据免疫要求可通过重复接种强化免疫力和延长免疫保护期。在预防接种时应注意以下问题：

（1）预防接种要根据猪群中所存在的疾病和所面临的威胁来确定接种何种疫苗，制定免疫接种计划。对于从来没有发生过的、也没有可能从别处传来的传染病，就没有必要进行该病的预防接种。对于外地引进猪，要及时进行补种。

（2）在预防接种前，应全面了解猪群情况，如猪的年龄、健康状况、是否妊娠期等。如果年龄不适宜、有慢性病、正在妊娠期等可暂时不接种，以免引起猪的死亡、流产等，或者产生不理想的免疫应答。

（3）如果当地某种疫病正在流行，则首先安排对该病的紧急接种。如无特殊疫病流行则应按计划进行预防接种。

（4）如果同时接种两种以上的疫苗，要考虑疫苗间的相互影响。如果疫苗间在引起免疫反应时互不干扰或互相促进可以同时接种，如果相互抑制就不可以同时接种。

（5）制定合理的免疫程序。猪场需要使用疫苗来预防不同的传染病，也需要根据各种疫苗的免疫特性来制定合理的预防接种次数和间隔时间，这就是所谓的免疫程序。

（6）重视免疫监测，正确评估猪群的免疫状态，为制定合理的免疫程序做好准备。清除在进行免疫接种后不产生抗体的有免疫耐受现象的猪，以及其他不能使抗体上升到保护水平的猪。

2. 紧急接种

紧急接种是在发生传染病时，为了迅速扑灭和控制疫病的流行，而对疫区和受威胁区尚未发病的猪进行的应急性免疫接种。在紧急接种时，应注意猪的健康状况，对于病猪或受感染猪接种疫苗可能会加快发病。由于貌似健康的猪群中可能混有处于潜伏期的患猪，因而对外表正常的猪群进行紧急接种后一段时间内可能出现发病增加，但由于急性传染病潜伏期短，接种疫苗又很快产生免疫力，所以发病率不久即可下降，最终使流行平息。

（二）免疫程序

制定免疫程序时，除参考别人的成功经验外，还应重点考虑传染病的流行特点、国家重点防控的疫病、本地区流行的主要疫病、本场的疾病背景及其实际生产情况。免疫效果的好坏是衡量免疫程序优劣的主要标准。免疫程序不是固定不变的，而应根据免疫效果随时进行调整。在免疫程序实施过程中，应随时观察免疫效果，建立猪群免疫监测机制。免疫效果监测不仅能为免疫程序制定的是否合理提供科学依据，而且能动态监测猪群是否有足够的免疫抗体抵抗病原侵袭，以便对免疫程序进行合理的调整，以获得最佳的免疫效果。

1. 猪场制定免疫程序的基本原则

（1）确定需要免疫的病种　首先按照国家重点防控和本地区流行的主要疫病确定必须免疫的病种；根据本场存在的疫病确定需要免疫的病种；按照疫病流行规律确定其他季节性免疫的病种；依据监测结果随时增减其他免疫的病种。

（2）选择疫苗与制订免疫计划　选用合法、有效、安全的优质疫苗；优先接种病毒性疫苗，合理接种细菌性疫苗；重点做好种猪群的免疫；依据本场疫病流行和种猪群的免疫水平合理制定仔猪、肉猪的疫苗种类与免疫计划。能分隔免疫的不采用 2 种疫苗以上同时免疫。不同时接种同类型活疫苗；非同类型的疫苗，可同时免疫，但必须不同部位。不同时接种两种副反应大的疫苗。有潜伏的疫病或亚健康猪群不适宜接种疫苗。细菌性活疫苗免疫前后 2～3d 禁用抗生素保健。尽可能避免母源抗体的干扰。毒力弱的疫苗做基础免疫，再用毒力稍强的疫苗进行加强免疫；弱毒苗做基础免疫，灭活苗做增强免疫。注射免疫与局部免疫可以同时进行。

2. 规模化猪场免疫程序的制定

按照免疫程序制定的基本原则，规模化猪场在制定免疫程序时需要考虑多方面的因素：猪场的疾病背景、疾病的流行特点和免疫特点、结合猪场生产方式以及可供选择的疫苗等来制定，并严格执行免疫程序，保证达到相应的免疫效果。通过对免疫效果的监测来分析可能出现的问题，并改进和完善免疫程序，从而将猪场主要传染病发生的风险降到最低，减少疾病暴发的可能性和降低发病后的损失。

（1）熟悉传染病发生的三个环节并掌握猪场疫病情况　任何传染病的控制都要从控制传染源、切断传播途径、保护易感动物入手。免疫的主要目的是为了保护易感动物，减少患病动物或带毒动物的排毒。在做好生物安全的基础上，根据本猪场以及周边猪场疫病情况，并通过监测全面了解本猪场需要重点防控的疫病，有针对性地制定和调整免疫程序，确定合理的疫苗种类和免疫时机，保证猪群在疾病来袭之前有足够的抗体水平。

（2）了解各种传染病的病原特性、流行和免疫特点　充分了解原发性疾病有哪些，继发感染病原有哪些，可以通过胎盘感染的病原有哪些，持续感染、循环感染、终身感染的病原有哪些，产生免疫抑制的病原有哪些，容易变异的病原有哪些，哪些病原是没有交叉免疫力，哪些是有抗体依赖增强作用的，哪些是可以做鉴别诊断的，哪些是使用药物后不能达到理想效果的，充分了解这些，对制定免疫程序和评估免疫效果至关重要。

（3）重点做好种猪群的免疫，合理制定仔猪、肉猪免疫程序　改善种猪免疫抗体水平，提高母源抗体是减少甚至避免隐性感染，释放仔猪免疫空间的重要手段。很多猪场被迫在仔猪断乳前接种各种疫苗，是因为其猪群的母源抗体水平偏低，对哺乳仔猪保护力不够，被迫对产房里的仔猪进行多种疫苗接种，而造成严重的免疫应激。因此，做好种猪群免疫是规模化猪场预防和控制传染病的重要环节。仔猪、肉猪免疫程序的关键是免疫哪些疫苗种类，免疫的疫苗要尽可能地避开母源抗体干扰。

（4）选择恰当的免疫时机和合适的免疫途径　有些疾病流行具有一定的季节性，如传染性胃肠炎和流行性腹泻秋冬季节多发；一些疾病在免疫接种时存在潜伏感染，由于抗原之间的竞争，机体对感染病毒不产生免疫应答，这时发病情况可能比不接种疫苗更严重，因此要把握适宜的免疫时机。应根据疫苗的类别和特点来选择免疫途径，合适的免疫途径能刺激机体快速产生免疫应答，而不合适的免疫途径则可能导致免疫失败或造成不良反应。如灭活疫苗、类毒素和亚单位疫苗一般采用肌肉注射；猪喘气病弱毒冻干疫苗有的采用胸腔内免疫，有的采用喷鼻或肌肉注射；传染性胃肠炎和流行性腹泻疫苗采用后海穴免疫；伪狂犬病基因缺失苗对仔猪采用滴鼻免疫效果更好。

（5）合理的免疫剂量和免疫次数　各种疫苗产生抗体效价的高低在一定范围内与注射的剂量呈正相关，一旦越过这个剂量界限，即使注射几倍剂量的疫苗，抗体效价的升高也是很小或根本不会升高，这样做的结果不但增加了成本，而且超剂量的使用还可能导致免疫麻痹。好的疫苗在首次免疫和加强免疫后，均能产生较好的免疫抗体，并能维持一定的时间。大部分疫苗加强免疫后能维持 4 个月左右，但有些猪场盲目增加免疫次数却没有得到预期的效果。

（6）避免各种影响疫苗免疫效果的因素　健康的猪才能针对疫苗产生最佳的特异性免疫反应，但当前许多猪场都存在诸多免疫抑制性因素，包括免疫抑制性病原的感染和饲料中的霉菌毒素等。在使用 2 种以上弱毒疫苗时应相隔适当的时间，可能因先接种的病毒会诱导产生干扰素，从而抑制了后接种的病毒复制，致使免疫效果低下，甚至免疫失败。疫苗可直接引起猪只不同程度的体温升高、食欲下降、精神沉郁等应激反应。在一天当中，早晚接种比 11:00—16:00 时接种应激小；断乳后 1 周内、有病和亚健康猪群、抓猪都会造成应激，应尽量避免和减少这些因素。某些细菌性活疫苗免疫前后应禁用抗菌素，如大肠杆菌、链球菌、巴氏杆菌等活疫苗。仔猪在母源抗体水平较高的情况下，免疫疫苗不仅造成浪费，更重要的是不能刺激机体产生抗体，反而中和了部分具有保护力的母源抗体，使得仔猪面临更大的疾病危机。但由于母源抗体受个体、胎次、环境等因素影响，在仔猪体内维持时间长短不一，如果首免日龄设在所有猪抗体都阴性时是非常危险的。如猪瘟疫苗的免疫，非流行猪场可以在 20～30 日龄实施首免；但对于猪瘟发病场或生物安全措施严重缺陷的猪场，这种免疫程序显然不能有效防止猪瘟的发生，采用超前免疫则更有保障。

3. 建立猪群疫病与免疫效果监测制度

猪病日益复杂，仅凭临床经验和病理剖检难以确诊。最科学、有效的办法是借助专业实验室进行日常的疫病和免疫效果监测，以便对场内疫病情况、免疫质量、疫病净化水平进行监控，为防控工作提供客观依据。疫病监测主要是对流行严重的传染病、本地区和本季节流行的传染病加强检测，以便了解本场是否存在这些疫病，进而采取有针对性的防控措施。免疫效果监测是对场内使用的疫苗进行免疫效果跟踪，了解各种疫苗在不同猪群，不同阶段抗体的消长情况。根据监测结果，综合分析猪场疫病和所采取的免疫防控措施是否科学合理，并及时调整免疫程序，使免疫程序更加优化，以获得良好的免疫效果。

（1）主要疫病监测　疫病监测主要是全面掌握猪群是否存在主要疫病，准确把握疫情动态，为制定和改进动物疫病防控措施提供科学依据。主要包括以下内容。

①引种疫病监测：引种监测重点是防止带入烈性或猪繁殖障碍以及本场没有的传染病，如口蹄疫、猪瘟、蓝耳病、猪伪狂犬病、猪圆环病毒病、布鲁氏菌病等。

②疫病净化监测：疫病净化监测主要是通过采取防控措施后，对本场内存在的疫病，通过监测，确认猪群中带毒或可疑带毒猪，并将其淘汰，使该疫病在猪群中逐步消灭，以达到净化的目的，如猪伪狂犬病、猪瘟、布鲁氏菌病等疫病净化监测。

③日常疫病监测：日常疫病监测是当猪场未出现或刚出现有临床症状的病猪，通过实验室检测确诊本场存在的疫病，进而采取相应的防控措施，防止该疫病在猪群中流行，以达到有病无疫的目的。

（2）免疫效果监测　免疫效果监测主要是为免疫程序制定是否合理提供科学依据。主要包括以下内容。

①种猪群免疫效果监测：重点是监测种猪群各种疫苗免疫前后抗体效价的变化，分析疫苗的质量，判断是否达到免疫效果，预测猪群抗体维持时间和确定下次免疫效果监测时间。

②后备猪群免疫效果监测：后备猪群免疫效果监测除分析各种疫苗的质量是否到达免疫效果外，还应该结合疫病净化监测，淘汰可疑带菌（毒）和不适宜种用的个体，防止不健康的猪进入生产区。特别是引进的后备猪群，该猪群最好是全群采集样品监测。

③保育猪群免疫效果监测：首先做好母源抗体消长情况监测，确定最佳的首免时间；其次监测各种疫苗首免和二免效果，及时调整免疫程序，以达到最佳的免疫效果。采集的样品数量按照统计学的方法进行最为科学。

④中、大猪免疫效果监测：监测的目的除分析各种疫苗的质量、判断是否达到免疫效果外，还要评估分析免疫持续保护期，从而决定免疫时间、免疫次数和免疫剂量。近年猪场上市的肉猪多超过 7 月龄，猪场更应重视育肥大猪的检测，评估育肥猪免疫效果的重要指标是看免疫后抗体水平是否能保护猪群直至出栏。

总之，免疫程序的制定必须因地制宜，因场而定，不能固定或套用某个场的免疫程序。在制定免疫程序时，需要综合考虑多方面的因素；制定免疫程序后，要结合疫病和免疫效果监测结果，对程序进行调整优化，以达到最佳的免疫效果，让科学合理的免疫为猪场的安全生产保驾护航。

（三）疫苗

1. 疫苗种类

（1）弱毒疫苗　弱毒疫苗是对微生物的自然强毒通过物理、化学方法处理和生物的连续继代，使其对原宿主动物丧失致病力或只引起轻微的亚临床反应，但仍保存良好的免疫原性的毒株或从自然界筛选的自然弱毒株，而制备的疫苗。弱毒活疫苗的优点是免疫效果好，免疫力坚强，免疫期长，对种母代接种可使仔代获得被动免疫。缺点是存在散毒和造成新疫源的问题。

（2）灭活疫苗　灭活疫苗又称死苗，是利用物理或化学的方法处理微生物，使其丧失感染性或毒性而保持有良好的免疫原性，而制成的疫苗。灭活疫苗的优点是安全，不返祖，不返强，便于储存运输，对母源抗体的干扰作用不敏感，易制成联苗和多价苗。缺点是不易产生局部黏膜免疫，引起细胞介导免疫能力较弱，用量大成本高，免疫途径必须注射，需免疫佐剂来增强免疫应答，产生保护力慢，2~3周后才能刺激机体产生免疫保护力。

（3）代谢产物疫苗　代谢产物疫苗是用细菌的代谢产物如毒素、酶等制成的疫苗，如破伤风毒素、白喉毒素和肉毒素等经福尔马林处理后成为毒素，类毒素是广泛应用的代谢产物疫苗。

（4）亚单位疫苗　亚单位疫苗是用微生物经物理化学方法处理，去除其无效物质，提取其有效抗原部分（如细菌荚膜、鞭毛，病毒衣壳蛋白等），而制备的疫苗（如猪大肠杆菌菌毛疫苗）。

（5）活载体疫苗　活载体疫苗是指应用动物病毒弱毒或无毒株如痘苗病毒、疱疹病毒、腺病毒等作为载体，插入外源免疫抗原基因构建重组活病毒载体，转染病毒细胞而制备的疫苗。

（6）基因缺失苗　基因缺失苗是指应用基因操作，将病原细胞或病毒中与致病性有关物质的基因序列除去或失活，使之成为无毒株或弱毒株，但仍保持免疫原性而制备的疫苗。

（7）单价疫苗　单价疫苗是指用同一种微生物菌（毒）株或一种微生物中的单一血清型菌（毒）株的增殖培养物所制备的疫苗。单价苗对相应的单一血清型微生物所致的疾病有良好的免疫保护效能。

（8）多价疫苗　多价疫苗指同一种微生物中若干血清型菌（毒）株的增殖培养物制备的疫苗。多价疫苗能使免疫动物获得完全的保护。

（9）多联苗　多联苗指利用不同微生物增殖培养物，根据病原特点，按免疫学原理和方法，组配而成。接种动物后，能产生对相应疾病的免疫保护，可以达到一针防多病的目的。

2. 疫苗的选择

在选择疫苗时应注意以下几点：安全、无残毒、少刺激、不散毒、无毒力返强；高效、使用方便、程序简单、质优、高保护率；价廉，折合到每头商品猪的成本低。注意别让低廉的价格蒙住双眼，安全有效、产出投入比高的才是首选。

（1）看毒株　首先疫苗毒株要与养殖场流行毒株匹配，如相同的血清型或基因型；若毒株不匹配或不对型，免疫效果差或不产生针对性的免疫力。再就是疫苗毒株的免疫原性一定要好。不论是活疫苗，还是灭活疫苗，毒株的免疫原性是制备疫苗的前提条件。在市面上，疫苗的种类很多，不是所有疫苗毒株的免疫原性都好。除了免疫原性之外，对于活疫苗，疫苗毒株的毒力也非常关键，如蓝耳病疫苗，有经典毒株，也有高致病毒株；高致病毒株中，有毒力很强的，也有偏弱的。

（2）比较抗原含量　抗原含量与免疫效果呈正相关，含量越高，免疫效果越好。所以，在疫苗毒株免疫原性差不多的情况下，要选择抗原含量高的疫苗。

（3）选择佐剂　佐剂主要用在灭活疫苗制备中，对灭活疫苗免疫效果有明显的促进作用。佐剂有油包水型、水包油型等剂型。不同佐剂，其作用效果和作用时间长短不一样，都有各自的优点和缺点，比如油包水佐剂，免疫持续期长，但免疫应激比较大；水包油佐剂，作用快，应激小，但持续时间相对较短。所以，要结合疫病特性，根据本场的需要，选择相对应佐剂的疫苗。

影响动物疫苗免疫效果的因素还有很多，比如疫苗的生产工艺、免疫增强剂、免疫日龄、免疫剂量、免疫方式等，但决定疫苗效力的核心三要素是毒株、抗原含量和佐剂。所以，养猪场在选择动物疫苗时，可着重考虑这三方面的因素。

3. 疫苗冷链运输与保存

疫苗的保存和运输过程中需要一系列的设备和条件，由此而产生了"冷链"概念，所谓"冷链"（cold chain）是指疫苗从生产到使用全过程的相关环节，为保证疫苗在储存、运输和接种过程中，都能保持在规定的、恒定的冷藏温度条件下而装备的一系列设备、转运过程的总称。冷链系统是在冷链设备的基础上加入管理因素，即人员、管理措施和保障的工作体系。冷链系统能够保证疫苗从生产厂家到被终端用户之间的所有储存与运输过程均处于适宜的、稳定的温度条件下，从而保证疫苗的有效性及免疫质量。

（1）疫苗的冷链运输与保存的必要性　动物疫苗一般都怕热、怕光，有的怕冻（如灭活疫苗）。热或光可使蛋白变性、蛋白沉淀、多糖降解和微生物灭活，这些因素都会影响疫苗的免疫效果，反复冻融不仅严重影响疫苗的效力，也增加了预防接种副反应的发生概率。

动物用活疫苗中存在活的微生物，反复冻融能够使微生物灭活或活力降低，免疫后易造成免疫失败和疾病流行，故活疫苗严禁反复冻融；动物用灭活疫苗中含有免疫蛋白抗原成分和白油、硬脂酸铝等佐剂，冻融后能够造成蛋白失活或蛋白降解，水相和油相的分离，免疫后易造成免疫失败和免疫副反应的发生，故灭活疫苗不能冷冻保藏，严禁冻结。

（2）疫苗保存、运输的设备　动物疫苗的保存和运输设备主要有低温冷库（−20℃）、普通冷库（2~8℃）、冷藏车、冰箱（普通冰箱、低温冰箱）、冷藏箱、冷藏包、冰排或冰袋等。

（3）疫苗的保存、运输　动物疫苗在生产完成后，到终端用户使用前，要经历检验环节、批签发阶段、疫苗保存和运输环节等过程，在运输和储存过程中，疫苗一般要按品种、批号分类码放、分类储藏，排列有序，通风良好，界限明显。

运输过程中，由于一些疫苗的包装是易碎品，运输工具的选择以快速、安全为主。无论采用何种运输工具，在运输过程中都须注意下列事项：运输要快；搬运装卸要轻要稳；运输过程要防止雨淋、日晒、灰尘和震动。装卸时必须轻拿轻放，平搬平放，不拖不拉，双手搬运；装车时，疫苗箱必须放平放稳，排列紧凑，严禁要歪倒放置，以防晃动；装卸堆码时，箱装以"井"字形为宜。装卸堆码时须有不可倒置、勿压、轻拿轻放等标志。

一般情况下，灭活疫苗的保存时间为12个月，活疫苗的保存期一般为6~24个月。故对于疫苗的出库顺序，应按照先产先出、先进先出、近效期先出及按批号发货。同时要严格把控超出有效期的严令禁止出库分发。

（4）疫苗运输、保存温度的检测

①对于冷藏设备，要设置全方位的温度传感器；记录温/湿度历史数据信息，而且记录历史报警事件信息。根据概率学原理，设置相应数量的温度监测探头；并做好冷藏设备和温度记录仪相应的验证。

②对于缺电的地区，最好进行双路供电、备用电源或不间断电源，一旦停电，尽量不开冷库库门和冰箱门。也可以在冰箱内和仓库内放置一定数量的冰袋和冰排，在停电的情况下，尽可能地在较长的时间内保持疫苗所需要的适宜温度。

③冷库、冰箱等每天必须进行至少两次温度的观察和记录；可以使用可记录式温度计进行测温和记录，但是每天的巡视人员必须到位，恪尽职守做好温度的观察和记录。

④冷链设备发生故障必须详细记录其发生时间及持续长短，还要记录保护疫苗所采取的措施，便于问题出现时进行追溯。

⑤对于低温冰箱，若冷冻格中积霜达数毫米厚（最多5mm）。则必须化霜。化霜时应将其中疫苗暂时保存冷冰盒中。

⑥冷链系统不仅仅是以低温为主，要时刻确保动物疫苗处在一个适宜的、恒定的环境中；在寒冷的冬季，在气温低于冰点时，对处于运输过程和储存过程中的灭活疫苗还要注意进行保温工作，严禁冻结，尤以冬季的北方为甚。

⑦管理人员上岗前，应该进行详细的岗前培训；在冷链设备运行的过程中，要求管理人员在工作中尽职尽责，做好巡视、检修、维修和记录，并对管理人员进行必要的监督和考核。

4. 疫苗的接种方法

（1）皮下注射　皮下注射是目前使用最多的一种方法，是将疫苗注入皮下组织后，经毛细血管吸收进入血液，通过血液循环到达淋巴组织，从而产生免疫反应。注射部位多在耳根皮下，皮下组织吸收比较缓慢而均匀，油类疫苗不宜皮下注射。

（2）肌肉注射　肌肉注射是将疫苗注射于肌肉内，注射针头要足够长，以保证疫苗确实注入肌肉里，而且注射的部位要准确。

（3）滴鼻接种　滴鼻接种是属于黏膜免疫的一种，黏膜是病原体侵入的最大门户，有95%的感染发生在黏膜或由黏膜侵入机体，黏膜免疫接种既可刺激产生局部免疫，又可建立针对相应抗原的共同黏膜免疫系统工程；黏膜免疫系统能对黏膜表面不时吸入或食入的大量种类繁杂的抗原进行准确的识别并作出反应，对有害抗原或病原体产生高效体液免疫反应和细胞免疫反应。目前使用比较广泛的是猪伪狂犬病基因缺失疫苗的滴鼻接种。

（4）口服接种　由于消化道温度和酸碱度都对疫苗的效果有很大的影响，因而口服接种目前很少使用。

（5）气管内注射和肺内注射　气管内注射和肺内注射多用在猪喘气病的预防接种。

（6）穴位注射　有关预防腹泻的疫苗多采用后海穴注射，能诱导较好的免疫反应。

5. 规模猪场常用疫苗特点、免疫剂量、使用方法

（1）猪瘟兔化弱毒冻干疫苗及猪瘟兔化弱毒细胞培养冻干疫苗

①预防的疫病及对象：猪瘟，适用于各种年龄、品种、性别的猪只。

②使用方法：这两种疫苗皆为淡红色、海绵状疏松物。按瓶标签说明的头份加入生理盐水稀释，各种大小猪均肌肉或皮下注射1mL，注苗后4d即产生免疫力；为了克服母源抗体干扰，断乳仔猪可注射3头份或4头份。根据抗体水平，可加大疫苗的接种剂量，尤其是猪瘟兔化弱毒细胞培养冻干疫苗。

③免疫期：一般为1年。

（2）猪肺疫氢氧化铝菌苗及口服猪肺疫弱毒菌苗

①预防的疫病及对象：猪肺疫，适用于各种年龄、品种、性别的猪只。

②使用方法和免疫期：

猪肺疫氢氧化铝菌苗：使用时充分摇匀，不论大小猪均为皮下注射5mL，注射后14d产生免疫力。免疫期为9个月。

口服猪肺疫弱毒菌苗　不论大小猪一般口服3亿个菌，按猪数计算好需要菌苗剂量，用清水稀释后拌入饲料，注意要让每一头猪都能吃上一定的料，口服7d后产生免疫力。免疫期为6个月。

（3）猪丹毒弱毒活疫苗及猪丹毒灭活疫苗

①猪丹毒弱毒活疫苗：不论大小猪，按瓶签注明用稀释剂稀释后，均皮下注射1mL（每剂含活菌5亿个），注射后7d产生免疫力。免疫期6个月。

②猪丹毒灭活疫苗：本疫苗系用猪丹毒2型强毒菌灭活后加铝胶制成，所

以又称猪丹毒氢氧化铝甲醛菌苗。凡体重10kg以上的断乳猪，皮下注射5mL；10kg以内的小猪或未断乳的猪皮下注射3mL，1个月后再补注3mL。注射后21d产生免疫力。免疫期6个月。

（4）猪丹毒、猪肺疫氢氧化铝二联灭活疫苗 10kg以上断乳仔猪及成年猪皮下或肌肉注射5mL；10kg以下仔猪注射3mL，间隔45d再注射3mL。注射后14～21d产生可靠免疫力，免疫期6个月。

（5）猪瘟、猪丹毒、猪肺疫三联活疫苗 按瓶签标明头份用20%氢氧化铝胶生理盐水稀释，每头猪均肌肉注射1mL，未断乳猪注射后隔两个月再注苗一次，注射后14～21d产生免疫力。免疫期6个月。

（6）细小病毒病的预防接种疫苗

①猪细小病毒灭活氢氧化铝疫苗：使用时充分摇匀。母猪、后备母猪，于配种前2～8周，颈部肌肉注射2mL；公猪于8月龄时注射。注苗后14d产生免疫力，免疫期为1年。此疫苗在4～8℃冷暗处保存，有效期为1年，严防冻结。

②猪细小病毒病灭活疫苗：母猪配种前2～3周接种一次；种公猪6～7月龄接种一次，以后每年只需接种一次。每次剂量2mL，肌肉注射。

③猪细小病毒灭活苗佐剂苗：阳性猪群，对断乳后的猪，配种前的后备母猪和不同月龄的种公猪均可使用，对经产母猪无须免疫；阴性猪群，初产和经产母猪都须免疫，配种前2～3周免疫，种公猪应每半年免疫1次。以上每次每头肌注5mL，免疫2次，间隔14d。免疫后4～7d产生抗体，免疫期7个月。

（7）伪狂犬病的预防接种疫苗

①伪狂犬病毒弱毒疫苗：乳猪第一次注苗0.5mL，断乳后再注苗1.0mL。3月龄以上架子猪1.0mL。成年猪和妊娠母猪（产前1个月）2.0mL。注苗后6d产生免疫力，免疫期为1年。

②猪伪狂犬病灭活菌苗，猪伪狂犬病GI基因缺失灭活菌苗和猪伪猪犬病GI缺失弱毒菌苗：后两种基因缺失灭活苗，用于扑灭计划。这三种苗共同使用方法如下：小母猪配种前3～6周之间接种1剂量。种公猪为每年接种1剂量。育肥猪约在10周龄接种1剂量，或4周后再接种1剂量。剂量2mL，肌注。

（8）兽用乙型脑炎疫苗 兽用乙型脑炎疫苗采用肌肉注射。按瓶签注明头份，用专用稀释液稀释成每头份1.0mL。每头注射1.0mL。6～7月龄后备种母猪和种公猪配种前20～30d肌注1.0mL，以后每年春季加强免疫1次。经产母猪和成年种公猪，每年春季免疫1次，肌注1.0mL。在乙型脑炎流行区，仔猪和其他猪群也应接种。免疫后1个月产生坚强的免疫力。

（9）猪喘气病苗

①猪喘气病弱毒冻干疫苗：用生理盐水注射液稀释，对怀孕2月龄内的母

猪在右侧胸腔倒数第 6 肋骨于肩胛骨后缘 3.5 ~ 5cm 外进针，刺透胸壁即行注射，每头 5mL。

②猪霉形体肺炎（喘气病）灭活菌苗：肌注，每次 2mL，仔猪于 1 ~ 2 周龄首免，2 周后第二次免疫。接种后 3d 即可产生良好的保护作用，并可持续 7 个月之久。

（10）猪传染性萎缩性鼻炎疫苗

①猪萎缩性鼻炎三联灭活菌苗：本菌苗含猪支气管败血波德氏杆菌、产毒素 5 型及巴氏杆菌 A、D 型类毒素。对猪萎缩性鼻炎提供完整的保护。每头猪每次肌肉注射 2mL。母猪：产前 4 周接种 1 次，2 周后再接种 1 次。种公猪：每年接种 1 次。仔猪：母猪已接种，仔猪于断乳前接种 1 次；母猪未接种，仔猪于 7 ~ 10 日龄接种 1 次。（如现场污染严重，应在首免后 2 ~ 3 周加强免疫 1 次。）

②猪传染性萎缩性鼻炎油佐剂二联灭活疫苗：颈部皮下注射。母猪：于产前 4 周注射 2mL，新引进未经免疫接种的后备母猪应立即接种 1mL。仔猪（未免母猪所生）：生后一周龄注射 0.2mL，四周龄时注射 0.5mL，八周龄时注射 0.5mL。种公猪：每年 2 次，每次 2mL。

6. 疫苗免疫接种注意事项

（1）使用疫苗免疫接种之前，养猪场要根据猪场疫病监测评估情况、当地动物疫病发生与流行状况、猪场生产中存在的问题以及疫苗的性质和作用，制定科学的免疫接种程序，实施有针对性、有计划的免疫接种。不要盲目地乱用疫苗，也不要接种疫苗后就万事大吉，这些都是不可取的，是片面的。

（2）使用疫苗接种之前，要认真查阅疫苗瓶签及使用说明书，重点要查看产品的批准文号、生产许可证、生产厂家、生产日期、出厂时间、有效期、保存方法及包装品等。同时要检查疫苗瓶是否有裂纹、破损、瓶塞是否松动、油乳剂是否破乳、药品色泽与物理性状是否发生改变等，否则不能使用。

（3）要严格按照疫苗规定的头份剂量使用规定的稀释液进行稀释，不要任意增大或减小疫苗使用稀释浓度，稀释后要充分摇匀后再使用。

（4）疫苗免疫接种按规定剂量使用，不要盲目地任意增大或减少疫苗使用剂量。超剂量免疫接种会造成疫苗浪费，引发动物机体产生免疫麻痹，影响抗体的产生；减少疫苗的免疫剂量，会因抗原不足影响疫苗的免疫效果，造成免疫失败。

（5）疫苗稀释后其效价会不断下降，在气温 15℃ 条件下 4h 失效；气温 15 ~ 25℃ 条件下 2h 失效；25℃ 以上条件下 1h 内失效。因此，疫苗稀释后应采取降温措施并在 4h 之内一次用完。超过时间者应废弃之。

（6）接种弱毒活菌苗前后各 3d 内对动物不要使用抗生素和抗细菌类药物；

接种弱毒活疫苗时，96h 内不要对动物使用抗病毒药物，否则影响疫苗的免疫效果，造成免疫失败。使用灭活疫苗免疫接种，不受抗细菌与抗病毒药物的干扰，可同时使用，分别注射。

（7）免疫接种多用单苗，少用两种或多种不同病原的联苗，以避免病原相互之间的干扰影响免疫效果。两种不同病毒活疫苗一般不要同时接种，应间隔 7～10d，以免产生相互干扰；病毒性活疫苗与灭活疫苗（死苗）可同时接种，但要分别注射；两种细菌活疫苗可同时使用，也要分别注射。

（8）针对健康猪群实施免疫接种，高热、老弱病残、消瘦猪只不要实施疫苗接种，不仅免疫效果差，而且不安全。妊娠母猪一般不接种弱毒活疫苗，特别是病毒性活疫苗，以避免病原经胎盘传递，造成仔猪带毒。正在发生传染病或潜伏期的猪只使用弱毒活疫苗紧急接种时，可能会引起机体发病，甚至死亡，应慎重使用紧急接种。

（9）免疫接种时，先用 5% 碘酒消毒、75% 酒精脱碘，再进行注射，每注射 1 头猪只要更换一个针头。注射完疫苗后，一切器械与用具都要严格消毒（注射前后各消毒 1 次），疫苗空瓶集中消毒废弃，以免散发病原污染猪舍与环境，造成可能留下的隐患。

（10）疫苗接种后要认真登记疫苗批号、生产厂家、注射时间与地点、动物名称与数量，并保留同批疫苗 2 瓶，便于免疫接种后发生问题时，查找原因，发现问题，及时找厂家解决。

（11）猪场购入疫苗后要按规定储存保管，弱毒活疫苗一般需冷冻保存于 -18～20℃；灭活疫苗需冷藏保存于 4～8℃，有特殊要求的按规定办理。

（12）疫苗接种后要认真观察猪群的状态，发现问题及时解决，疫苗接种不良反应表现如下。

①一般反应：注射疫苗后，猪只精神不振，减食，体温稍高，卧地嗜睡等。一般不需治疗，1～2d 后可自行恢复。

②急性反应：注射疫苗后 20min 之内发生急性过敏反应，猪只表现呼吸加快，气喘，眼结膜潮红，发抖，皮肤呈红紫色或苍白，口吐白沫，后肢站立不稳，倒地抽搐等。可立即肌注 0.1% 盐酸肾上腺素，每头 1mL，或者肌注地塞米松 10mg（妊娠母猪不能使用），或者盐酸氯丙嗪，每千克体重 1～2mg，必要时还可加注安钠咖（苯甲酸钠咖啡因）以保护心脏功能。

③最急性反应：猪只的表现与急性反应相似，只是发病快、反应严重一些。除了使用急性反应的抢救方法之外，还应及时静脉注射 5% 葡萄糖生理盐水溶液 300～500mL，加维生素 C 1g、维生素 B_6 0.5g，混合注射即可。

实操训练

实训一　病猪的尸体剖解及病料采集

（一）实训目的

通过实训，掌握尸体剖解方法、病料的采集、处理及送检方法。

（二）实训条件与用具

实训条件与用具包括猪场病例、解剖器械、消毒液、工作服、工作帽、眼镜、胶皮手套、高锰酸钾、30%甘油缓冲盐水等。

（三）实训方法与手段

实训方法与手段为猪场现场病猪解剖并进行详细记录。

（四）实训内容

1. 尸体剖检方法及顺序

（1）个人防护　剖检前依次穿工作服、胶靴、戴工作帽、胶皮手套。

（2）在剖解以前先进行外部观察

①观察皮肤：有无脱毛、创伤、充血、淤血、疹块、肿胀、乳房是否肿胀以及体表寄生虫，蹄部有无水泡烂斑。

②对尸体变化和卧位的观察：对尸体变化的检查，对判定死亡时间以及病理变化有重要的参考价值。卧位的判定与成对器官（肾、肺）的病变认定有关，以便区别生前的淤血与死亡的坠积性淤血。

③剥皮：根据诊断需要以及皮的利用价值可采用全剥皮或部分剥皮。尸体仰卧，从下颌间隙向后直至尾根沿腹侧正中线做一纵切口，对生殖器、肛门等应绕开，在四肢内侧与正中线垂直切开皮肤，止于腕、跗关节做一环状切线，随后进行剥皮。在剥皮的同时检查皮下组织的含水程度，皮下血管的充盈程度，血管断端流出血液的颜色、性状，皮下有无出血性浸润及胶样浸润，有无脓肿，同时检查皮下脂肪的颜色、厚度。检查体表淋巴结的颜色、体积，然后纵切或横切，观察切面的变化。

④关节肌肉检查：在剥皮后检查四肢关节有无异常，同时检查肌肉的变化，是否有肌肉变白、多水、变软。

⑤腹腔剖开：由剑状软骨向耻骨联合，沿腹正中线切开腹壁，然后沿肋骨弓向左右切开，再从耻骨联合处向左右切开，暴露腹腔器官。观察腹腔内各器

官的外观，有无胃肠破裂，腹腔是否积液，有无纤维素性渗出物。按脾、胃、肠、肝、肾的顺序依次将内脏取出。

⑥胸腔剖开：在剖开之前应检查是否存在气胸，在胸壁5~6肋间，用刀尖刺一小口，此时如听到有空气进入，同时膈后移，即为正常。切断肋软骨和胸骨连接部，切开膈肌，将刀伸入胸腔划断肋骨和胸椎连接部的胸膜和肌肉，然后双手按压两侧胸壁肋骨，敞开胸腔，取出心肺。观察是否存在胸腔积液、胸膜有无纤维素性渗出物。

⑦在下颌骨内侧切开：取出舌及喉头气管，观察扁桃体是否有肿胀、化脓、坏死，检查舌有无出血溃疡，喉头是否有出血。

⑧检查心脏：是否有心包积液，积液数量，有无纤维素渗出物；心冠脂肪是否存在出血；心肌是否松软；心外膜是否有出血斑，有无坏死灶；必要时测量心脏大小、重量。切开心脏，检查心瓣膜有无赘生物及心内膜有无出血。

⑨对气管和肺检查：观察气管内有无泡沫状液体，以及液体颜色、气管黏膜有无充血。检查肺的颜色、体积、光泽、硬度，判断是否存在淤血出血，间质性炎，是否水肿。对于病灶可切一小块放入水中，如含有气体则浮于水面上；若沉入水底，则为肺炎或无气肺。

⑩脾检查：观察脾的长、宽、厚、形态、颜色、有无出血、梗死或坏死、机化。检查其质地是坚硬、柔软或是质脆。检查其切面是否外翻，刀刮切面检查刮取物数量。

⑪肝脏检查：观察肝的体积、颜色、形态、被摸紧张情况。判断是否存在出血、淤血、变性和肝硬化。

⑫胰脏检查：观察形态、大小、颜色。胰脏最早出现坏死后变化，此胰脏呈红褐色、绿色或黑色，质地极软，甚至呈泥状。

⑬肾及肾上腺检查：检查肾脂肪囊的脂肪，有无出血和脂肪坏死。剥离脂肪囊检查肾脏的大小、颜色、表面是否光滑，观察是否存在淤血、出血、贫血，以及肾脏是否存在脂肪变性和颗粒变性，将肾沿其长轴从肾的外缘向肾门切开，检查被膜是否易剥离，检查切面的颜色、纹理。检查肾盂内容物的形状、数量。检查肾上腺的外形、大小、颜色，然后纵切检查皮质与髓质的厚度比例。

⑭膀胱检查：先检查其充盈程度，浆膜有无出血等变化。然后从基部剖开检查尿液色泽、性状、有无结石，翻开膀胱检查有无出血溃疡等。

⑮生殖器官检查：分离骨盆入口的软组织，取出阴道、子宫、卵巢。依次剪开阴道、子宫颈、子宫体及子宫角，检查黏膜颜色、有无出血、内容物性状，妊娠母猪检查羊水、胎衣、胎儿。对公猪检查包皮、阴茎、睾丸。

⑯颅腔的剖开及脑的检查：先将头从第一颈椎处分离下来，去掉头顶部肌

肉，在眶上突后缘 2~3cm 的额骨上锯一横线，再在锯线的两端沿颞骨到枕骨大孔中线各锯一线，用斧头和骨凿除去颅顶骨，露出大脑。用外科刀切断硬脑膜，将脑上提，同时切断脑底部的神经和各脑的神经根，即可将脑取出，检查脑膜血管的充盈状态，有无出血。检查脑回和脑沟的状态。将脑沿正中线纵向切开，进行观察，然后进行横向切开。

⑰鼻腔检查：在第一臼齿前缘锯断上颌骨，检查鼻中隔及鼻甲骨。

⑱胃肠检查：首先观察胃的大小、浆膜有无出血。然后从贲门到幽门沿胃大弯剪开，检查胃内容物的数量和性状，胃壁是否肿胀，黏膜是否存在出血和溃疡。检查猪各段肠管的浆膜有无出血，肠系膜淋巴结是否肿胀、充血、出血；然后剪开，检查黏膜是否出血、肿胀、溃疡。

一般情况下是按照以上顺序进行剖检，实际剖检时应根据临床资料灵活改变程序。虽然一般最后检查胃肠，但临床显示主要是胃肠疾病时，应首先检查胃肠。当怀疑炭疽时不要剖检。病死猪要及时剖检，角膜浑浊、腹下发绿的尸体已无剖检价值。

2. 病料的采集、处理、送检

（1）病料采集　在检查之前采集病料。坚持无菌原则，所用器械均应灭菌处理，采取一种病料，应用一套器械，不可再采集其他病料。根据不同疾病采集不同的脏器或内容物，在无法估计是某种疾病时，可进行全面采集。

①脓汁：用灭菌棉签或灭菌注射器取样后放入灭菌试管中。

②淋巴结及内脏：将淋巴结、肺、肝、脾、肾等有病变的部位采集 1~2cm^3 的组织块，置灭菌容器中。若为供病理组织学检查，应将典型病变部分和相连的健康组织一并切取。

③血液：无菌采取 10mL 血液置灭菌试管中，析出血清供血清学检查。供血常规检查的血液 9mL 加入 3.8% 柠檬酸钠 1mL 置灭菌试管中轻摇混合。

④胆汁：烧烙胆囊表面，用灭菌注射器吸取胆汁，放入灭菌试管中。

⑤肠：用线扎紧一段肠道的两端，然后将两端切断，放入灭菌试管中。

⑥水疱性疾病：采取水疱皮、水疱液放入 50% 甘油缓冲盐水中。

⑦流产胎儿：整个装入不透水的容器内。

⑧脑、脊髓：如采取脑、脊髓作病毒检查，可将脑、脊髓侵入 50% 甘油盐水溶液中；如供病理组织学检查，将其固定于包音氏液。

（2）病料处理

①病理组织学检查材料：要想使试验诊断得出正确结果，除采取适当的病料外，需使病料保持或接近新鲜状态，为此需对病料进行处理。采用 10% 福尔马林溶液（市售福尔马林溶液 1 份加蒸馏水 9 份）或 95% 酒精等固定。固定液体体积应为病料的 10 倍。如用 10% 福尔马林溶液固定组织，经 24h 必须更换

一次新鲜溶液。神经系统组织需使用 10% 福尔马林溶液，并且加入 5% ~ 10% 的碳酸镁。

②细菌检查病料：一般用灭菌的液体石蜡、30% 甘油缓冲盐水或饱和氯化钠溶液来保存病料。

③病毒学检验材料：一般使用 50% 甘油缓冲盐水，需作组织学检查的材料最好使用包音氏液。

④血清学检验材料：从发病猪无菌采取 10 ~ 20mL 血液，注入灭菌试管中，室温或 37℃放置 0.5 ~ 1h，然后 4℃冷藏。

（3）病料的送检　送检病料的容器必须是结实严密，不可因容器破损污染环境。最好使用双重容器，将盛有病料的容器封口后置内容器中，内容器中衬垫废纸。当气候温暖时，需加冰块，但避免病料标本直接与冰块接触，以免冻结。将内容器置外容器中，外容器内应以废纸等衬垫，外容器密封好。

病料送检时，应随同送检尸体剖检记录、流行病学、临床症状、发病后的治疗措施等相关资料，注明送检的目的要求，病料名称数量。

送检越快越好，避免病料接触高温和阳光，以免病料腐败或病原体死亡。

（五）实训报告

尸体剖检记录，不可以病理名字代替客观描述。对所剖检病例提出诊断意见，说明如何采集病料、处理及送检病料。

实训二　猪场免疫程序的制定

（一）实训目的

通过实训，掌握猪常见传染病免疫程序制定。

（二）实训条件与用具

可选择当地猪传染病调查资料或某猪场发病资料，猪场主要传染病抗体水平监测结果。

（三）实训方法和手段

现场分析某猪场的免疫程序及近几年该程序在实际生产中应用的免疫效果。并找出该程序制定的合理的部分与不合理的部分。

（四）实训内容

1. 免疫程序的制定

（1）因地制宜建立免疫程序 做好免疫接种是预防家畜疫病流行的重要措施，应该注意的是，免疫程序的建立，要考虑本地区疫病流行情况、母源抗体状况、动物的发病日龄和发病季节、免疫间隔时间以及以往免疫效果等因素。拟定一个好的免疫程序，不仅要有严密的科学性，而且要符合当地畜群的实际情况，也应考虑疫苗厂家推荐的免疫程序，根据综合的分析，拟定出完整的免疫程序。

（2）免疫失败的原因及对策 在对动物进行免疫接种后，有时仍不能控制传染病的流行，即发生了免疫失败，其原因主要有以下几个方面。

①动物本身免疫功能失常，免疫接种后不能刺激机体产生特异性抗体。

②母源抗体干扰疫苗的抗原性，因此，在使用疫苗前，应该充分考虑体内的母源抗体水平，必要时要进行检测，避免这种干扰。

③没有按规定免疫程序进行免疫接种，使免疫接种后达不到所要求的免疫效果。

④动物生病，正在使用抗生素或免疫抑制药物进行治疗，造成抗原受损或免疫抑制。

⑤疫苗在采购、运输、保存过程中方法不当，使疫苗本身的效能受损。

⑥在免疫接种过程中疫苗没有保管好，或操作不严格，或疫苗接种量不足。

⑦制备疫苗使用的毒株血清型与实际流行疾病的血清型不一致，而不能达到良好的保护效果。

⑧在免疫接种时，免疫程序不当或同时使用了抗血清。

总之，免疫失败原因很多，要进行全面的检查和分析，为防止免疫失败，最重要的是要做到正确使用疫苗及严格按免疫程序进行免疫。

2. 常见猪病的推荐免疫程序

（1）生长肥育猪的免疫程序

①1日龄：猪瘟常发猪场，猪瘟弱毒苗超前免疫，即仔猪生后在未采食初乳前，先肌肉注射一头份猪瘟弱毒苗，隔1~2h后再让仔猪吃初乳；

②3日龄：鼻内接种伪狂犬病弱毒疫苗；

③7~15日龄：肌肉注射猪喘气病灭活菌苗、蓝耳病弱毒苗；

④20日龄：肌肉注射猪瘟、猪丹毒二联苗（或加猪肺疫三联苗）；

⑤25~30日龄：肌肉注射伪狂犬病弱毒疫苗；

⑥30日龄：肌肉或皮下注射传染性萎缩性鼻炎疫苗；

⑦30 日龄：肌肉注射仔猪水肿病菌苗；

⑧35～40 日龄：仔猪副伤寒菌苗，口服或肌注（在疫区首免后，隔 3～4 周再二免）；

⑨60 日龄：猪瘟、猪肺疫、猪丹毒三联苗，二倍量肌注。

⑩生长育肥期：肌注两次口蹄疫疫苗。

（2）后备公、母猪的免疫程序

①配种前 1 个月肌肉注射细小病毒、乙型脑炎疫苗；

②配种前 20～30d 肌肉注射猪瘟、猪丹毒二联苗（或加猪肺疫的三联苗）；

③配种前 1 个月肌肉注射伪狂犬病弱毒、口蹄疫、蓝耳病疫苗。

（3）经产母猪免疫程序

①空怀期：肌肉注射猪瘟、猪丹毒二联苗（或加猪肺疫的三联苗）；

②初产猪肌注一次细小病毒灭活苗，以后可不注；

③头三年，每年 3～4 月份肌注一次乙脑苗，三年后可不注；

④每年肌肉注射 3～4 次猪伪狂犬病弱毒疫苗；

⑤产前 45d、15d，分别注射 K88、K99、987p 大肠杆菌腹泻菌苗；

⑥产前 45d，肌注传染性胃肠炎、流行性腹泻、轮状病毒三联疫苗；

⑦产前 35d，皮下注射传染性萎缩性鼻炎灭活苗；

⑧产前 30d，肌注仔猪红痢疫苗；

⑨产前 25d，肌注传染性胃肠炎－流行性腹泻－轮状病毒三联疫苗；

⑩产前 16d，肌注仔猪红痢疫苗；

（4）配种公猪免疫程序

①每年春、秋各注射一次猪瘟、猪丹毒二联苗（或加猪肺疫的三联苗）；

②每年 3～4 月份肌肉注射 1 次乙脑苗；

③每年肌肉注射 2 次喘气病灭活菌苗；

④每年肌肉注射 3～4 次猪伪狂犬病弱毒疫苗。

（5）其他疾病的防疫

①口蹄疫：

a. 常发区：

常规灭活苗，首免 35 日龄，二免 90 日龄，以后每 3 个月免疫 1 次；

高效灭活苗，首免 35 日龄，二免 180 日龄，以后每 6 个月免疫 1 次。

b. 非常发区。

常规灭活苗，每年 1、9 和 12 月份各免疫 1 次；

高效灭活苗，每年 1 和 9 月份各免疫 1 次。

②猪传染性胸膜肺炎：仔猪 6～8 周龄 1 次，2 周后再加免 1 次；

③猪链球菌病：

a. 成年母猪。每年春、秋各免疫 1 次；

b. 仔猪。首免 10 日龄，二免 60 日龄，或首免出生后 24h，二免断乳后 2 周。

④蓝耳病：

a. 成年母猪。每胎妊娠期 60d 免疫 1 次灭活苗；

b. 仔猪。14～21 日龄免疫 1 次弱毒苗；

c. 成年公猪。每半年免疫 1 次灭活苗；

d. 后备猪。配种前免疫一次灭活苗。

备注：上述免疫程序仅供参考，每个猪场应根据各自的实际情况，疾病的发生史，以及猪群当前的抗体水平高低制定自己的免疫程序。防疫的重点是多发性疾病和危害严重的疾病，对未发生或危害较轻的疾病可酌情免疫。

（五）实训报告

拟定免疫程序以及注意事项。

实训三　规模化猪场的消毒措施与方法

（一）实训目的

通过实训，掌握规模化猪场各种消毒的方法。

（二）实训条件与用具

实训条件与用具包括规模化猪场现场、高压喷雾消毒机、菌毒敌、过氧乙酸、福尔马林、氨水、10%～20% 的石灰水、0.1% 新洁尔灭、强力消毒灵或抗毒碱等消毒药。

（三）实训方法与手段

猪场现场操作。

（四）实训内容

1. 消毒药物的选择

猪场选择消毒药物应选用有实力、信誉好，并且通过兽药 GMP 认证的厂家生产的产品。选用消毒药时要注意检查消毒剂有无批准文号、生产厂家、生产日期、有效期限、使用说明书等，严格按照消毒程序和要求进行。一般来说，现代消毒剂应具备下列条件。

（1）广谱　对各种病毒、细菌、芽孢以及真菌等微生物都有效。

（2）高效 在高稀释倍数时仍有较好的杀菌、杀毒能力，作用快且时间长。

（3）对人畜的腐蚀性、刺激性较小，毒性低、残留少，无色无味，易溶于水，使用无危险性。

（4）渗透性强 能穿透缝隙和有机物膜，并保持药物致死浓度的性能，保证在有机物（粪便、血污）存在的情况下，取得杀灭效果，能发挥良好的杀病毒作用。

（5）使用方便，易溶于水。

（6）性质稳定，有机物影响小，耐酸碱环境，便于运输、保存。

（7）价格合理，养猪场用得起。

以前猪场经常使用一些简单化学消毒剂，如烧碱、甲醛、过氧乙酸等，而这些简单化学品消毒剂却存在着一些明显的缺陷，如对有机物穿透能力弱、受环境温度影响大，稳定性差，效力有限，不仅猪场疫病不断，并且对人体健康和环境造成危害。目前大部分猪场已意识到，在疫病复杂的今天，简单化学品消毒剂已不能满足现代养猪的需要，而只有复合型消毒剂才能达到生物安全体系的要求，很多大型的动物药品生产厂家也纷纷研究开发出新型的消毒药物。

2. 消毒的种类

通常可分预防性消毒和疫源性消毒。前者是指没有发生传染病时，对畜舍、用具、场地、饮水等进行消毒，后者是在发生传染病时及发生传染病后，为控制病原的扩散对已造成污染的环境、畜舍、饲料、饮水、用具、场地及其他物品进行全面彻底的消毒。

3. 消毒方法

（1）畜舍消毒 全进全出的猪场，在引进猪群前，空猪舍要进行彻底消毒。包括：粪便、垫料、污物的清除及无害处理（如发酵、烧毁等）；地面、墙壁、门窗、饲槽、用具等进行冲洗或洗刷；畜舍干燥后，用消毒药液喷洒消毒，选择药液浓度可按说明书规定浓度适当提高 0.5～1 倍，消毒后最好关闭门窗，24h 后开窗通风。畜舍消毒，如菌毒敌、过氧乙酸、福尔马林、氨水均可选择。对于种猪舍，可采用 0.05% 的过氧乙酸或 0.5% 的强力消毒灵等喷洒消毒，猪群可不必转移。污水可按每升加 2～5g 漂白粉消毒。

消毒的步骤：第一步应进行机械性清扫，第二步用化学消毒液消毒。

机械性清扫是通过清扫、冲洗、洗刷等一系列搞好畜舍环境卫生方法。此方法可使畜舍微生物污染程度大大下降。在清扫和冲洗后再用化学药物进行消毒，可达到预期消毒目的。当前市面上销售的消毒剂很多，应该注意选择效力强、效果广泛、生效快且持久、毒性低、刺激性和腐蚀性小、价格适宜的消毒剂。原则上讲，一种消毒剂难以满足上述所有条件，因此可依据不同环境条件选用数种消毒剂，也可选用不同消毒剂交替使用，避免永久使用同一种消毒剂。

（2）用具的消毒 食槽、饮水器、载运车辆等除每天刷洗外，定期用0.1%新洁尔灭、强力消毒灵或抗毒碱等消毒。

4. 常用消毒药品及其使用方法

（1）石灰水 用新鲜石灰配成10%～20%的石灰水，可用来消毒场地，粉刷棚圈墙壁、木柱等。

石灰水的配制方法：1kg生石灰加8～18kg水即可。配制时，可先将生石灰放在桶内，加少量水使其溶解，然后再加入水至规定的比例。石灰水应现配现用，如配后放置时间过长，易吸收空气中的二氧化碳变成碳酸钙而失效。

（2）草木灰水 用新鲜草木灰配成20%～30%的热草木灰水，可用来消毒棚圈、用具和器械等。

热草木灰水的配制方法：用10kg水加2～3kg新鲜草木灰，加热煮沸（或用热水浸泡3d），待草木灰水澄清后使用。消毒时须加温为热溶液，才有显著的消毒效果。

（3）烧碱 配成2%溶液可消毒棚圈、场地、用具和车辆等；配成3%～5%溶液，可消毒被炭疽芽孢污染的地面。消毒棚圈时，应将家畜赶（牵）出栏圈，经半天时间，将消毒过的饲槽、水槽、水泥或木板地用水冲洗后，再让家畜进圈。

（4）过氧乙酸 配成2%～5‰的溶液，可喷雾消毒棚圈、场地、墙壁、用具、车船、粪便等。

（5）复合酚 0.3%～1%溶液用于消毒畜舍、场地、污物等。

（6）百毒杀 3000倍稀释的百毒杀溶液，喷洒、冲洗、浸渍，可用来消毒畜舍、环境、机械、器具、种蛋等；2000倍稀释的百毒杀溶液可用于紧急预防时畜禽舍的消毒；10000～20000倍稀释的百毒杀溶液可预防储水塔、饮水器的污染堵塞，并可杀死微生物、除藻、除臭、改善水质。

（五）实训报告

实训报告内容应包括影响消毒的因素，以及在实际操作中消毒应该注意的问题。

项目思考

1. 简述传染病的特点。
2. 阐述如何预防猪场疾病的发生。

3. 如何做好猪场的生物安全工作？

4. 如何做好猪场的免疫程序？

5. 影响免疫程序制定的因素有哪些？在实际操作中可能遇到哪些问题？

项目二 猪常见病毒性疾病

通过本项目的学习，熟练掌握猪场常发、危害严重的病毒性疾病的诊断与防控基本知识，重点掌握猪瘟、非洲猪瘟、猪口蹄疫、猪繁殖与呼吸障碍综合征等常见病毒性疾病的病因、流行特点、症状、病理变化、诊断要点和防控措施等。

通过本项目的学习，能对猪常见病毒性疾病进行初步的诊断，设计相应的防控方案，掌握某些重要猪病的实验室诊断的操作方法，并能熟练使用。

一、猪瘟

猪瘟（Swine fever, Hog cholera）又称"烂肠瘟"，也称经典猪瘟，又称猪霍乱，是由猪瘟病毒引起猪的一种急性、热性和高度接触性传染病，其特征为发病急、高热稽留和小血管壁变性引起广泛出血、梗死和坏死，具有很高的发病率和死亡率。于 1833 年首次发现于美国俄亥俄州，1903 年美国兽医学家德希尼兹和多赛特鉴定本病的病原是披盖病毒科的瘟病毒中的猪瘟病毒，主要通过直接接触或由于接触污染的媒介物而发病，一百多年来其流行遍及全球。国际兽疫局将其定为 A 类传染病，《中华人民共和国动物防疫法》将其列为一类传染病，属于危害严重、需要采取紧急严厉的强制预防、控制和扑灭的动物疫病之一，是目前危害中国养猪业发展的主要疫病之一。

在我国，由于广泛应用了猪瘟兔化弱毒疫苗，猪瘟的流行呈现典型猪瘟和非典型猪瘟共存、持续感染和隐性感染共存、免疫耐受与带毒综合征共存等特点。

（一）病原

1. 分类及形态

猪瘟病毒（Hogcholera virus，HCV）属于黄病毒科瘟病毒属，病毒粒子直径 40～50nm，基因组为单股 RNA，长约 12kb，有囊膜，是一种泛嗜性病毒，分布于病猪的各种体液和组织内，其中淋巴结、脾和血液病毒含量最高。猪瘟病毒能在猪胚或乳猪脾、骨髓、淋巴结、结缔组织或者肺组织细胞中培养。但在这些细胞上不产生明显的病变，可利用鸡新城疫病毒强化实验（END 试验）测定猪瘟病毒，这也是诊断猪瘟的一种方法。

2. 发病机理

猪瘟病毒进入猪扁桃体后，在其中增殖，16～18h 血液中病毒浓度达到致病程度，15～24h 病毒出现于淋巴系统和血管壁，48h 出现于各实质器官。病毒主要在小血管内皮细胞增殖，致使上皮细胞肿胀、变性、血管闭锁、小血管周围发生细胞浸润，导致各器官和组织充血、出血、坏死和梗死，并引起败血症，体温升高。在最急性的病例中，往往发生循环障碍。在急性感染猪中，由于猪瘟病毒损害造血系统和网状内皮，引起血液中白细胞减少、网状细胞逐渐消失，免疫应答发生改变，对溶菌酶的继发性抗体应答能力减弱，这样机体内细胞吞噬能力显著下降，容易引起多种病原继发混合感染，使猪瘟病程复杂化。猪瘟病毒持续性感染多由低毒力毒株感染引起慢性型和迟发型两种。前者病毒传播较慢、血液和器官中病毒滴度较低，病毒存在于扁桃体、唾液腺、回肠和肾的上皮细胞。循环病毒抗原和抗体可导致应答物在肾沉积，引起肾小球肾炎。后者在病猪一生都有高滴度的病毒血症，病毒在上皮组织、淋巴样组织及网状内皮组织中广泛存在。先天性持续感染猪对猪瘟病毒不产生中和抗体应答，形成免疫耐性。

3. 血清型

猪瘟病毒在猪肾细胞、淋巴细胞、骨髓细胞、睾丸细胞培养，在细胞浆内复制，不见细胞病变。该病毒只有一个血清型，但毒力有强弱之分，强毒株引起高死亡率的急性猪瘟，中毒株一般导致亚急性或慢性感染，低毒力株引起温和型、繁殖障碍、无症状的持续感染；猪瘟病毒与同属的牛病毒性腹泻病毒具有高度的同源性，有血清学交叉反应和交叉保护作用。

4. 抵抗力

病毒对环境的抵抗力较强，对干燥及腐败敏感，在尿、血液和腐败尸体中能存活 2~3d，骨髓中可存活 15d；在污染的环境及气温较高时 2~3 周失去感染力；对热抵抗力较强，78℃ 1h 才可致死；耐低温含猪瘟病毒的猪肉储存几个月后仍有传染性，具有重要的流行病学意义。对常用消毒药敏感，如生石灰、烧碱、草木灰均能杀灭，临床上最经济有效的消毒药之一是 2%~5% 的烧碱。

（二）诊断

1. 流行特征

（1）易感动物 猪是本病唯一的自然宿主，猪（包括家猪、野猪）不分年龄、性别、品种均易感。

（2）传播途径 病毒主要经消化道感染，但也可以通过呼吸道（经鼻腔黏膜和眼结膜）感染，此外，破裂的皮肤或去势时的伤口也可以感染。怀孕母猪感染可通过胎盘进行垂直传播，导致繁殖障碍。自然条件下传播途径是口、鼻黏膜，也可通过结膜、生殖道黏膜或皮肤擦伤进入。经口或注射感染猪，病毒复制的主要部位是扁桃体，然后经淋巴管进入淋巴结，继续增殖，随即到达外周血液，然后在脾、骨髓、内脏淋巴结和小肠的淋巴组织快速增殖，导致高水平的病毒血症。

（3）传染源 病猪和带毒猪是最主要的传染源。当前猪瘟流行情况由暴发转向温和、由一般猪群转向重点发生在繁殖母猪的隐性感染、潜伏性感染和仔猪经胎盘感染，也由于不合理免疫所致，有的表现症状很不典型，而又不断地向外排毒、散毒，这些带毒母猪往往被忽视，而成为最重要的传染源。它们所产的仔猪也常出现胎盘感染，或者产生免疫耐受，如遇环境突变，母源抗体降低就会激发疫病。这也是目前一些规模性猪场、地方猪瘟自发传染的主要原因。

感染猪在发病前即可通过口、鼻及眼分泌物、尿和粪等途径排毒，并延续整个病程。康复猪在出现特异抗体后停止排毒。强毒株感染 10~20d 内大量排出病毒，而低毒株感染后排毒期短。强毒在猪群中传播快，造成的发病率高。慢性的感染猪不断排毒或间歇排毒。当猪瘟病毒低毒株感染妊娠母猪时，起初常不被觉察，但病毒可侵袭子宫中的胎儿造成死胎或出生后不久就死去的弱仔，分娩时排出大量的猪瘟病毒。如果这种先天感染的仔猪在出生时正常，并保持健康几个月，它们可作为病毒散布的持续感染来源而很难被辨认出来。猪群引进外表健康的感染猪是猪瘟爆发最常见的原因。病毒可通过猪肉和猪肉制品传播到其他地方。未经煮沸消毒的含毒残羹是最重要的感染媒介。人和其他动物也能机械地传播病毒。

（4）发病特点　本病无季节性，一年四季均可发生，一般以春、秋较为严重。急性暴发时，先是几头猪发病，并突然死亡。继而病猪数量不断增加，多数猪呈急性经过和死亡，3周后逐渐趋向低潮，病猪多呈亚急性或慢性。如无继发感染，少数慢性病猪在1个月左右恢复或死亡，流行终止。初次传入易感猪群，1～3周左右出现多数急性病例，以后则多为亚急性或少数慢性病猪。本病无地区性，欧洲、非洲、亚洲和澳洲都有爆发此病的记载。

2. 临诊症状

潜伏期一般为5～7d，短的2d，长的可达21d。据临床症状和特征，猪瘟可分为最急性、急性、慢性和非典型猪瘟。

（1）最急性型　新发病地区多见，病情严重，常在不出现任何症状的情况下突然倒地死亡。有的病猪突然发病，发病初期病猪食欲不振，精神委顿，食欲不佳，体温升至41℃以上，呈稽留热，并持续数周不降，被毛枯燥，皮肤有紫斑或坏死痂，腹部蜷缩，行走无力。病猪日渐消瘦，后期常因衰竭而死亡，呼吸急促，后肢衰弱，1～2d死亡，死亡率可达90%～100%。

（2）急性型　体温可达40～41℃或更高，眼结膜潮红，眼角有多量黏液性或脓性分泌物。病猪表现精神沉郁、饮食大减或拒食、被毛粗乱、肌肉震颤、弓背、怕冷、喜扎堆挤卧。食欲废绝或减退，粪便干硬，呈小球状，常附带伪膜或血液，后期拉稀，稀薄如水，有时带血、恶臭。四肢内侧、耳郭、腹部等皮肤和口腔黏膜、齿龈、阴道黏膜、眼黏膜等可见出血点。公猪包皮内积尿。哺乳仔猪发生急性猪瘟时，表现为角弓反张或倒地抽搐，最终死亡，病程14～20d，死亡率50%～60%，不死即转为慢性型。

（3）慢性型　主要表现贫血，食欲不振，全身衰弱，轻度发热，体温忽高忽低。便秘和腹泻交替出现，以下痢为主。皮肤、四肢、结痂、尾和肢端等坏死。皮肤有紫斑或坏死，病程1个月以上，有的可康复，但易变为僵猪。

（4）迟发型　先天性感染低毒猪瘟病毒的猪在出生后几个月可表现正常，随后发生减食、沉郁、结膜炎、皮炎、下痢及运动失调等症状，体温一般正常，大多数猪只能存活6～9个月。

（5）非典型　又称为温和性猪瘟，由低毒力猪瘟病毒引起，是近年来发生较为普遍的一种猪瘟病型。多年来一些地区散发一种所谓的"无名高热"症，经研究证明多为猪瘟。其症状和病变不典型，病情缓和，体温升高40～41℃，发病率和死亡率均低。常见于猪瘟预防接种不及时、免疫失败的猪群。

3. 病理变化

（1）急性型　心外膜、喉头、肠黏膜、胃黏膜、膀胱、胆囊出血。脾脏边缘可见到紫黑色突起（出血性梗死），这是猪瘟的特征性病变。肾脏色泽变淡，表面有数量不等的小出血点，呈现"麻雀卵肾"外观。有的在肠系膜上可见黄豆大小的隆起（淋巴滤泡肿大）。全身淋巴结肿胀、水肿和出血，切面呈现红白或红黑相间的大理石样变化。白细胞及血小板减少。全身性出血、淤血、尤以（耳根、胸部、胸腹下、四肢内侧）皮肤、淋巴结、喉头、膀胱、肾、回盲处明显。

（2）亚急性型　胸腔变化明显，可见纤维性或坏死性、化脓性肺炎，肺胸膜粗糙，胸腔内有纤维素性渗出液。

（3）慢性型　出血性病变轻微，纤维素性、坏死性肠炎明显，在回肠末端及盲肠，特别是回盲口，可见到多个轮层状溃疡（扣状肿）。断乳仔猪的肋骨末端与软骨交界处发生钙化，可见黄色骨化线，这在猪瘟诊断上有一定意义。

（4）迟发型　胎儿呈木乃伊化、死胎和畸形。死产的胎儿最显著的病变是全身性皮下水肿，如水牛状，腹水和胸水。胎儿畸形包括头和四肢变形，小脑和肺以及肌肉发育不良。弱仔死亡后，可见内脏器官和皮肤出血。

（5）温和型　无典型病变，或病变很轻微。仅在口腔、咽喉部出现坏死等病变或有时可见的淋巴结水肿和边缘充血、出血。

4. 鉴别诊断

发生猪瘟时，常出现高热并伴有皮肤红斑或可视黏膜出血，临床上应注意与败血型猪丹毒、急性猪肺疫、急性猪副伤寒、败血型猪链球菌病、弓形体病等疾病加以鉴别。

（1）败血型猪丹毒　传染较慢，发病率不高，病猪天然孔内无无显著炎症。粪便一般正常，病程约为数天，有的突然或短时间内死亡。剖检脾肿胀，肾淤血肿大，俗称"大红肾"，淋巴结切面不呈大理石斑纹，大肠黏膜无显著变化，与猪瘟不同。

（2）急性猪肺疫　零星发生，咽喉部急性肿胀，有严重肺炎症状，呼吸困难，口、鼻流出白沫，而猪瘟则否。

（3）急性副伤寒　常发生于1~4月龄小猪，剖检脾肿大，大肠壁增厚，黏膜显著发炎，表面粗糙，有大小不一，边缘不齐的坏死灶，可与猪瘟区别。

（4）败血型猪链球菌病　常发生多发性关节炎，运动障碍，鼻黏膜充血、出血，喉头、气管充血，有多量泡沫，脾肿胀，脑和脑膜充血、出血，与猪瘟不同。

（5）猪弓形体病　主要发生于架子猪，流行于夏秋炎热季节。剖检脾肿大，肝有散在出血点和坏死点，淋巴结肿大，有出血点和坏死点，脑实质充血、水肿、变性、坏死。可与猪瘟区别。

（6）非洲猪瘟　非洲猪瘟传播途径更广，除接触传染，还可通过害虫、昆虫（软蜱，如顿缘蜱）等进行传播。非洲猪瘟发生时会出现温度骤升情况，可高达42℃左右，直至死亡前一周，体温才会逐渐下降。此外，还会出现停食、呼吸急促、步态不稳、孕猪早产等现象，死亡率高达100%。非洲猪瘟目前没有疫苗进行预防接种，一般只能对猪群进行扑杀深埋，要及时去有关部门上报，进行无害化处理。

5. 实验室诊断

早期确诊并快速清除感染猪是控制猪瘟的关键。猪瘟目前主要用疫苗免疫接种预防，疫苗的使用虽然控制了猪瘟的大规模流行，但是非典型猪瘟的出现，给猪瘟和其他相关疫病的鉴别诊断带来了困难。仅靠临床症状及病理剖检变化很难对猪瘟进行确诊，必须依靠实验室诊断方法。猪瘟实验室诊断一般分为动物接种、病毒抗原检测、病毒分离、病毒核酸检测这4种方法，其中以病毒核酸检测最为常用。

（1）动物接种　动物接种法诊断猪瘟主要包括兔体交互实验和本体动物回归实验。受诊断成本及时间限制，动物接种实验现在极少使用。兔体交互实验的主要原理是猪瘟病毒不会引起兔的体温反应，但能使其产生免疫力，猪瘟兔化弱毒苗能使家兔产生定型热反应，但对已产生免疫力的家兔则不产生体温反应，因此根据试验兔不发生定型热反应，来检测样本中是否含有猪瘟病毒。通过本动物接种分离鉴定猪瘟病毒是检测猪瘟病毒最敏感的方法，但试验成本高，耗时长，动物个体差异大，存在生物安全隐患且须在动物生物安全三级实验室进行，散毒风险高。

（2）猪瘟病毒抗原检测　如果样本是血液或者组织研磨液，可以选用酶联免疫吸附试验，该方法具有操作简便、检测时间短的优点，但存在灵敏度低，田间感染很难检测。若是组织切片/抹片可选用免疫荧光/过氧化物酶实验，该种方法的优点是特异性高、检测时间短，但对检验人员要求高，敏感性低。

（3）猪瘟病毒分离　目前用于猪瘟病毒分离的组织主要有血液、扁桃体、淋巴结、脾脏、肾脏和回肠等组织。血液（抗凝血、脱纤血）、扁桃体和淋巴结等组织也是国家猪瘟参考实验室开展猪瘟流行病学监测在养猪场和屠宰场常用的采样组织，也是猪瘟病毒的嗜性组织。猪瘟病毒分离实验室操作主要分为4个步骤：组织处理（修剪、研磨）、接种（敏感细胞系：猪肾细胞PK15或猪睾丸细胞ST）、结果判定（细胞、核酸染色法）、鉴定（RT-PCR、测序）。上述检测步骤也存在一定的优缺点。优点：特异性好，可用于病毒的进一步鉴定和毒种保存。缺点：灵敏度低，检测周期长，易出现假阴性。

（4）病毒核酸检测　目前猪瘟病毒核酸检测法主要是荧光RT-PCR和RT-nPCR。荧光RT-PCR用于猪瘟病毒野毒，疫苗毒等所有毒株的诊断和监测，适用于猪活体及其脏器、血液、排泄物和细胞培养物中猪瘟病毒核酸的检测。原理是在 PCR 扩增体系中加入一条特异荧光探针，探针为一寡核苷酸链，两端分别标记一个报告荧光基团（R）和一个淬灭荧光基团（Q）。探针完整时，两者发生荧光共振能量转移，R 基团发射的荧光信号被 Q 基团淬灭，PCR 扩增进行时，Taq 酶发挥$5'{\rightarrow}3'$外切酶活性，将探针降解，实现 R 基团与 Q 基团分离，Q 基团淬灭作用随即消失，R 基团释放荧光信号，被荧光监测系统接收，即每完成一次扩增，就有一个荧光信号累积，实现了荧光信号的累积与 PCR 产物形成完全同步。在操作过程中应设置阴性对照，包括样本阴性对照与体系阴性对照，由于该方法的灵敏性很强，需要注意实验污染，因此最好将实验分区，将试剂配制、样本处理、核酸扩增等步骤区分开来，避免污染。在大规模检测时，建议使 UNG 防污染体系。

RT – nPCR，即套式聚合酶链式反应，用于猪瘟的诊断和监测，适用于猪活体及其脏器、血液、排泄物和细胞培养物中猪瘟病毒核酸的检测。RT – nPCR 使用两对 PCR 引物扩增完整目的片段，第二对引物特异性的扩增位于首轮 PCR 产物内的一段 DNA 片段，弥补 RT – PCR 的不足，可检测病毒含毒低的样品。在 RT – nPCR 扩增的特定基因（E2 基因）片段的基础上，扩增产物可以进行基因序列测定，因此该方法可进一步鉴定流行毒株的基因型，从而追踪流行毒株的传播来源。

（5）猪瘟抗体检测　进行猪瘟抗体监测是国家猪瘟参考实验室开展流行病学调查的主要内容之一。抗体检测既可以用于免疫猪的抗体水平监测，从而筛选出免疫耐受猪或者对疫苗免疫效果进行监测和评价，也可用于非免疫猪的感染筛查。目前猪瘟抗体检测方法主要有细胞中和试验、兔体中和试验、正向间接血凝试验、ELISA、免疫层析技术以及其他的新型检测技术。

① 细胞中和试验常用于猪血清中具有中和作用的猪瘟抗体效价的测定，主要采用固定病毒含量（通常病毒含量为$100\mathrm{TCID}_{50}/50\mu\mathrm{L}$），稀释待测血清的方法进行抗体效价测定。该方法是猪瘟抗体检测中的金标准，但操作复杂，检测时间久，影响因素较多。

② 兔体中和试验也是猪瘟抗体检测中的金标准，其原理是利用工作浓度的猪瘟兔化弱毒抗原，与不同稀释度的被检血清等量混合作用后，耳静脉注射家兔，据家兔体温反应结果定性定量判定被检血清。该方法同样操作复杂，检测时间久。

③猪瘟正向间接血凝试验是利用猪瘟病毒致敏红细胞，将待检血清梯度稀释后进行抗原抗体反应，根据红细胞的凝集判断结果。这种方法能够测出猪瘟抗体效价，简便易操作，常用于免疫抗体的监测。

④ 酶联免疫吸附试验即 ELISA 技术，是国际贸易指定标准诊断方法之一，该方法又分为间接 ELISA、阻断 ELISA、竞争 ELISA。中国兽医药品监察所国

家猪瘟参考实验室制成了具有自主知识产权的猪瘟病毒间接 ELISA 抗体检测试剂盒，适合我国全面免疫的防控策略，具有敏感性高等特点。

⑤ 免疫层析技术其原理是利用微孔滤膜的渗滤浓缩和毛细层析作用，使抗原抗体在固相膜上反应，由胶体金标记的抗体显色，阳性反应在膜上呈现红色，阴性反应则不显色。操作简便、快速，全程只需 5min，肉眼直接观察和判断检测结果；可采用仪器进行相对定量，但是该方法敏感性低，不适合大量的样品检测。随着科技发展，化学发光技术、荧光微球检测技术、镧系高敏荧光定量免疫层析技术等新兴技术逐渐用于猪瘟抗体的检测。

（三）防控措施

我国政府高度重视猪瘟的防控，多年来持续实施猪瘟强制免疫，防控工作取得了重要成效。根据原农业部《兽医公报》数据显示，自 2010 年到 2016 年，我国猪瘟新发病例和死亡数已大幅下降至 815 例和 429 例。据监测，2015 年全国猪场个体感染率 0.15%。2017 年 3 月 20 日农业部印发了《国家猪瘟防治指导意见（2017—2020 年）》的通知，要求到 2020 年底，全国所有种猪场和部分区域达到猪瘟净化标准，并进一步扩大猪瘟净化区域范围（净化是指连续 24 个月以上种猪场、区域内无猪瘟临床病例，猪瘟病毒野毒感染病原学检测阴性）。标志着正式将猪瘟免疫净化付诸行动，这是我国猪瘟防控政策历史性的重大转变。但目前部分养殖场依然存在病毒污染，与其他猪病存在一定程度混合感染，控制和净化工作仍面临不少困难和挑战。

目前主要有两种防控措施，一是扑杀，二是免疫。关键是定期进行病原学和血清学检测、及时发现并淘汰带毒猪。

1. 平时预防措施

坚持自繁自养，引种严格检疫，引种要隔离 3 周以上才能混群。加强饲养管理，提高猪群的抗病能力，改善饲养管理，搞好圈舍、环境及相关工作的兽医卫生。加强集市管理和运输检疫，杜绝病猪在集市出售、收购运输、生猪交易市场等猪只集中场所。特别加强兽医卫生管理及检疫措施，执行卫生措施，强化平时的消毒工作。疫苗免疫接种，猪瘟兔化弱毒疫苗，安全性好，无不良反应，对强度有干扰，4~6d 产生免疫作用。临床上要注意母源抗体可以影响免疫效果，仔猪一般在 20 日龄、60 日龄各接种 1 次，在猪瘟多发地区可实行超前免疫，即仔猪出生后立即接种疫苗，1.5h 后再哺乳，种猪在每次配种前免疫 1 次，猪场定期监测猪瘟抗体。目前市场上预防猪瘟的疫苗主要有以下三种：猪瘟活疫苗（Ⅰ）——乳兔苗、猪瘟活疫苗（Ⅱ）——细胞苗、猪瘟活疫苗（Ⅲ）——脾淋苗。

（1）猪瘟活疫苗（Ⅰ）——乳兔苗的用法　该疫苗为肌肉或皮下注射。

使用时按瓶签注明头份，用无菌生理盐水按每头份 1mL 稀释，大小猪均为 1mL。该疫苗禁止与菌苗同时注射。注射本苗后可能有少数猪在 1~2d 内发生反应，但 3d 后即可恢复正常。注苗后如出现过敏反应，应及时注射抗过敏药物，如肾上腺素等。该疫苗要在 -15℃ 以下避光保存，有效期为 12 个月。该疫苗稀释后，应放在冷藏容器内，严禁结冰，如气温在 15℃ 以下，6h 内要用完；如气温在 15~27℃，应在 3h 内用完。注射的时间最好是进食后 2h 或进食前。

（2）猪瘟活疫苗（Ⅱ）——细胞苗的用法　该疫苗大小猪都可使用。按标签注明头份，每头份加入无菌生理盐水 1mL 稀释后，大小猪均皮下或肌肉注射 1mL。注射 4d 后即可产生免疫力，注射后免疫期可达 12 个月。该疫苗宜在 -15℃ 以下保存，有效期为 18 个月。注射前应了解当地确无疫病流行。随用随稀释，稀释后的疫苗应放冷暗处，并限 2h 内用完。断乳前仔猪可接种 4 头份疫苗，以防母源抗体干扰。

（3）猪瘟活疫苗（Ⅲ）——脾淋苗的用法　该疫苗为肌肉或皮下注射。使用时按瓶签注明头份，用无菌生理盐水按每头份 1mL 稀释，大小猪均用 1mL。该疫苗应在 -15℃ 以下避光保存，有效期为 12 个月。疫苗稀释后，应放在冷藏容器内，严禁结冰。如气温在 15℃ 以下，6h 内用完。如气温在 15~27℃，则应在 3h 内用完。注射的时间最好是进食后 2h 或进食前。

（4）注意事项　三种疫苗在没有猪瘟流行的地区，断乳后无母源抗体的仔猪，注射 1 次即可。在有疫情威胁时，仔猪可在 21~30 日龄和 65 日龄左右各注射 1 次。被注射疫苗的猪必须健康无病，如猪体质瘦弱、有病、体温升高或食欲不振等均不应注射。注射免疫用各种工具，须在用前消毒。每注射 1 头猪，必须更换一次煮沸消毒过的针头，严禁打"飞针"。注射部位应先剪毛，然后用碘酒消毒，再进行注射。以上三种疫苗如果在有猪瘟发生的地区使用，必须由兽医严格指导，注射后防疫人员应在 1 周内进行逐日观察。

2. 发病后处理措施

一旦发生猪瘟疫情，尽快确诊，及时上报疫情，应当立即隔离、封锁，场地、用具等消毒，限制生猪和猪肉产品的流通，从而减少疫情的散播，对于感染猪瘟病毒的后备母猪应立即淘汰捕杀。除早期应用抗猪瘟血清治疗猪瘟有一定疗效外，目前对本病尚无有效药物治疗。对疫区及受威胁区的猪只和发病猪群中的无病状猪只可用猪瘟疫苗（脾淋苗）进行紧急接种，剂量可加至 5~10 倍，除潜伏期病猪外，均可产生保护。被污染的猪舍及用具均应彻底消毒（一般用 2% 氢氧化钠溶液），病、死猪尸体要高温处理或深埋。

二、非洲猪瘟

非洲猪瘟（African swine fever，ASF）是由非洲猪瘟病毒（African swine fever virus，ASFV）感染家猪和各种野猪（非洲野猪、欧洲野猪等）引起的一种急性、出血性、烈性传染病，发病率和死亡率近100%，目前无有效的药物治疗和有效的疫苗预防，是世界范围内危害养猪业的头号杀手。临床上表现差异较大，不易识别，主要表现为发热（达40～42℃），心跳加快，呼吸困难，部分咳嗽，眼、鼻有浆液性或黏液性脓性分泌物，皮肤发绀，淋巴结、肾、胃肠黏膜明显出血，非洲猪瘟临床症状与猪瘟症状相似，只能依靠实验室监测确诊。世界动物卫生组织（OIE）将其列为法定报告动物疫病，该病也是我国重点防范的一类动物疫病。

20世纪20年代，非洲猪瘟病毒首次在肯尼亚被发现，1957年在伊比利亚半岛流行，20世纪90年代中期马耳他、意大利、法国、比利时、荷兰相继发生非洲猪瘟疫情，1978年意大利撒丁岛发生疫情，至今非洲猪瘟在撒丁岛呈地方性流行。2007年非洲猪瘟首次进入高加索地区，2009年传入俄罗斯，2012年从俄罗斯转向乌克兰，2013年转入白俄罗斯，2014年直接进入了欧盟国家，如立陶宛、波兰、拉脱维亚、爱沙尼亚等。2015年至2018年期间，家猪发生非洲猪瘟的报道只有1起，其他均为野猪感染案例。2018年8月，我国辽宁沈阳市发生首例非洲猪瘟疫情，中国动物卫生与流行病学中心国家非洲猪瘟参考实验室报告的数据显示，截至2019年10月底，我国已有31个省份发生非洲猪瘟疫情158起，其中家猪感染154起、野猪感染4起，共扑杀生猪116万头。2019年1月，蒙古国6个地区发生10起非洲猪瘟疫情，扑杀生猪1144头；2019年2月，越南发生非洲猪瘟疫情，共扑杀生猪379.85万头。2018年我国发生疫情最严重的地区有辽宁、安徽、黑龙江等，2019年发生疫情最严重的地区有贵州、海南、广西、云南等。

（一）病原

1. 分类及形态

非洲猪瘟病毒是非洲猪瘟病毒科非洲猪瘟病毒属的唯一成员，兼具虹彩病毒和痘病毒的某些特性，非洲猪瘟病毒粒子呈二十面体形态，直径约为200nm，具有内膜和囊膜双层膜结构，病毒于胞浆内复制。病毒基因组为线性、共价封闭的双链DNA（dsDNA）分子。不同地区非洲猪瘟病毒分离株基因组的特异性不同，长度也存在差异，不同分离株的长度为170～190kb。非洲猪瘟病毒含有151～167个开放性阅读框（ORFs），成熟的病毒粒子中约含有50种以上结构蛋白，其中p72是主要的结构蛋白之一，占病毒总蛋白量的1/3。

2. 发病机理

非洲猪瘟病毒可经过口和上呼吸道系统进入猪体，在鼻咽部或是扁桃体发生感染，病毒迅速蔓延到下颌淋巴结，通过淋巴和血液遍布全身。强毒感染时细胞变化很快，在呈现明显的刺激反应前，细胞都已死亡。弱毒感染时，刺激反应很容易观察到，细胞核变大，普遍发生有丝分裂。发病率通常为 40% ~ 85%，死亡率因感染的毒株不同而有所差异。高致病性毒株死亡率可高达 90% ~ 100%；中等致病性毒株在成年动物的死亡率为 20% ~ 40%，在幼年动物的死亡率为 70% ~ 80%；低致病性毒株死亡率为 10% ~ 30%。

3. 血清型及培养

国内专家相关报道称非洲猪瘟病毒已有 24 个基因型，我国流行的是基因 II 型、血清 8 群，与俄罗斯和东欧国家的流行毒株属于同一分支。不过根据毒力的不同可将其分为高致病性、中等毒力、低毒力以及感染无临床症状毒株等。非洲猪瘟病毒可在单核——巨噬细胞、猪肾细胞系（PK）、乳仓鼠肾细胞（BHK-21）、非洲绿猴肾细胞（Vero）以及猪睾丸细胞（ST）等细胞上培养，病毒可造成原代细胞圆缩肿大，随后脱落、溶解，但传代细胞对野毒株较不敏感。

4. 抵抗力

抵抗力顽强是非洲猪瘟病毒的最主要特征，非洲猪瘟病毒在污染物或肉制品中可长时间保持感染性，这无形中增强了病毒的传播能力。在富含蛋白的适宜环境下，非洲猪瘟病毒可耐受较宽的酸碱度范围（pH4 ~ 13）和化学试剂（胰酶、EDTA 等），感染猪肉腐化和经腌制熟化并不能有效灭活病毒，非洲猪瘟病毒在这种条件下，仍可保持超过 1 年的感染性。

非洲猪瘟病毒对物理因子抵抗力强，经多次反复冻融和超声处理，非洲猪瘟病毒仍具有感染性。研究结果显示，低温条件下，非洲猪瘟病毒可长期保持感染性；在超低温（-70℃）条件下，组织中的非洲猪瘟病毒可存活数年，且滴度未明显下降；在 -20℃ 条件下，病毒滴度会逐步降低，但存活时间仍可超过 12 年；在 4℃ 条件下，保存基质合适，病毒可保持感染性达 61 周。不过，非洲猪瘟病毒对高温较为敏感，在 60℃ 条件下，30min 可彻底灭活病毒；但在 56℃ 条件下作用 1h 或在 37℃ 条件下作用 1 周，病毒仍然保持感染性。

一般的消毒措施都可以将病毒杀灭，最有效的消毒药是 2% ~ 5% 的烧碱、10% 的苯及苯酚、去污剂、次氯酸、碱类及戊二醛等。

（二）诊断

临床很难根据临床症状和病变来诊断非洲猪瘟，实验室检测是诊断该病最可靠、最准确的方法。

1. 流行特征

（1）易感动物　猪是非洲猪瘟病毒唯一的自然宿主，猪与野猪对本病毒都系自然易感，除家猪和野猪外，其他动物不感染该病毒，各品种及不同年龄的猪群同样易感。

（2）传染源　感染猪、野猪和软蜱是非洲猪瘟病毒的自然宿主和重要传染源。此外，非洲猪瘟病毒存在于感染猪的各种组织脏器中，并随唾液、眼泪、尿液、粪便和生殖道分泌物等排出体外，进而污染环境和各种媒介，易感猪接触后引起发病。另外，猪肉及猪肉制品，被污染的饲料、水源、器具、泔水、工作人员及其服装以及污染空气均能成为传染源，经口和上呼吸道途径传播。加强非洲猪瘟病毒监测，做到全覆盖、无死角的采样和检测，是非洲猪瘟防控的第一道防线，也是最为有效的措施之一。

（3）传播途径　非洲猪瘟病毒主要的传播途径是直接接触传播和间接接触传播。直接接触传播是通过易感猪和感染猪只之间的接触，或者易感猪接触感染猪排出的体液和分泌物进而发生传播。间接接触传播则是通过易感猪接触病毒污染的饲料、猪肉及其制品、人员、车辆以及粪便，进而造成非洲猪瘟病毒感染和传播。在非洲猪瘟呈地方流行的地区，非洲猪瘟病毒还会感染钝缘蜱属的软蜱，从而间接传播到易感生猪（图2-1）。

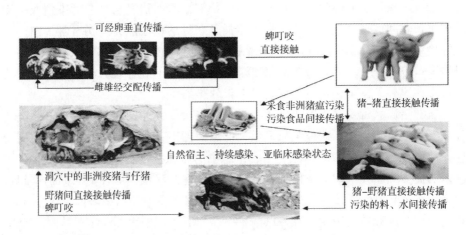

图2-1　非洲猪瘟的传播方式

①直接接触传播：感染猪与易感猪直接接触是非洲猪瘟病毒最常见、最有效的传播途径。养殖场发生非洲猪瘟后，病毒传播速度与猪群饲养的密度，相互之间接触的概率成正相关。感染猪排泄物中病毒的存活时间主要与温度有关，条件合适时，非洲猪瘟病毒可长期保持感染性，这就增加了疫病发生的风险，特别是生物安全水平较低的养殖场（例如我国部分地区的散养户），非洲

猪瘟病毒可以长期存在，随时可能引起非洲猪瘟的发生和流行。

②间接接触传播：对非洲猪瘟病毒流行病学调查的结果显示，除直接接触传播外，非洲猪瘟病毒可经过污染的饲料、泔水、衣服、鞋靴、车辆、垫料、各种器具以及人员携带等途径发生间接接触传播。间接接触传播也是病毒发生远距离、跳跃式传播的最主要途径。自2018年8月至今，我国非洲猪瘟疫情的发生呈现出跨度大、传播快的特点。非洲猪瘟病毒在短短数月时间内即传遍全国，其传播速度非常快。流行病学分析结果表明，我国非洲猪瘟病毒主要的传播途径就是通过携带病毒的人员、车辆以及生猪调运等源于人类活动造成的间接传播（图2-2）。因此，对生猪贩运人员和车辆进行严格消毒，严厉打击生猪非法贩运，是阻止非洲猪瘟病毒远距离传播的重要措施。此外，非洲猪瘟病毒感染的猪肉及其制品经国际贸易、非法走私等方式进行流通也是病毒侵入新发地区的重要途径。

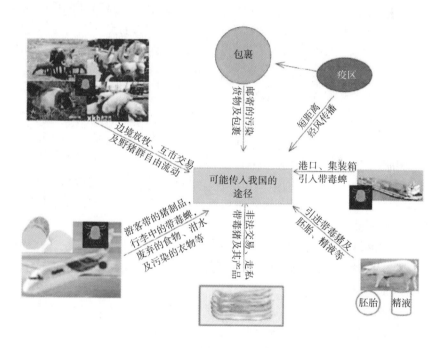

图2-2 非洲猪瘟传入我国的途径

③气溶胶传播：有关非洲猪瘟病毒经气溶胶传播的研究报道相对较少。研究证实，感染猪和易感猪之间相距超过2.3m时，不会发生空气传播。不过，进一步研究证实，即使感染猪和易感猪并未发生身体的直接接触，非洲猪瘟病毒仍然可以依赖于单纯的空气传播使易感猪发病。感染猪，特别是急性病例，打喷嚏、咳嗽或者粪尿飞溅等均会造成病毒附着于气溶胶，进而通过空气发生

传播。有研究对非洲猪瘟病毒接种感染的猪圈舍中的空气进行了病毒检测和定量分析，结果发现，采用 PCR 检测和进行病毒滴度测定时，空气中非洲猪瘟病毒的半衰期分别为 19min 和 14min。感染猪接种后第 4 天即可检测到病毒，并可持续到实验结束（70d）；感染猪圈舍空气中的病毒滴度在 25~30d 时可高达 $10^{3.2}$ $TCID_{50}/m^3$，且在感染猪上方和排风口采集的空气样品，病毒含量并无明显差别。一头 25kg 的生猪每分钟会吸入 915L 空气，相当于吸入 $10^4 TCID_{50}/d$ 的病毒量，而非洲猪瘟病毒的半数感染剂量 PID_{50} 为 $10^{3.0}~10^{3.5} TCID_{50}$，因此，不难理解，空气中的病毒足可以引起易感生猪的感染。

（4）发病特点 该病无明显的季节性，可常年发病。该病主要在非洲、中东欧和高加索地区流行，且在中国已有出现。

2. 临诊症状

非洲猪瘟病毒自然感染的潜伏期一般为 4~19d。非洲野猪对该病有很强的抵抗力，一般不表现出临床症状，但家猪和欧洲野猪一旦感染，则表现出明显的临床症状。可表现为最急性、急性、亚急性、慢性感染。

（1）最急性型 一般情况下，在没有任何症状的情况下就可能出现病猪倒地，甚至死亡的情况。发病很急，还没来得及确诊就已经死亡。

（2）急性型 该种类型非洲猪瘟的主要症状为体温升高，一般体温能够升高到 42℃上下。病猪的精神不振，采食量下降，同时在身体末梢部位将出现出血症状，在患病猪的鼻腔内和眼睑部位将出现黏性脓状分泌物等。如果仔猪染病的话将出现呕吐、腹泻的症状，通过观察粪便能够发现其被血液和黏脓性分泌物包围。如果病程比较长的话将出现神经性的症状，同时病猪站立不稳，走路失去平衡，妊娠期间母猪染病将增加流产的可能性。临床症状出现 7~10d 内发生死亡，死亡率高，可达 100%。

（3）亚急性型 亚急性型非洲猪瘟的症状相对急性型轻，在发病之后的死亡率也较低。病猪的体温将出现忽高忽低的情况，同时该病持续的时间长，在仔猪感染之后的死亡率较高。

（4）慢性型 慢性非洲猪瘟的主要症状在呼吸道方面，如出现呼吸不顺畅，严重的话将出现呼吸困难等。此外，该症状的猪还可能出现发育迟缓、体质差的情况，一些关节坏死和身体局部溃疡等。

3. 病理变化

非洲猪瘟病毒会引起多种病变类型，这取决于病毒毒株的毒力。急性和亚急性以广泛性的出血和淋巴组织的坏死为病变特征。在一些慢性或者亚临床病例中病变很轻或者几乎不存在病变。病变主要发生在脾脏、淋巴结、肾脏、心脏等器官组织上。内脏器官广泛性出血。脾脏肿大、梗死，呈暗黑色，质地脆弱。淋巴结肿大、出血、暗红色血肿、切面呈大理石样。肾脏表明及皮质有点状出血。心包中含有猩红液体，心内膜及浆膜可见斑点状出血。

（1）急性型　还会出现腹腔内有浆液性出血性渗出物，整个消化道黏膜水肿、出血。肝脏和胆囊充血，膀胱黏膜斑点状出血。脑膜、脉络膜、脑组织发生较为严重的水肿出血。

（2）亚急性型　可见淋巴结和肾脏出血，脾肿大、出血、肺脏充血、水肿，有时可见间质性肺炎。

（3）慢性型　可见肺实变或局灶性干酪样坏死和钙化。病程较长猪发生纤维素性心包炎、肺炎以及关节肿大等。

（4）慢性型　可见肺实变或局灶性干酪样坏死和钙化。病程较长者，大多发生纤维素性心包炎、肺炎以及关节肿大等慢性病变。

4. 鉴别诊断

非洲猪瘟的临床症状和病变与猪的其他一些出血性、高度接触性传染病很相似，比如猪瘟、高致病性蓝耳病、猪丹毒、败血性沙门氏菌等。非洲猪瘟与其他传染病的鉴别诊断见表 2-1。

表 2-1　　　　　　　非洲猪瘟与其他传染病的鉴别诊断

临床体征	非洲猪瘟	猪瘟	高致病性猪繁殖与呼吸综合征	猪丹毒	猪沙门菌病（猪霍乱沙门菌）	巴氏杆菌病	伪狂犬病	猪皮炎肾病综合征
法定报告疫病	√	√	√					
可用疫苗		√	√	√			√	√
治疗方案					√	√		
发热	√	√	√	√	√	√	√	√
食欲不振	√	√	√		√			
沉郁	√	√	√	√	√	√	√	
红色至紫色皮肤病变	√	√	√	√				√
呼吸困难	√	√	√			√	√	
呕吐	√	√	√					
腹泻	√	√			√			
腹泻带血	√				√			
高死亡率	√	√	√					

续表

临床体征	非洲猪瘟	猪瘟	高致病性猪繁殖与呼吸综合征	猪丹毒	猪沙门菌病（猪霍乱沙门菌）	巴氏杆菌病	伪狂犬病	猪皮炎肾病综合征
突然死亡	√	√						√
流产	√	√	√	√			√	
临床症状鉴别		结膜炎、共济失调、幼猪中枢神经系统症状、蜷缩姿势、便秘可能会导致黄灰色腹泻、更长的临床过程	呼吸窘迫的强度不同	待出栏猪常见菱形皮肤病变	淡黄色的腹泻、中枢神经症状包括震颤、虚弱、瘫痪和抽搐	有不同程度的发病	体征各不相同，主要取决于免疫状况。体温过低、震颤、共济失调、癫痫发作。出现鼻炎和打喷嚏	常见于生长/育肥猪

5. 实验室诊断

由于非洲猪瘟缺乏预防用疫苗，为防止疫病的传播，就需要实施严格的卫生和生物安全控制措施，而这就依赖于疫病的快速、可靠的早期诊断。非洲猪瘟的诊断是指确诊动物正在感染，或者曾经感染过非洲猪瘟病毒。因此，适用的诊断技术包括检测和识别非洲猪瘟病毒特异性抗原、DNA 或抗体的技术，所获取的检测信息也是控制和根除计划的重要保障。在选择诊断技术时，分析疫病感染期非常重要。由于感染动物所处的感染期不同，因此在疫情和控制根除计划中，需要同时检测病毒和抗体以确保准确性。

根据报道，非洲猪瘟的自然感染潜伏期为 4~19d。最急性和急性感染通常在 4~10d 死亡。在临床症状出现的 2d 前，非洲猪瘟感染动物开始散播大量病毒。病毒散播因所感染的非洲猪瘟病毒毒株毒力不同而异。感染后约 7~9d 血清转阳，抗体阳性可持续终生（图 2-3）。

病原学检测为阳性（即抗原）则表明，所检测的动物在取样时正在发生感染。而抗体检测阳性则表明感染正在或者已经发生，包括感染后已经恢复的动物（且可能终身保持血清阳性）。

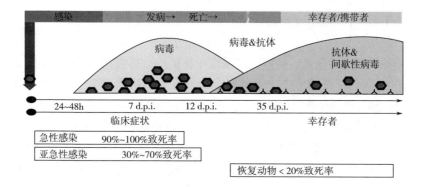

图2-3　伊比利亚半岛及西半球的欧洲家猪中观察到的血液中病毒和抗体随着时间的变化及与非洲猪瘟病毒感染不同阶段的关系（1960—1995）

注：图片源于《FAO动物生产与卫生手册——非洲猪瘟：发现与诊断》

自2015年底以来，东欧血清学流行病学调查数据显示血清学阳性动物的检出率显著增加，特别是在发生疫情的欧盟国家的野猪群体中尤为明显。这些结果表明，非洲猪瘟感染耐过动物可存活超过1个月并可能出现亚临床感染的病例，就像在伊比利亚半岛、美洲和非洲之前所描述的情况。因此，抗体检测技术对于实施控制和根除计划所需的完整信息而言是必要的。

（1）非洲猪瘟病毒检测　应用聚合酶链式反应（PCR），检测非洲猪瘟病毒基因组。PCR已成功应用于猪样品（血液、器官等）和蜱中非洲猪瘟病毒基因组的检测。病毒DNA片段通过PCR扩增获得足以检测的量，从而实现检测。所有经过验证的PCR技术均可以在临床症状出现前实现检测。PCR能在样品到达实验室数小时内，完成非洲猪瘟的诊断。PCR是可以代替病毒分离鉴定的一种灵敏、特异、快速的非洲猪瘟病毒检测技术。同时，相比于抗原检测技术，如酶联免疫吸附试验（ELISA）和直接荧光抗体测试（FAT），具有更高的敏感性和特异性。需要注意的是，PCR的高度敏感性使其容易发生交叉污染，应该采取适当的预防措施来减少和控制污染风险的发生。

世界动物卫生组织（OIE）在《陆生动物诊断试验和疫苗手册》（2016年）中推荐使用的常规和实时荧光PCR得到了长期的充分验证，是常规诊断的重要工具。此外，除了OIE推荐的适用于康复动物非洲猪瘟基因组检测的实时荧光PCR技术外，其他研究者建立的实时荧光PCR已经证实更为敏感。在这些分子技术中使用的引物和探针多以VP72编码区域作为靶基因设计，该基因片段是非洲猪瘟病毒基因组中研究清楚，且高度保守的区域。

对于特急性、急性或亚急性非洲猪瘟感染病例，PCR是首选的检测技术。此外，由于PCR检测病毒基因组，即使病毒分离鉴定为阴性的、含有无感染性病毒粒子的样品，也可完成检测，这也使其成为用于检测感染低或中等毒力毒株的重要工具。虽然聚合酶链式反应（PCR）不能提供病毒感染性的信息，但可以提供定量的信息。

①非洲猪瘟病毒分离：病毒分离是将样品接种易感的猪源原代细胞、单核细胞和巨噬细胞而进行的检测。如果在样品中存在非洲猪瘟病毒，则会在易感细胞中复制，在感染细胞中产生细胞病变（CPE）。细胞裂解和细胞病变通常在出现红细胞吸附现象的48~72h后发生。非洲猪瘟病毒的红细胞吸附试验是该病毒特有的检测技术，其他猪源病毒在白细胞培养物中不存在红细胞吸附特性。当病毒在这些培养物中复制时，多数非洲猪瘟病毒毒株会产生红细胞吸附反应（HAD），在感染的白细胞周围吸附猪红细胞形成"玫瑰花环"（图2-4）。

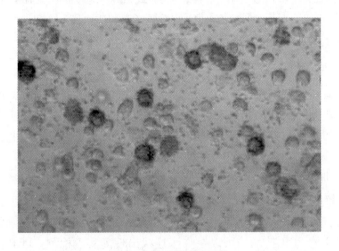

图2-4　红细胞吸附反应

此外，需要说明的是，在没有发生红细胞吸附反应的时候出现细胞病变，可能是由于接种物的细胞毒性所致，或者由于其他病毒如伪狂犬病毒的感染，或者由于不产生红细胞吸附反应的非洲猪瘟病毒毒株导致。一旦发生这类情况，必须采用其他的病毒学检测技术如FAT或PCR，检测细胞沉淀物是否存在非洲猪瘟病毒。而如果细胞分离没有观察到任何变化，或者直接荧光抗体测试和PCR检测为阴性，则需要将细胞培养上清再次接种新的培养物种，连续传代3~5代，之后方可确认为非洲猪瘟病毒阴性。

对于抗原检测（ELISA、PCR或FAT）为阳性的样品，推荐红细胞吸附反应为完成病毒分离和鉴定的参考试验。而如果通过其他方法已经证实非洲猪瘟感染，特别是在首次暴发非洲猪瘟的地区，也建议使用红细胞吸附试验鉴定病毒。此外，病毒分离对于进一步的分子生物学研究也是必要的基础。

②直接荧光抗体法对非洲猪瘟抗原的检测：直接荧光抗体法可用于检测猪组织中的非洲猪瘟病毒抗原。检测原理是通过显微观察感染脏器涂片或薄层冷冻切片上的病毒抗原实现的。使用异硫氰酸荧光素（FITC）结合的特异性抗体检测细胞内抗原。FAT 也可用于检测未观察到 HAD 的白细胞培养物中的非洲猪瘟病毒抗原，因此可以鉴定不产生 HAD 反应的非洲猪瘟病毒毒株。FAT 还可用于鉴别 CPE 是由非洲猪瘟病毒感染导致的，还是由其他病毒感染导致的或者由接种的细胞毒性导致的。

阴性、阳性对照是保证切片被正确判定的重要保障。该方法也是对特急性和急性非洲猪瘟病例高度敏感的检测技术，且可以非常快速地完成检测。虽然 FAT 是高效的检测技术，但目前已被 PCR 逐步取代，所需试剂也不再广泛使用。然而值得一提的是，在亚急性和慢性型感染中，FAT 的敏感性明显降低（40%）。

③ELISA 对非洲猪瘟抗原的检测：可用 ELISA 检测病毒抗原，其成本比 PCR 更为低廉，并且可在没有特殊实验室仪器设备的条件下，短时间内对样品进行大规模筛查，然而，与 FAT 相似，对于亚急性和慢性病例，抗原 ELISA 的敏感性明显较低。因此建议抗原 ELISA（或其他 ELISA）主要用于“群体”检测，并辅助以其他病毒学和血清学检测。

（2）非洲猪瘟抗体检测　血清学检测技术因其简便、低成本和无须特殊的仪器设备，而成为最常用的检测技术。由于非洲猪瘟尚没有可用的疫苗，非洲猪瘟病毒抗体阳性即表明当前或者曾经发生了感染。此外，非洲猪瘟病毒抗体在感染早期即可出现，并持续数年。然而，在特急性和急性感染中，猪通常在抗体转为阳性前已死亡。因此，在疫病暴发的早期阶段，建议采集样品检测病毒 DNA。对于检测非洲猪瘟抗体，推荐使用 ELISA 筛查抗体阳性样品，并采取免疫印迹试验（WB）或间接荧光抗体试验（IFA）进行确认。此外，间接免疫过氧化物酶的抗体检测技术也可用作猪血清和组织渗出物中非洲猪瘟抗体检测的替代试验。该技术也适用于大量样品的检测，而无须昂贵的荧光显微镜设备，且敏感性较高。

①ELISA 对非洲猪瘟抗体的检测：ELISA 是一种常用的检测技术，广泛用于多种动物疫病的大规模血清学调查。该方法的显著特点是灵敏度高、特异性好、速度快、成本低、结果清晰。借助于自动化设备的使用，使用 ELISA 标记物检测血清样品中的非洲猪瘟抗体可以实现大量样品的快速筛选。ELISA 使用的标记通常是某种酶。当抗原和抗体彼此结合时，酶引起底物发生颜色变化，从而鉴定非洲猪瘟阳性样品。目前，多种用于非洲猪瘟抗体检测的间接或阻断 ELISA 已实现商品化供应或者由实验室“自主”建立。

血清处理或保存不当（储存或运输不当）时，溶血样品可能会产生高达

20%的假阳性结果。因此，通过 ELISA 检测的所有阳性和可疑样品必须通过其他血清学替代试验确认。

免疫印迹试验（WB）技术是用于蛋白质检测和鉴定的快速、灵敏的检测技术。技术的原理是抗原抗体的特异性结合。免疫印迹实验技术中使用了覆盖有病毒抗原的纸条，首先是抗原溶解、电泳分离以及转移到薄膜上（通常是硝化纤维素膜）之后与特异性一抗反应，再与标记二抗作用后，产生可直接观察的阳性反应条带。

非洲猪瘟病毒感染后首先刺激机体产生抗体的多种病毒蛋白，通过在免疫印迹试验，可在所有感染动物中标定地检测到。动物感染后 7～9d 血清转阳，并可在康复动物体内存在几个月。接种其他病毒疫苗的动物血清，可能会产生非特异性反应因此需要借助于如 IPT 或者 FAT 等技术进行确认。

②间接免疫过氧化物酶试验（IPT）对非洲猪瘟抗体的检测：免疫过氧化物酶试验是一种细胞免疫化学技术，细胞固定后通过耦联的过氧化物酶实现抗原抗体复合物的检测。在 IPT 反应过程中，绿猴肾细胞感染了适应于这些细胞的非洲猪瘟病毒适应株。感染细胞首先被固定，之后用作抗原以确定样品是否存在针对非洲猪瘟的特异性抗体。与 FAT 检测一样，IPT 是具有高度的敏感性和特异性的快速检测技术，适用于从血清、血浆或组织渗出液中检测非洲猪瘟抗体，但因为采用了酶学显色系统，其结果判定比 FAT 更为简单。

综上所述，目前可用的诊断技术可通过综合病毒和抗体检测来确诊非洲猪瘟。实时荧光 PCR 是最广泛应用的病毒学诊断技术，可敏感、特异、快速地实现非洲猪瘟病毒核酸的检测。非洲猪瘟准确的诊断必须包括病毒学和血清学检测结果，同时结合临床、病理和流行病学的调查结果。

（三）防控措施

非洲猪瘟虽然对猪具有高度致病性，但是该病不是人兽共患传染病，而目前还没有有效的非洲猪瘟疫苗和治疗方法，只能通过扑杀和无害化处理及严格的生物安全措施来防控和根除该病。高温、消毒剂可以有效杀灭病毒，做好养殖场生物安全防护是防控非洲猪瘟的关键。

严格控制人员、车辆和易感动物进入养殖场；进出养殖场及其生产区的人员、车辆、物品要严格落实消毒等措施；尽可能封闭饲养生猪，采取隔离防护措施，尽量避免与野猪、钝缘软蜱接触；严禁使用泔水或餐余食品饲喂生猪；积极配合当地动物疫病预防控制机构开展疫病监测排查，特别是发生猪瘟疫苗免疫失败、不明原因死亡等现象，应及时上报当地兽医部门。

当前非洲猪瘟疫病流行严重，国内多区域都有发生，各养殖企业（场、户）要想保住猪场，将非洲猪瘟病毒阻挡于猪场外部，最有效的方式是切断传播途径。具体做法有以下几点。

1. 全面升级防疫硬件，筑牢三道防线

（1）筑建三道防疫体系　围墙防疫体系：完善猪场周围围墙，只留大门口、出猪台、出粪池等位置与外界连通，其他区域全部围蔽，不留任何漏洞。排水沟用铁丝网阻拦，防止猫狗进入。生活区与生产区围栏防疫体系：彻底隔离生产区与生活区，确保所有进出只能通过唯一大门口进入。猪舍与猪舍隔离体系：隔离区域、片区生产区域、环保区域之间筑建隔离带，用不同颜色的衣服，区分不同区域的工作人员，做到不交叉。

（2）将厨房外移　场内厨房移至猪场外围，选取防护距离合理的地点，对食材进行消毒，对食材进行加热熟化，所有饭菜都经过高温后进入猪场。

（3）将消毒点前置化　在现有猪场门口，增加一道消毒关卡，使用有效的消毒药物消毒。该点要具备对车辆，道路、人员、物资、药物疫苗的消毒。具备物资加热功能，对所有能进行加热的物资进行 60℃、30min 的加热。

（4）建立车辆清洗烘干中心　所有进场或靠近猪场的业务车辆（饲料车、猪苗车、种猪车、猪粪车、垃圾车），在靠近猪场之前，都要在洗消中心进行清洗，消毒，烘干。烘干要求 60℃、30min 以上。

2. 全面封场，严控"五进五出"

（1）五进是指除了饲料、药物、疫苗、猪只及必要生产物资进入猪场，其他物资减少或禁止进入猪场。

①饲料入场前要对饲料车进行彻底消毒，通过中转的方式进入猪场，有条件的可使用散装料塔传送进入猪场，阻止饲料车及饲料袋入场。

②药物疫苗在场外进行 2 次消毒，1 次臭氧熏蒸，可以加热的进行加热处理后，方可进入场内。疫苗必须经过有效消毒药物浸泡后，经过臭氧熏蒸方可入场。

③外来人员、本场休假人员进入猪场，存在较大风险，视为红色警戒。人员回场前进行有效隔离，对需要回场人员进行非洲猪瘟病毒抽样检测。检测合格后，回场人员执行冲凉、换衣鞋、生活区隔离后，方可进入生产区。在疫情高危区域，可执行封场。

④猪只引种要谨慎。非洲猪瘟病毒感染猪，具有一定潜伏期，引种之前检测为阴性，并不能确保该猪没有被感染。在疫情高危区域，可以暂时闭群，不引种。

⑤所有物资进场，先经过消毒水彻底喷淋，有内孔的（如管道），也必须用消毒水消毒；物资必须经过 60℃、30min 加热后，方可入场。

（2）五出是指所有人员、猪只、医疗废弃物、垃圾、猪粪出场，必须经过中转，外来车辆不得进入场内。

①猪场出猪台设置单项回流关卡，确保猪只能出，不能进。

②运输车辆使用密封式猪车，确保运输安全。

③人员外出必须经过场长或者更高级别的管理人员审批，坚持只出不进，减少风险。

④在疫病流行高危区域，建议停止垃圾、猪粪、医疗废弃物外运。确实需要外运的，经过中转的方式转运出去，对中转点进行彻底消毒。

⑤疫病高危区域，实行"封场、闭群"，切断外来可能的传播风险，保证场内安全。

3. 切实控制饲料生产防疫安全

饲料厂接触的外界车辆最多，人员来源复杂，原料产地较多，运输途经路线较长，感染风险大。通过一系列防疫手段，提高饲料厂防控等级。

（1）建立前置清洗消毒点 所有到饲料厂的车辆，在前置点清洗干净并消毒。原料车与成品料车使用不同的地点。

（2）厂区门口消毒 对所有进入厂区的车辆，使用喷淋系统，对车辆进行彻底喷淋消毒，驾驶室使用雾化消毒机消毒。司机人员换衣、换鞋，经过雾化消毒进入厂区。

（3）原料与成品区域隔离 原料车与成品料车从不同入口进出饲料厂，做到不交叉。饲料厂区域内对原料区与成品料区进行物理隔离，用不同颜色衣服区分，不交叉、不串岗。

（4）饲料生产区域隔离 用物理隔离带把饲料生产区与生活区隔离开，员工上班必须进过冲凉房冲凉换衣，才可进入生产区域进行二次换衣换鞋。

（5）高温制粒生产 更改饲料生产工艺，对所有饲料进行高温处理。80℃，3min 以上制粒。

4. 健全防疫体系，压实防疫责任

猪场场长要制定符合本场的防疫体系，落实防控责任。每一个防控环节如何操作，制定流程图，对操作人员进行思想及操作培训。建立监督机制，监督每个防疫环节落实情况，确保无漏洞可钻。

5. 积极与政府沟通协作，打赢防疫攻坚持久战

与当地动物防疫部门紧密联系，掌握实时疫情动向。邀请防疫部门提出防疫指导意见，不断升级防疫硬件，制定合理的防疫流程，监督落实。对猪场周围 3 公里的散养户进行规范，消毒。监控猪肉产品及生猪进入猪场周边地区，确保大环境安全。

6. 开展防控技能培训和应急处理演练

及时跟踪国际动物疫情状况，持续开展非洲猪瘟传入风险评估，并以评估结果为依据，不断修订和完善防控策略方针，定期组织一线人员开展动物疫病疫情防控相关知识培训，提高一线工作人员疫情防控能力，制定动物疫情应急处理预案，多部门联动开展疫情防控演练，以提高应对突发事件的能力。

7. 高度重视疫区动物产品检疫工作

及时更新疫区名录，加大口岸检查力度，严禁从疫区进口猪及其产品，对来自疫区的国际航行船舶，如发现猪肉及其产品，一律作封存处理，销毁或正确处置来自感染国家（地区）的船舶、飞机的废弃食物和泔水等。加强消毒药剂和设备的检查，做好消毒物资储备。

三、猪口蹄疫

口蹄疫（Foot－and－mouth disease，FMD）是由口蹄疫病毒（FMDV）引起偶蹄兽的一种急性、热性、高度接触性传染病，也可感染人，是一种人畜共患病。临床上以口腔黏膜、蹄部、乳房皮肤发生水疱和溃烂为特征，幼龄动物多因心肌炎而死亡。世界动物卫生组织（OIE）将其列为 A 类动物疫病之首。本病呈急性经过，传播范围广，发病率高，主要侵害偶蹄兽，一般为良性转归。口腔黏膜、蹄部、乳房部位出现水疱为特征，进一步破溃、糜烂、结痂、愈合，无继发感染，死亡率低。仔猪表现为急性胃肠炎和心肌炎突然死亡，死亡率高，心肌炎死亡的动物出现"虎斑心"变化。体检时注意口、唇、舌、口腔黏膜及咽部有无水疱或水疱破溃形成的浅表溃疡；注意四肢远端或其他体表部位有无圆形或椭圆形、直径大小、散在水疱；破溃后干瘪的结痂或斑丘疹。

（一）病原

1. 分类及形态

口蹄疫病毒属于小核糖核酸（RNA）病毒科，口蹄疫病毒属。呈球形或六角形，二十面体立体对称，无囊膜，核酸类型为单股正链 RNA，约有 8500 个核苷酸，病毒衣壳由 4 种结构蛋白即 VP1、VP2、VP3 和 VP4 组成，其中 VP1 和 VP3 是主要免疫性抗原。

2. 发病机理

口蹄疫病毒可以与宿主细胞表面的受体分子结合，通过胞吞作用进入细胞，在细胞质内复制和增殖，通常在感染 4～6h 后可生成新的感染性病毒粒子。病毒感染的第一步是受体的特异性识别，研究证实，整联蛋白和硫酸乙酰肝素是口蹄疫病毒的受体。体外实验表明，整联蛋白 $\alpha V\beta 1$、$\alpha V\beta 3$、$\alpha V\beta 5$、$\alpha V\beta 6$、$\alpha V\beta 8$ 可以识别口蹄疫病毒衣壳蛋白 VP1 的 RGD 基序，其中 $\alpha V\beta 6$ 只存在于上皮细胞中，相比于其他受体，病毒在体内更易于与其结合。然而，在口蹄疫病毒自然感染过程中，何种整联蛋白发挥关键作用及整联蛋白间的协同功能尚不清楚。硫酸乙酰肝素是体外培养时口蹄疫病毒利用的受体，最初被认为是某些 O 型口蹄疫病毒进入细胞的受体,后来发现 A、C、Asia1 和 SAT‑1 等其他血清型病毒也能以硫酸乙酰肝素为细胞受体。最新研究发现,Jumonji C‑domain containing protein 6(JMJD6)为磷脂酰丝氨酸受体,具有精氨酸脱甲基酶活性的同时,可以作为口蹄疫病毒的替代受体。有研究证实,口蹄疫病毒可以利用 JMJD6 在不表达整合素和硫酸乙酰肝素的 CHO677 细胞内增殖。

3. 血清型

根据血清型特征,目前可分为 7 个主型,分别命名为 O、A、C、SAT1(南非 1 型)、SAT2(南非 2 型)、SAT3(南非 3 型)及 Asia Ⅰ 型(亚洲Ⅰ型),每个型又可进一步分成若干亚型;各主型之间几乎没有交叉免疫保护性,同主型、各亚型之间有一定的交叉免疫保护性。据最近报道,口蹄疫亚型已增加到70 个以上。

4. 抵抗力

本病毒对热敏感,但在低温条件下可长期存活;病毒对酸、碱十分敏感,2%~4%氢氧化钠、3%~5%福尔马林、0.2%~0.5%过氧乙酸为口蹄疫病毒良好的消毒剂。

(二)诊断

1. 流行特征

(1)易感动物 口蹄疫病毒能侵害多种动物,但以偶蹄兽最敏感,家畜中以牛、羊、猪为主,野生动物(如鹿、长颈鹿、麝、野猪、象等)也可发病,人也能被感染发病。

(2)传染源 患病动物和隐性带毒动物是主要的传染源,特别是发病初期的病畜,排毒量最多,毒力最强;康复动物的带毒现象可能具有重要的流行病学及生态学意义。

(3)传播途径 本病可经消化道、呼吸道、破损的皮肤、黏膜、眼结膜、交配和人工授精等直接或间接接触传染;近年来证明,空气也是口蹄疫的重要传播途径。

(4)流行特点 本病一年四季均可发生,但受高温和日光直接影响,以天气寒冷多变的季节多见;本病传播迅速,流行范围广,发病率高,死亡率低,口蹄疫的爆发,还具有周期性的特点,每隔 2~3 年或 3~5 年流行 1 次。猪发病主要是由 O 型口蹄疫引发的,由于在猪群中长期反复发生流行,病毒对猪的毒力增强,幼仔猪可 100% 发病,病死率可达 80% 以上,成年猪病死率也很高,妊娠母猪发病可引起流产、部分死亡。有的猪群存在 O 型口蹄疫与亚洲Ⅰ型口蹄疫混合感染,仅病情复杂化,增大了发病率与病死率。猪群流动大,饲养集中,密度过大,以及各种应激因素的存在,易诱发本病的流行。

2. 临诊症状

猪口蹄疫这一病症的潜伏期是 1～2d 或者更长，临床常见突然发病，在发病之初，病畜的体温升高到 40～41℃，病畜将呈现出精神状态不佳、食欲减弱甚至废绝的现象，病畜将倾向躺卧，不想行走，部分病畜还会出现蹄叉、蹄冠等多处微热和局部发红的情况。假如观察不细致，非常不易察觉到，但在不久之后，畜体将会出现蚕豆或者米粒大小的水疱，有些情况下可能也见不到水疱，只能见到水疱破裂之后所形成的溃烂面。如果病情持续加重的话，还会继发出现严重的细菌感染，出现跛行、蹄匣脱落的现象。一旦在畜体在口腔黏膜或者舌面部分出现溃疡，病猪就会出现大量流涎、采食困难的现象。哺乳母猪的乳房周围也经常会出现水疱或者溃烂，哺乳仔猪往往看不到水疱或者溃烂，但是往往会呈现出心肌炎或者急性胃肠炎而导致突发死亡。

3. 病理变化

生猪一旦感染上猪口蹄疫，除了在口蹄等部位出现水疱之外，有时还会在气管、咽喉、胃黏膜等部位出现圆形烂斑或者是溃疡性的出血性的炎症。最典型的病变有心包膜弥漫性、心肌病变和点状出血，心包积液呈浑浊状，心肌松软，心肌的切面会出现淡黄色或者是灰白色斑点、条纹，俗称为"虎斑心"。

4. 鉴别诊断

本病最易与猪水疱病、猪水疱性口炎、猪水疱性疹混淆。四个病均表现发病猪口腔黏膜、蹄与皮肤连接处出现水疱、破溃和行走困难等症状。一般从易感动物特点、发病季节可对四种易混淆疾病作初步鉴别诊断。猪水疱病和猪水疱性疹仅感染猪并出现临床症状，猪水疱性疹且不感染初生乳鼠，目前，常见动物中仅偶蹄动物易感染口蹄疫，猪水泡性口炎能感染马、牛、羊、猪和人，并表现临床症状；猪水疱病、猪口蹄疫多发于冬、春寒冷季节；猪水疱性口炎多发于夏秋炎热季节。

5. 实验室诊断

通过临床肉眼可见的明显症状，即可对猪口蹄疫进行初步判断。一旦发现生猪患有猪口蹄疫的某种症状，对已感染的病猪进行全面清洗并消毒。为确保诊断的科学与准确，还应该进行实验室诊断。猪口蹄疫的采样检疫是将已感染病猪的猪蹄清洗并消毒，再使用小剪刀剪下适当大小的水疱皮，置于曾装过青霉素的空瓶中，而后送实验室检测以确认。主要有病毒中和试验和 ELISA 方法。中和试验具有特异性，需 2～3d 才能获得结果。ELISA 是指利用血清型专一的单或多克隆抗体的阻断或竞争，并同样具有特异性、敏感性高，定量、操作更快、更稳定和不需要组织培养等优点。PCR 法是最快速的抗原检测手段。

（三）防控措施

1. 预防措施

（1）建立和健全严格的兽医防疫制度　限制或拒绝来自口蹄疫疫区的易感动物及其副产品进入非疫区；禁止将病猪及其产品转移，并严密监视同群猪；对从外面猪场或不确定是疫区或非疫区引进或购买的种猪或设施设备进行严格的消毒、口蹄疫的检疫等工作。

（2）做好猪场清洁和消毒工作　及时清理猪场粪便、尿液、撒落的饲料残料，并按清理、冲洗、干燥、健康区消毒、疑似发病舍消毒等的程序彻底消毒；对一切外来人员、出猪场的工作人员执行严格的消毒制度。2%～4%氢氧化钠、10%石灰乳、2%福尔马林或含氯制剂均是圈舍或场地针对本病原的敏感消毒药。

（3）强化免疫接种和坚决的淘汰制度　选择本地区流行的主要血清型口蹄疫苗，按年度2～3次的普免制免疫程序分次或每次联合免疫规模猪场不同猪群。其中，注意本疫苗的应激效应，免疫时避开配种30d以内或怀孕40d以内的怀孕母猪，可以等怀孕母猪进入稳定期时再补免本疫苗。同时，定期对猪群进行口蹄疫病毒抗体水平监测，坚决淘汰可疑猪只。

2. 紧急防治措施

本病属于一类动物疫苗，当怀疑为本病暴发流行时，除及时诊断外，应按国家一类动物疫病处置程序逐级上报。

（1）扑杀病猪及感染动物　疫情发生后，可根据具体情况决定扑杀动物的范围，扑杀措施由宽到严的次序可为病率—病畜的同群畜—疫区所有易感动物。

（2）划定疫点，隔离和封锁　一旦暴发口蹄疫，应该尽快划定疫点、疫区和受威胁区，按"早、快、严、小"的原则及时隔离封锁疫点；与疫区临近的非疫区，应在交通要道处设消毒站；运输工具、猪舍、饲养用具等要彻底消毒。在疫区未解除封锁前，严禁由外地购入猪只，同时对非疫区内猪群进行紧急疫苗接种。

（3）紧急疫苗接种　对疫区与受威胁地区的猪群进行疫苗接种，实施免疫接种应根据疫情，选择疫苗种类、剂量和次数。紧急预防应加倍剂量或增加疫苗病毒抗原含量，并增加免疫次数。

3. 发病后处理措施

依国家动物防疫法规定，发病后采取果断措施。对所有病猪、同群猪实行扑杀、火化或深埋。严禁隐瞒疫情和拖延处理发病猪场。

四、猪繁殖与呼吸综合征

猪繁殖与呼吸综合征（Porcine reproductive and respiratory syndrome, PRRS），又称"蓝耳病"，是由猪繁殖与呼吸综合征病毒（Porcine reproductive and respiratory syndrome virus，PRRSV）引起的猪的一种病毒性传染病，由于病猪耳朵和躯体末端皮肤发绀，故称为"蓝耳病"。其特征为厌食、发热，母猪流产、死胎、木乃伊胎、弱仔和繁殖障碍，各种年龄猪特别是仔猪的呼吸道疾病。目前，该病广泛流行于欧美及亚洲国家，已给世界养猪业造成严重的经济损失。2006 年，我国南方发生的无名高热病与本病有关，其病原为高致病性的猪繁殖与呼吸综合征病毒的毒株。该病于 1987 年首次在美国北卡罗来纳州发现，随后迅速传遍加拿大、澳大利亚、德国、法国、英国、荷兰、西班牙、比利时、日本、菲律宾等国家，现已传遍全球。我国于 1996 年由哈尔滨兽医研究所首次分离到蓝耳病毒，2006 年又出现了高致病性蓝耳病毒株，致使蓝耳病在猪群中持续流行，给养猪业造成重大经济损失。

（一）病原

1. 分类及形态

猪繁殖与呼吸综合征病毒属于动脉炎病毒科、动脉炎病毒属。病毒粒子呈卵圆形、有囊膜，20 面体对称，为单股 RNA 病毒。现已证明，欧洲和美国分离的毒株虽然在形态和理化性状上相似，但用单克隆抗体进行血清学试验和进行核苷酸和氨基酸序列分析时，发现它们存在明显的不同。因此，将猪繁殖与呼吸综合征病毒分为 A、B 两个亚群：A 亚群为欧洲原型，B 亚群为美洲原型，各群在抗原性上有差异。

2. 发病机理

一般认为，繁殖与呼吸综合征病毒在经呼吸道、摄食、交配等一系列途径进入机体后，在黏膜、肺和局部巨噬细胞中复制，然后进入局部淋巴结，感染机体 12h 后引起全身性病毒血症，并扩散到全身的单核细胞和巨噬细胞中，引起临床疾病。繁殖与呼吸综合征病毒的原发性靶器官是肺，肺泡巨噬细胞为其靶细胞，繁殖与呼吸综合征病毒首先和猪肺泡巨噬细胞上的受体结合，然后经胞吞作用进入细胞。繁殖与呼吸综合征病毒在肺泡巨噬细胞（PAMs）和肺内皮细胞巨噬细胞（PIMs）内复制，造成细胞破坏，引起 IL-1 和 TNF-α 因子的释放，进而引发猪的高热。也会释放一些炎性因子，使猪产生呼吸窘迫综合征，发生急性死亡。病毒还在肺泡毛细血管内皮细胞中繁殖，导致毛细血管内皮细胞坏死脱落，毛细血管损伤，机体不能正常进行气体交换，血液中的还原血红蛋白增多，血液循环障碍，皮肤、黏膜发绀。病毒感染血管内皮细胞后，还能引起脐动脉炎，使胎猪营养障碍、死亡。巨噬细胞破坏产生的 TNF-α 因子的增加会导致免疫细胞凋亡，进而使免疫器官发育受阻，使免疫系统抑制。免疫系统抑制后会导致细菌、病毒的继发感染，如副猪嗜血杆菌、链球菌、沙门菌、胸膜肺炎放线杆菌、巴氏杆菌及肺炎支原体等。继发感染的微生物会产生内毒素，进一步损伤内皮细胞，并进一步促进 IL-1 和 TNF-α 因子的释放，还会进一步促进炎性因子引起的呼吸窘迫综合征，形成一个恶性循环过程，产生持续的危害。

繁殖与呼吸综合征病毒具有抗体依赖的增强作用（ADE），但不同毒株的敏感性不同。其机理可能是繁殖与呼吸综合征病毒与特异性抗体结合，形成抗原抗体复合物而繁殖与呼吸综合征病毒形成的抗原抗体复合物可以通过 Fc 段与肺泡巨噬细胞上表达 FcR 的细胞结合，促进了繁殖与呼吸综合征病毒的进入和复制。抗体与病毒结合形成的复合物还可以与补体结合，再通过补体的受体进入细胞，引起复制。从而增强病毒的感染过程。

3. 血清型

繁殖与呼吸综合征病毒可分为两种血清型，即欧洲型和美洲型，其中欧洲型主要流行于欧洲，美洲型主要流行于美洲和亚太地区。我国流行毒株主要为美洲型。

4. 抵抗力

病毒对低温具有较强抵抗力，在 -70℃ 可保存 18 个月，4℃ 保存 1 个月。对乙醚和氯仿敏感。在 pH 为 6.5~7.5 较稳定。病毒对酸、碱都较敏感，尤其很不耐碱，一般的消毒剂对其都有作用，但在空气中可以保持 3 周左右的感染力。

（二）诊断

根据流行特征，各年龄猪均可出现不同程度的临床表现，但以怀孕中后期母猪和哺乳仔猪最多发，根据临床表现及其相应的病理变化，可作出初步诊断，确诊还需进行实验室诊断。

1. 流行特征

（1）易感动物　猪是唯一自然宿主。各种年龄、性别、品种的猪均具有易感性，但以怀孕母猪（怀孕 90d 以后）和初生仔猪（1 月龄以内）症状最为明显。肥育猪发病温和。

（2）传播途径　繁殖与呼吸综合征病毒主要通过呼吸道或公猪的精液经生殖道在同猪群间进行水平传播，也可以通过母子进行垂直传播，或通过一些携带了病毒的鸟类进行传播。此外，该病毒也可以通过风媒进行传播，范围可以达到 3000m。卫生条件不良、气候恶劣、饲养密度过高可促进本病的流行。

（3）传染源 患病和带毒猪是蓝耳病的主要传染源，主要通过接触感染、空气传播、精液传播以及胎盘垂直传播等多种方式传播，主要经口腔、鼻腔、肌肉、腹腔、静脉及子宫内等部位受到感染，患病猪的鼻腔、尿液、粪便中可检测到病毒；同时，病毒也可以在病猪体内长期保存。易感猪可能受到被感染猪在感染后2～14周内通过接触的方式受到感染，接触感染也是蓝耳病蔓延传播的主要方式，与接触过蓝耳病的医疗器械、物品等接触也存在被感染的风险。因此，在对猪蓝耳病进行防治时要特别重视对传播途径的管理与防控。

（4）发病特点 本病无季节性，一年四季均可发生。持续感染导致易感猪群或抗体水平较低的猪群暴发本病或扩大持续感染猪群范围是本病的重要流行特点。本病传播速度极快，发病率高，病程长，病死率高，1～2周波及全场，1～2个月扩散到一个地区，多发生于夏秋季节。病毒的致病性强，不论猪场规模大小和条件好坏，繁殖与呼吸综合征病毒对各个品种、各个阶段的猪均有致病力，对仔猪和育肥猪的致病力尤其强，且患猪的发病率和病死率均高。

2. 临诊症状

（1）种母猪 精神沉郁，食欲减退或废绝，咳嗽，不同程度地呼吸困难。间情期延长或不孕。妊娠母猪感染后，高热（40℃以上），嗜睡，早产，后期流产、死产、木乃伊化、弱仔，预产期后延。有的皮肤发绀，耳朵发蓝。假发情，返发情比例比较高，个别母猪表现肢体麻痹。

（2）仔猪 1月龄以内仔猪最易感，体温高达40℃以上，呼吸困难，有时呈腹式呼吸。食欲减退或废绝，腹泻。被毛粗乱，肌肉震颤，共济失调，甚至后躯麻痹，渐进性消瘦，眼睑水肿。少部分仔猪可见耳部、体表皮肤发紫，断乳前仔猪死亡率可达80%～100%；断乳后仔日增重可下降50%～75%，死亡率升高（10%～25%）。耐过猪生长缓慢，易患其他疾病。

（3）育肥猪 体温升高40℃以上，食欲减退或废绝，被毛粗乱。皮肤发红，便秘，症状轻微，有的可见厌食和轻度呼吸困难，有的症状较重，呼吸困难，死亡率高。

（4）种公猪 公猪感染后厌食，咳嗽，呼吸急促，其精液数量和质量下降，精子出现畸形，精液可带毒，发病率低（2%～10%）。一般呈零星散发，症状不典型。

（5）慢性型 这是在规模化猪场繁殖与呼吸综合征表现的主要形式。主要表现为猪群的生产性能下降，生长缓慢，母猪群的繁殖性能下降，猪群免疫功能下降，易继发感染其他细菌性和病毒性疾病。猪群的呼吸道疾病（如支原体感染、传染性胸膜肺炎、链球菌病、附红细胞体病）发病率上升。

3. 病理变化

本病的病理变化不太明显，外观偶尔可见个别母猪被毛粗乱，耳、外阴和腹部发绀，真皮内形成色斑，水肿和坏死。剖检母猪可见肺水肿、肾盂肾炎和膀胱炎。

仔猪皮下、头部水肿、胸腹腔积液，肺多出现局灶性肺炎灶，表现为充血、出血、水肿，病程长的可出现胸膜肺炎和局部性肺炎。耐过猪呈多发性浆膜炎、关节炎、非化脓性脑膜炎和心肌炎等病变。

育肥猪可见全身淋巴结肿大、呈灰白色，尤以颌下、股前、肺门淋巴结更为明显。脾一般不肿大，有时边缘有丘状突起，所属淋巴结轻度肿大，边缘充血。肾轻度肿大，外观暗红色，有弥漫性暗红色瘀点，切面有弥漫性条纹状出血。胃肠道病变不明显，有轻度的卡他性炎症，小肠系膜淋巴结轻度肿胀，切面灰白色。肝脏有弥漫性灰白色病灶。肺轻度水肿，暗红色，有局灶性出血性肺炎灶。血液检查可见白细胞和血小板减少。

发育成熟的死胎猪体表淋巴结如下颌、股前淋巴结肿大，有充血、出血的变化，肌肉呈"鱼肉样"；脾无明显变化；肾外形不整，表面有弥漫性出血点；心肌柔软，发育不良，右心轻度肥大，心冠脂肪周围有时有少量的出血点；肺暗红色，轻度淤血水肿，有局灶性肺炎灶；胃肠无明显变化，有的小肠淋巴结轻度肿大。

因感染猪繁殖与呼吸障碍综合征病毒而死的病死猪肺多呈间质性肺炎病变，间质增宽，是本病的代表性病理变化特征之一。

4. 鉴别诊断

猪高致病性蓝耳病易和急性猪肺疫、急性败血型猪瘟、急性败血型猪丹毒、猪弓形体病、急性败血型猪链球菌病、急性附红细胞体病混淆；仔猪患普通型猪蓝耳病后易和猪副伤寒、副猪嗜血杆菌病、繁殖障碍型猪瘟、猪圆环病毒病等误诊。

（1）猪肺疫　以特征性的颈部皮下或咽、喉黏膜下胶冻状水肿浸润、喉头黏膜重度充血、出血与高致病性蓝耳病区别。使用敏感抗生素如恩诺沙星、氟苯尼考、头孢类药品等有效。

（2）猪瘟　临床除高热风暴、末梢循环障碍引起的皮肤出血斑外，母猪、种公猪较少发病和死亡，多以仔猪和架子猪为主的死亡；病变特征是全身脏器广泛性出血点；脾边缘特征性的梗死灶；慢性病例可见盲结肠黏膜特殊的纽扣状溃疡。

（3）急性型猪丹毒　与猪高致病性蓝耳病相似之处在于均表现高烧、急性死亡和全身皮肤程度不等的败血变化。但急性败血型猪丹毒不具备高致病性蓝耳病的流产风暴，病理解剖重点在脾、肾，脾外观呈樱桃红色，肾重度充血出血，外观蓝紫色，俗称"大彩肾"，转为亚急性型猪丹毒时皮肤呈方块形、菱形等疹块；慢性型心腔房室口有菜花样赘生物。

（4）猪弓形体病　临床可见大部分病猪背部毛孔有出血点；病变主要在肝、肾、淋巴结，均有程度不等的白色坏死灶。脑实质不见出血，心室腔不见煤焦油样血凝块，与链球菌病相区别。

（5）猪败血型链球菌病　一般以生长育肥猪、仔猪为主，母猪、公猪较少发病；发病期间较少引起流产症状；病死猪不出现蓝耳朵症状，仅在全身颈、胸、腹部等处呈暗红色出血斑；病变主要在心室腔，有积煤焦样血凝块，脑灰质和白质有出血点。

（6）猪附红细胞体病　特征性界定指标为高烧、全身脏器不同程度黄染、血液稀薄、全身皮肤发红，又名"红皮猪"，较易和本病区别。

5. 实验室诊断

实验室诊断是可采取病猪的血清、肺、脾、淋巴结或流产胎儿送检。主要通过病毒的分离鉴定、免疫荧光、酶联免疫吸附试验、RT-PCR 等实验室方法确诊。

猪繁殖与呼吸综合征最确切的诊断方法是病毒分离。病毒分离的首选材料是肺、扁桃体、脾、淋巴结和血清。对哺乳仔猪和断乳仔猪最好取肺脏，母猪可取血浆、血清和白细胞，公猪可采取血清和精液。多数猪繁殖与呼吸综合征病毒毒株在 PAM 和 MARC145 细胞上培养 $3\sim4d$ 均能产生明显的细胞病变（CPE），当 $70\%\sim80\%$ 细胞出现病变后用间接荧光法染色，观察荧光反应，将细胞培养分离的猪繁殖与呼吸综合征病毒制成超薄切片，进行电镜观察病毒的形态，排除细菌性感染和其他疾病的继发感染，检出潜伏和带毒动物。

目前有 4 种不同的方法用于检测血清中猪繁殖与呼吸综合征病毒抗体，包括免疫过氧化物酶单层试验（IPMA）、间接免疫荧光抗体试验（IFA）、酶链免疫吸附试验（ELISA）和血清中和试验（SN）。其中酶链免疫吸附试验（ELISA）具有敏感性，特异性高，抗原用量少，不需要特殊仪器，快速、经济、结果便于长期保存等优点，适用于短期内大批量血清样品的检测。

酶联免疫吸附试验的基本原理是将抗原或者抗体吸附于固相载体，在载体上进行免疫酶反应，通过底物显色后用肉眼或者分光光度计判定结果。目前商品化的繁殖与呼吸综合征酶联免疫检测试剂盒主要有两大类：一类是全病毒包被的酶联免疫板，另一类是病毒的结构蛋白包被的酶联免疫板。前者由于繁殖与呼吸综合征病毒存在抗原性差异显著，不同毒株间的同源性很低，不适合做包被抗原用于 ELISA 诊断。不同毒株间 N 蛋白保守性很高，因此，N 蛋白是 ELISA 包被抗原的最佳选择。

（三）防控措施

1. 预防措施

（1）严格引种，检疫和隔离制度 对新引进种猪在了解其系谱史、免疫史、引进种猪场疫病发生情况前提下，根据被引进猪场类别（祖代猪场、父母代猪场等）对引进种猪连续作 2~3 次猪蓝耳病抗体水平监测并在隔离区饲养3~8 周不等，连续两次监测阴性且无异常表征的新进种猪方可转入已有猪群所在猪舍统一饲养管理和种用。

（2）坚持自繁自养，建立稳定健康的种猪群 坚持自繁自养的原则，除特殊育种需要外一般情况下不引种。对自繁自养猪群严格执行猪蓝耳病的免疫程序和净化制度，建立稳定的健康种猪群。

（3）建立健全规模化猪场的生物安全体系 实行封闭式管理，生产流程实现全进全出，特别应做到产房和保育阶段的全进全出。严格执行科学的免疫程序和定期的重点疫病（如猪瘟、猪伪狂犬病等）抗体水平监测制度；完善规模猪场人员、车辆进出制度、消毒制度、粪污及病死猪、流产胎儿等的处理制度等。严格执行科学的消毒程序和彻底的消毒工作，选择 2~3 种不同类别消毒药按每种连续使用 1~3 次后交替消毒。

（4）提高饲养管理水平 做好规模猪场的"三度一通风"工作，安装干湿温度计、水帘、空调、风机等设备设施，在保证猪舍适宜的温度、湿度前提下，做好猪舍的通风；按育肥猪 $1~1.2m^2$/头标准，每个饲养阶段猪群减少$0.3~0.4m^2$/头来控制饲养密度。种母猪、种公猪、仔猪原则上均采取全价颗粒饲料饲喂。

（5）做好猪群猪繁殖与呼吸障碍综合征疫苗免疫和抗体水平监测工作 猪蓝耳病疫苗目前有经典蓝耳病灭活疫苗（CH-1a 株）和高致病性猪蓝耳病灭活疫苗（NVDC-JXA1 株）两种灭活疫苗；中国自行研制成功的经典蓝耳病弱毒疫苗（CH-1R 株）；猪蓝耳病基因工程疫苗，共三种类型。根据规模猪场类别（祖代猪场、父母代猪场等）和猪场猪蓝耳病抗体水平等选择上述三种类型疫苗中的一种进行免疫，原则上所有种猪均以灭活疫苗为首选，尽管在免疫程序的设计上可能会多增加免疫次数。参考免疫程序如下：

①后备种公猪：一般后备种公猪在配种前 30d 免疫一次经典蓝耳病灭活疫苗，间隔 10~15d，免疫高致病性蓝耳病灭活疫苗 1 次，种公猪每 6 个月免疫 1次，两种疫苗都要防疫，间隔 10~15d。

②后备母猪：后备母猪配种前 30d 免疫 1 次经典蓝耳病灭活疫苗，间隔10~15d，免疫高致病性蓝耳病灭活疫苗 1 次。

③经产母猪：产后 20d 免疫经典蓝耳病灭活疫苗，间隔 10~15d，免疫高

致病性蓝耳病灭活疫苗。

④断乳仔猪：断乳后注射经典蓝耳病灭活疫苗 1 次，间隔 10 ~ 15d，然后注射高致病性蓝耳病灭活疫苗 1 次，到出栏。

由于繁殖与呼吸综合征病毒侵害猪的免疫系统后能形成持续性感染，猪群感染后的带毒率较高，有的猪场即使已进行疫苗免疫，仍然可能有零星发生或隐形带毒，因此，在实际生产中防治猪蓝耳病，不仅要选用高效安全的疫苗，进行科学免疫接种，还必须做好综合防控，从药物保健，生物安全，饲养管理，引种和后备母猪驯化等方面进行综合改进，完善预警监测等其他综合防控措施，才能全面地切断病毒传播的途径和传染源。

2. 治疗

本病无特效药物，但是为了控制死亡率和进一步发病，可采取紧急防控措施对本病进行控制，在饲养过程中注重隔离和分圈、分群与严格消毒。

（1）血清抗体方案　根据发病猪只症状轻重按 0.4 ~ 0.6mL/kg 体重肌注或静注猪蓝耳病血清抗体，同时配合葡萄糖注射与双黄连注射液；病症中等程度猪根据混感疾病不同配合注射敏感抗生素，如混合感染传胸可同时配合注射盐酸多西环素、头孢等，若混合感染支原体肺炎，配合应用泰乐或泰妙菌素等。

（2）疫苗紧急接种方案　针对父母代级别以下的自繁自养商品猪，可采取全群紧急倍量接种猪蓝耳病经典株弱毒疫苗或高蓝的灭活疫苗；接种同时，可按治疗剂量的一半使用剂量注射转移因子或干扰素，同时配服黄芪多糖口服液或水溶性粉，连用 5 ~ 7d。

五、猪圆环病毒病

猪圆环病毒病（Porcine circovirus infection）是由猪圆环病毒引起的猪的一种新的免疫抑制的传染病。主要感染 8 ~ 13 周龄猪，其特征为猪体质下降、消瘦、呼吸困难、咳喘、腹泻、贫血和黄疸等。目前已证实，猪圆环病毒与仔猪断乳多系统衰竭综合征（PMWS）、猪皮炎与肾病综合征（PDNS）、猪间质性肺炎（IP）、母猪繁殖障碍和传染性先天性震颤（CT）有关。其中PMWS 和 CT 是本病的组要表现形式，其他三种是与其他病原混合感染引起的。本病可对机体产生严重的免疫抑制，被世界各国的兽医公认为最重要的传染病之一。1991 年猪圆环病毒病首次在加拿大被发现，之后迅速在各养猪国家流行，严重影响全球养猪业健康发展。自圆环病毒（Porcine circovirus，PCV）PCV 发现以来，PCV I 型和 PCV II 型已经证实为世界性流行和存在的病毒。

（一）病原

1. 分类及形态

圆环病毒属于圆环病毒科、圆环病毒属成员。它是最小的动物病毒之一。病毒粒子直径为 14~25nm，二十面体对称，无囊膜，基因组为单股 DNA。

2. 发病机理

在病猪鼻黏膜、支气管、肺脏、扁桃体、肾脏、脾脏和小肠中有圆环病毒粒子存在。胸腺、脾、肠系膜、支气管等处的淋巴组织中均有该病毒，其中肺脏及淋巴结中检出率较高。表明圆环病毒严重侵害猪的免疫系统，病毒与巨噬细胞/单核细胞、组织细胞和胸腺巨噬细胞相伴随，导致患病猪体况下降，形成免疫抑制。由于免疫抑制而导致免疫缺陷，其临床表现为：对低致病性或减弱疫苗的微生物可以引发疾病；重复发病对治疗无应答性；对疫苗接种没有充分免疫应答；在一窝猪中有一头以上发生无法解释的出生期发病和死亡；猪群中同时有多种疾病综合征发生。这些特征在仔猪断乳多系统衰竭综合征的猪群中基本上都有不同程度的发生。

淋巴细胞缺失和淋巴组织的巨噬细胞浸润，是仔猪断乳多系统衰竭综合征病猪的独特性病理损害和基本特征。而且此特征与血液循环中 B 细胞及 T 细胞减少和淋巴器官中这类细胞的减少呈高度相关；与周围血液和淋巴组织中巨噬细胞/单核细胞谱系细胞的增加呈高度相关。另外，已证实淋巴组织、相关免疫细胞和血液中的细胞存在大量的 PCV2 抗原。

3. 血清型

圆环病毒存在 2 种血清型，即 PCV I 型和 PCV II 型。PCV1 普遍存在猪体内，但对猪不具致病性，不引起细胞病变。PCV2 基因组是由一条共价结合形成的闭环状单股负链组成，由 PCV2 引起的猪皮炎肾病综合征、肉芽肿性肠炎、断乳仔猪多系统衰竭综合征和母猪繁殖障碍等一系列相关综合征群称圆环病毒病。两血清型间血清学交叉反应较弱。PCV 只在猪原和 Vero 细胞培养物中才能完全复制，但不引起明显的细胞病变。

4. 抵抗力

圆环病毒对外界环境抵抗力较强，对氯仿不敏感，在 pH 为 3 的环境内很长时间不被灭活，70℃可存活 15min。应用 0.3% 过氧乙酸、3% 火碱等消毒效果较好。在高温环境也能存活一段时间。不凝集牛、羊、猪、鸡等多种动物和人的红细胞。

（二）诊断

根据流行特点，结合发病的临床症状、病理变化等可以作出初步诊断，确诊需要进行实验室诊断。

1. 流行特征

（1）易感动物 猪是圆环病毒主要宿主。各种年龄、品种、性别的猪均可被感染，但仔猪感染后发病严重。胚胎期和出生后的早期感染，往往在断乳后才发病，主要在5~18周龄。常见的仔猪断乳多系统衰竭综合征主要发生在5~16周龄的猪，最常见于6~8周龄的猪，极少感染乳猪。

（2）传染源 病猪和带毒猪为本病主要传染源。病毒主要存在病猪的呼吸道、肺脏、脾和淋巴结中，从鼻液和粪便中排出，引起病毒在不同猪个体之间进行传播。少数怀孕母猪感染圆环病毒后，可经胎盘垂直感染给胎儿，引起繁殖障碍。

（3）传播途径 主要经过呼吸道、消化道和精液及胎盘传播，也可通过管理人员、饲养人员、工作服、工具等传播。猪对PCV2具有较强的易感性，感染猪可从鼻液、粪便等废物中排出病毒，经口腔、呼吸道途径感染不同年龄的猪。怀孕母猪感染PCV2后，可经胎盘垂直传播感染仔猪。人工感染PCV2血清阴性的公猪后，精液中含有PCV2的DNA，说明精液可能是另一种传播途径。用PCV2人工感染试验猪后，其他未接种猪的同居感染率是100%，这说明该病毒可水平传播。猪在不同猪群间的移动是该病毒的主要传播途径，也可通过被污染的衣服和设备进行传播。

（4）发病特点 本病的发生无季节性。常与猪繁殖与呼吸综合征病毒、猪细小病毒、猪伪狂犬病毒、副猪嗜血杆菌、猪肺炎支原体、多杀性巴氏杆菌和链球菌等混合或继发感染。工厂化养殖方式可能与本病有关，饲养管理不善、恶劣的断乳环境、不同来源及年龄的猪混群、饲养密度过高及刺激仔猪免疫系统均为诱发本病的重要危险因素，但猪场的大小并不重要。

2. 临诊症状

（1）仔猪断乳后多系统衰竭综合征 主要发生于2~3周龄断乳后的仔猪，一般在断乳后2~3d至1周发病。病猪精神沉郁，食欲不振，发热、被毛粗乱、渐进性消瘦，生长迟缓、呼吸困难、咳嗽、气喘、贫血、体表淋巴结肿大。有的皮肤与可视黏膜发黄，并出现腹泻、胃溃疡。临床上约有20%病猪呈现贫血与黄疸症状。发病率为20%~60%，病死率为5%~35%。

（2）猪皮炎与肾病综合征 此病通常发生于8~18周龄的猪。病猪发热、厌食、消瘦、皮下水肿、跛行、结膜炎、腹泻。特征性症状为在会阴部、四肢、胸腹部及耳朵等处皮肤上出现圆形或不规则的红紫色病变斑点或斑块，有的斑块相互融合呈条带状，不易消失。主要发生在保育猪和生长育肥猪。发病率12%~14%，病死率5%~14%。

（3）母猪繁殖障碍 主要发生于初产母猪，产木乃伊胎儿占产仔总数

15%，产死胎占 8%。发病母猪主要表现为体温升高至 41～42℃，食欲减退、流产、产死胎、弱胎、弱仔及木乃伊胎儿。病后母猪受胎率低或不孕，断乳前仔猪死亡率可达 11%。

（4）猪间质性肺炎　临床表现主要为猪呼吸疾病综合征，多见于保育期和育肥期。病猪气喘、咳嗽、流鼻液、呼吸加快、精神沉郁、食欲不振、生长缓慢。

（5）传染性先天性震颤　多见于初产母猪所产仔猪，常于出生后 1 周内发病。我国猪群多为 6～8 周龄发病，发病仔猪站立时震颤，由轻变重，卧下时震颤消失。受外界刺激时可引发或加重震颤，严重时影响吃乳以致死亡。发病率 20%～60%，病死率 5%～35%。

3. 病理变化

（1）仔猪断乳后多系统衰竭综合征　尸体消瘦，有不同程度贫血和黄疸。淋巴结肿大 4～5 倍，在胃、肠系膜、气管等淋巴结尤为突出，切面呈均质苍白色。肺部有散在隆起的橡皮状硬块。严重病例肺泡出血，在心叶和尖叶有暗红色或棕色斑块。脾肿大，肾苍白，有散在白色病灶，被膜易于剥落，肾盂周围组织水肿。胃在靠近食管区常有大片溃疡形成。盲肠和结肠黏膜充血并有出血点，少数病例见盲肠壁水肿而明显增厚。如有继发感染则可见胸膜炎、腹膜炎、心包积液、心肌出血、心脏变形、质地变软等。

（2）猪皮炎与肾病综合征　主要表现为出血性坏死性皮炎和动脉炎，以及渗出性肾小球肾炎和间质性肾炎。剖检可见肾肿大、苍白，表面有出血点；脾脏轻度肿大，有出血点；肝脏呈橘黄色；心脏肥大，心包积液；胸腔、腹腔积液；淋巴结肿大，切面苍白；胃有溃疡。

（3）母猪繁殖障碍　产死胎和木乃伊胎儿，新生仔猪胸腹部积水。心脏扩大、松弛、苍白、充血性心力衰竭。

（4）猪间质性肺炎　可见弥漫性间质性肺炎，呈灰红色，肺细胞增生，肺泡腔内有透明蛋白，细支气管上皮坏死。

4. 实验室诊断

目前，可用的病原学检查方法包括病毒分离鉴定、组织原位杂交和 PCR 方法等。检测抗体的方法主要是间接免疫荧光、免疫组织化学法、酶联免疫吸附试验和单克隆抗体法等。

（1）病毒分离法　病毒分离是常用的方法，该方法是取 PCV2 感染发病猪的组织（肝脏、脾脏、肾脏、淋巴结、肺部、血液等）经磨碎、提取液混合、离心取上清、溶剂抽提等步骤，然后接种于无 PCV 污染的猪肾细胞系（PK－15）进行 PCV2 病毒的分离培养。有人采用多系统衰竭综合征症状的猪腹股沟淋巴结、肾脏组织加液氮研磨、生理盐水稀释、冻融、离心、取上清过滤，经

PCR 鉴定为 PCV2 阳性，然后取分离液接种于 PK－15 细胞悬液中，37℃培养，细胞形成单层后，弃去生长液加入 D－氨基葡萄糖处理，处理后加入新生猪血清的 DMEM 维持液培养 48h 获取病毒。

（2）血清学检查　血清学检查是生前诊断的一种有效手段。诊断本病的方法有：间接免疫荧光法（IIF）、免疫过氧化物单层培养法、ELISA 方法、聚合酶链式反应（PCR）方法、核酸探针杂交及原位杂交试验（ISH）等方法。

①IIF 方法：宜检测细胞培养物中的圆环病毒。用组织病料以盖玻片在 PK－15细胞培养，丙酮固定，用兔抗圆环病毒高免血清与细胞培养物中的 PCV 反应，可对圆环病毒进行检测和分型。

②ELISA 诊断方法：可用于检测血清中的病毒抗体。用细胞培养的病毒（PCV2）作为抗原，用 PCV2 特异性单克隆抗体作为竞争试剂建立竞争 ELISA 方法，竞争 ELISA 方法的检出率为 99.58%，而间接免疫荧光法的检出率仅为 97.14%。该方法可用于 PCV2 抗体的大规模监测。

③PCR 方法：是一种快速、简便、特异的诊断方法。采用 PCV2 特异的或群特异的引物从病猪的组织、鼻腔分泌物和粪便进行基因扩增，根据扩增产物的限制酶切图谱和碱基序列，确认圆环病毒感染，还有一种简单的复合 PCR（multiplex PCR）法。

④ISH 方法：此法可以检查圆环病毒核酸。但不能区分 PCV1 和 PCV2，具有群特异性，可以精确定位圆环病毒在组织器官中的部位，可用于检测临诊病料和病理分析。

（三）防控措施

1. 预防措施

控制猪圆环病毒感染，主要措施包括加强环境消毒和饲养管理，减少仔猪应激，做好伪狂犬、蓝耳病、细小病毒、传染性胸膜肺炎等疫病的综合防制等。选用合适的商品化疫苗免疫接种预防。

（1）免疫接种　按后备母猪、后备种公猪、经产母猪间情期、15 日龄哺乳仔猪阶段免疫猪圆环病毒灭活疫苗，也可根据各规模猪场的实际情况酌情调整本病的免疫程序；同时，做好猪伪狂犬、猪瘟、猪细小病毒病、猪喘气病、猪繁殖与呼吸障碍综合征及猪肺疫等的免疫接种。

（2）定期抗体水平监测，即时淘汰阳性猪群　每年定期对猪群猪圆环病毒病进行抗体水平监测，根据猪场类别进行 1~3 次不等的本病抗体水平监测，连续 2~3 次监测阳性猪群，坚决淘汰，达到在猪群净化本病的目的。

（3）加强饲养管理，提高猪群生活环境　做好猪场的"三度一通风"，即适度的温度、湿度、饲养密度，在此基础上保持圈舍的通风和定期消毒，为猪群营造干净、舒适的生活环境。

（4）科学保健，提高猪群机体的内平衡和非特异性保护屏障　根据不同季节和不同猪群，针对性制定科学的保健方案，确保仔猪"三食三关"、怀孕母猪的"三期三关"、怀孕母猪及哺乳期仔猪的季节性患病、种公猪的功能性患病如采精过度等。

2. 治疗

本病无特异性药物。感染本病的猪群在提高猪群非特异性保护屏障基础上，防止继发或并发感染是主要防控原则。患有本病的猪场，在紧急倍量接种猪圆环病毒灭活疫苗基础上，全群可选择扶正解毒散、黄芪多糖等拌料，有腹泻症状的猪群分别配合应用氨基糖苷类药品如庆大霉素、卡那霉素、大观霉素等，喹诺酮类药品如恩诺沙星、环丙沙星等；有呼吸症状的猪群配合应用大环类酯类药品如泰乐菌素、替米考星等，或头孢类药品等。根据猪群临床表征严重程度，可分别使用强心药、免疫增强剂、抗坏血酸、葡萄糖等。患本病的种用公猪或母猪等贵重猪群，可使用本病特异性的血清抗体辅以其他药物进行治疗。

六、猪伪狂犬病

猪伪狂犬病（Pseudorabies，PR）是由伪狂犬病病毒（Pseudorabies virus，PRV）引起猪的急性传染病，病猪体温升高，新生仔猪表现神经症状，可感染其他家畜和野生动物。1902 年匈牙利学者 Au–jeszky 等首次发现该病。1931年由美国科学家 Shope 从牛体内分离到 PRV，1934 年 Sabin 等证实该病毒属于疱疹病毒，随后该病在很多养猪国家均有发生。1947 年，我国首次在猫体内分离到 PRV，随后全国各地相继出现大量病例，虽然进行了疫苗接种，但仍呈现流行趋势。自 2011 年以来，PRV 变种导致我国养猪场 Bartha – K61 疫苗接种猪群中 PRV 感染频繁暴发，各年龄段猪死亡率高。该病现已成为危害世界养殖业的灾难性疫病，被世界动物卫生组织（OIE）列为法定报告的动物疫病，我国将其列为二类动物传染疫病。目前该病对养猪业影响很大，一旦传染，很难清除，在许多国家的地位仅次于猪瘟。

（一）病原

1. 分类及形态

伪狂犬病病毒属于疱疹病毒科，α – 疱疹病毒亚科成员，为线状双股 DNA。病毒粒子主要由核心、核衣壳和囊膜组成，外观呈圆形或椭圆形，直径约为150~180nm。其组成成分中，核衣壳是病毒蛋白质衣壳和衣壳中心包含的病毒核酸的合称，直径为 100~110nm，核心位于核衣壳内部，呈卷曲缠绕状排布；

囊膜位于核衣壳外部，是由宿主细胞衍生而来的脂质双层结构，表面存在外射排列的纤突，为 8 ~ 10nm。

2. 发病机理

研究伪狂犬病病毒毒力的致病机理有助于评估目前所用疫苗株的安全性，同时可以了解不同伪狂犬病病毒毒株引起各种疾病的临床症状的相关机理。伪狂犬病病毒的毒力受多种基因控制，但不同的基因在构成伪狂犬病病毒毒力中所起的作用不同。决定伪狂犬病病毒毒力的蛋白质大致可分为 3 类：介导病毒进入宿主体内并扩散的囊膜糖蛋白；病毒编码与 DNA 代谢或磷酸化有关的酶；与病毒装配有关的蛋白质。而经研究发现，通过伪狂犬病病毒的 UL41 基因的产物形成的囊膜蛋白具有 RNase 活性，能降解宿主 mRNA。而在伪狂犬病病毒基因组编码形成的 16 种囊膜蛋白上存在 11 种糖蛋白，即 gB（UL27）、gC（UL44）、gD（US6）、gE（US8）、gG（US4）、gH（UL22）、gK（UL53）、gI、gL（UL1）、gM 和 gN（UL49.5）。对伪狂犬病病毒糖蛋白的研究具有重要意义，不仅有助于了解伪狂犬病病毒与宿主细胞相互作用的分子机制，而且对于疱疹病毒的分子进化关系及糖蛋白免疫学的研究具有特别价值。

糖蛋白是动物机体免疫系统识别的成分，现已发现伪狂犬病病毒有 11 种糖蛋白，这 11 种糖蛋白是病毒颗粒和被感染细胞的表面组成部分，成为宿主免疫防御的主要靶标。病毒增殖的必需的糖蛋白主要有 gB、gD、gH、gL、gK；非必需糖蛋白是决定毒力的因子，主要有 gE、gI、gG、gC、gM、gN 等。在病毒与细胞的融合过程中，至少有 4 种糖蛋白参与其中：即 gB、gD、gH、gL。缺少任何一种蛋白质，病毒都不会与细胞膜相融合。在细胞囊膜与细胞膜融合后，核衣壳开始释放入细胞内，并在 5min 内沿微管转移至核膜上临近核孔的位置上，衣壳的一个顶点正对核孔，将病毒 DNA 注入细胞核内。

3. 血清型

猪伪狂犬病毒只有一个血清型，但不同毒株在毒力和生物学特征等方面存在差异。伪狂犬病毒具有泛嗜性，能在多种组织培养细胞内增殖，其中以兔肾和猪肾细胞（包括原 I 代细胞和传代细胞系）最为敏感，并引起明显的细胞病变，细胞肿胀变圆，开始呈散在的灶状，随后逐渐扩展，直至全部细胞圆缩脱落，同时有大量多核巨细胞形成。细胞病变出现快，当病毒接种量大时，在 18 ~ 24h 后即能看到典型的细胞病变。

4. 抵抗力

伪狂犬病病毒对外界抵抗力较强，但对各种化学消毒剂均敏感。病毒对外界抵抗力较强，在污染的猪舍能存活 1 个多月，在低温潮湿环境下，pH 为 6 ~ 8 时病毒能稳定存活。当在温度介于 4 ~ 37℃、pH 为 4.3 ~ 9.7 时，伪狂犬病病毒在 1 ~ 7d 内才会失活；热抵抗力较强，55 ~ 60℃痹时，病毒能够存活 50min；

80℃时，病毒能够存活 3min，100℃才能将病毒瞬间杀灭。而在腐败条件下，病料中的病毒经 11d 会失去感染力。研究表明，伪狂犬病病毒对福尔马林和紫外线照射等均敏感，对乙醚、氯仿等脂溶剂也敏感，5% 苯酚可 2min 将其灭活，0.5% ~1% 氢氧化钠能迅速使其灭活。

（二）诊断

本病多发生于鼠类猖獗的猪场，常引起各种家畜发病。小猪神经症状明显，大猪症状似同流行性感冒，怀孕母猪有流产或生产死胎、木乃伊胎，死产胎儿大小差异不大。根据流行病学、临诊症状、病理变化等情况作出初步诊断，确认需要进行实验室诊断。

1. 流行特征

（1）易感动物　物的易感性与病毒株的毒力、感染数量、感染途径、动物种类、免疫状况及应激情况等诸多因素有关。因此，进行易感性推断时，需从各个方面进行细致分析，使防治方案更加科学合理。除了猪、牛、绵羊、犬和猫以外，多种野生或肉食动物也能感染该病。同时，小鼠、大鼠、豚鼠和兔等试验动物也能感染，其中，家兔最为敏感。

（2）传染源　病猪、带毒猪及带毒鼠类是本病的主要传染源，带毒鼠类的粪尿中含有大量病毒。隐性感染的成年猪是该病主要传染源。病毒主要从病猪的鼻分泌物、唾液、乳汁和尿中排出，有的带毒猪可持续排毒一年，成为本病流行、很难根除重要原因。

（3）传播途径　伪狂犬病病毒的传播途径主要为消化道和呼吸道，还可通过交配、精液、胎盘传播。由于母猪免疫球蛋白不能通过胎盘屏障，当伪狂犬病病毒由母体传递给胎儿时，会导致腹中胎儿死亡。病毒可通过直接接触传播，但更易间接传播，传播主要是通过气溶胶或受病毒污染的水源。如带病毒的空气飞沫可随风飘至更远的地方，使健康猪群受到感染。此外，被伪狂犬病毒污染的工作人员和工具以及被污染的饲料、水源，带毒的鼠、羊等动物也可传播此病毒。

（4）发病特点　猪伪狂犬病的发生具有一定的季节性，多发生在寒冷的季节，但其他季节也有发生。

2. 临诊症状

（1）仔猪　哺乳仔猪和断乳幼猪的症状最严重，其中，15 日龄以内的哺乳仔猪表现最急性，主要表现为出生后第 2d 开始高热（41℃以上）、拉稀、鸣叫、共济失调、角弓反张、四肢游泳动作等神经症状，最后昏迷死亡，第 3 ~7d 为死亡高峰期，死亡率高达 100%；断乳猪也会死亡，主要表现出神经症状与呼吸道症状。

（2）架子猪、肥育猪　常为隐性感染，症状轻微，仅见发热，咳嗽，但影响生长发育速度和饲料转化率。有的病猪呕吐。无继发感染，病死率很低，为1%～2%。多在3～4d恢复。

（3）妊娠母猪　早期感染常见返情现象。受胎40d以上感染时，常有流产、死胎现象，死胎大小差异不显著，无畸形胎。末期感染时，可产活胎，但往往因活力差，于产后不久出现典型的神经症状而死亡。

（4）种猪　后备母猪、空怀母猪表现为屡配不孕，返情率高达90%。成年公猪患该病时易产生睾丸炎、附睾炎等，导致睾丸、附睾发生萎缩、硬化，丧失配种能力，但是一般病死率很低，不超过2%。

3. 病理变化

伪狂犬病病毒感染动物后，一般无特征性病变表现，肉眼可观察到的病变为上呼吸道黏膜及扁桃体出血水肿，肝脏和脾脏常见散在的白色坏死点，肾脏散在针尖状出血点，肺部可见水肿，同时存在小叶性间质性肺炎。中枢神经系统症状明显时，可见脑充血、出血和水肿，且脑脊髓增多。另外，组织学病变的主要特征是中枢系统的弥散性非化脓性脑膜炎与神经节炎，表现出明显的血管套及胶质细胞坏死，而在脑神经细胞、鼻咽黏膜、脾以及淋巴结的淋巴细胞内则可见核内酸性包涵体。淋巴结的包膜、小梁、透明区以及毛细血管周围会发生水肿，表现为淋巴滤泡和生发中心体积增大，透明区可见血管扩张，其周围有组织细胞和淋巴细胞浸润，甚至还可见到淋巴滤膜萎缩和淋巴结实质严重浸润及出血，导致红细胞充塞整个淋巴组织。

4. 鉴别诊断

猪伪狂犬病引起的繁殖障碍易和繁殖型猪瘟、普通型猪繁殖与呼吸障碍综合征、猪日本乙型脑炎、细小病毒、衣原体、弓形体病等混淆，临床表征具有神经症状易和李氏杆菌、神经型链球菌、猪日本乙型脑炎、仔猪水肿病等误诊。

（1）在感染普通型猪繁殖与呼吸综合征的猪场，隐性感染本病的妊娠母猪早产率达80%，1周龄仔猪病死率大于25%；病程较长的仔猪出现典型或较明显的"蓝耳"表征；但不出现公猪的睾丸炎、仔猪较少出现神经症状与本病相区别；而间质性肺炎是猪繁殖与呼吸障碍综合征较典型的病理特征，猪伪狂犬不具备此特征。

（2）猪细小病毒病　主见于初产母猪出现流产、死胎、木乃伊胎等繁殖障碍，其他猪只无症状，不见公猪睾丸炎和仔猪的神经症状，而猪伪狂犬病以仔猪神经症状和寒冷季节多发为特征。

（3）李氏杆菌病　多发于断乳仔猪；发病仔猪多表现头颈后仰的"观星"姿势；特征性病变为脑桥、延髓和脊髓软化和化脓灶。

（4）神经型链球菌病 除表现神经症状外，一般均有全身脏器败血症表征；且伴随关节炎、化脓等表征；青霉素等抗生素能缓解症状。猪伪狂犬病无可见的全身败血症状，抗生素治疗无效。

（5）猪弓形体病 以高烧（42℃）以上且稽留、全身败血症状为特征，无神经症状；磺胺类药品有特效。乙型脑炎体温低于弓形体病，且无全身性的败血症状，抗生素无效，患病仔猪一般有神经症状。

（6）仔猪水肿病 易发生于断乳仔猪，且一般体格健壮的仔猪最易发病；头、眼睑、颌面部及颈部皮下程度不等的凉粉状水肿；胃大弯、大肠系膜均水肿明显。不引起繁殖障碍病，较易与猪伪狂犬病区别。

（7）繁殖障碍型猪瘟 单从临床表征较难和本病区别，但存活弱仔、死于繁殖障碍猪瘟的病死猪其尸体解剖具有部分典型猪瘟病理解剖特征，如脾边缘梗死灶、肾皮质针尖状出血点、肾脏畸形、膀胱黏膜针尖状出血点或全身淋巴结程度不等的充血、出血等，且繁殖障碍型猪瘟一般不引起仔猪神经症状，是与猪伪狂犬病区别的主要指标之一。确诊需实验室做病原的分离鉴定或 PCR 抗原检测。

（8）感染衣原体而引起的繁殖障碍，若仔猪不发病，单从临床表征即繁殖障碍较难与猪乙型脑炎相区别，但若引起仔猪发病，从神经症状表征可以将两者区别，患衣原体病的仔猪除引起关节炎和多发性浆膜炎、公猪的睾丸炎外，一般无神经症状。

5. 实验室诊断

（1）病原学 病原学诊断主要包括病毒分离、病毒接种及动物感染 3 种方法，被称为诊断猪伪狂犬病的黄金标准。用于分离伪狂病毒的病料的取材范围很广。从组织脏器的角度而言，对于病死猪，分离病毒样品最为理想的组织脏器为脑组织和扁桃体，其次是心、肝、肺、肾、脾等；对亚临床感染的猪，通常采集鼻咽洗液作为分离病毒的样品，然后，用 100g/L 的脑组织悬液离心，取上清液作为感染动物或细胞培养物的接种材料。从细胞角度来说，由于猪伪狂病毒的细胞谱很广，非洲绿猴肾细胞（Marcl45）、仓鼠肾细胞（BHK）、IBRS－2、Vero、原代鸡胚成纤维细胞和原代犊牛睾丸细胞等均可用于病毒分离。

对采集到的猪病料样品进行处理时，最好先将 2~3 头份的感染组织进行混匀，将灭菌稀释后的生理盐水接种在培养成单层的细胞上，直至能够观察到特征性的细胞病变。再将细胞培养物进行苏木精－伊红染色法（HE）染色，镜检可发现酸性核内包涵体。再将处理的病料经腹侧皮下对家兔或小白鼠进行注射，注射部位在接种后的 2~3d 会出现典型的剧痒，表现为动物自行啃咬，直至掉毛、破损以及出血，体温升高，继之四肢出现麻痹，病程很短，试验兔于出现症状后数小时即发生死亡。病毒可以在病死兔脑中分离获得，用标准阳性血清对分离得到的病毒作中和试验，采用蚀斑减数试验法，该法不仅结果精确，还能根据蚀斑直径的大小，了解毒株的毒力强弱，也可采用常规的病毒稀释法或血清稀释法。

（2）血清学试验　用于检测猪伪狂犬病的血清学试验较多，其中，应用较为广泛的有间接免疫荧光技术（indirect fluorescent antibody technique，IFA）、酶联免疫吸附试验、微量血清中和试验（se‐rum neutralization test，SNT）、乳胶凝集试验（1atex agglutination test，LAT）、琼脂免疫扩散试验（agar gel im-munodiffusion，AGID）等。

①免疫荧光抗体试验：国外研究报道应用荧光抗体染色法检查以病毒和病料接种的 PK‐15 培养物，对猪不同部位的检样做比较，发现扁桃体和淋巴结的检出率最高，大脑次之，再次为脾和脊髓。

②酶联免疫吸附试验：酶联免疫吸附试验是目前最为广泛应用的一种免疫检测方法，被世界动物卫生组织定为诊断 PR 的首选血清学方法。ELISA 敏感性高，且快速、操作简便，适于大面积血清样品的检测。

③微量血清中和试验：病毒中和试验是最敏感且特异的血清学方法，是检测病毒的比较经典的血清学方法，是大多数国家检测伪狂犬病的标准方法之一。

④乳胶凝集试验：乳胶凝集试验是利用抗原和抗体特异性结合的特点，将抗原先用乳胶包被，然后再与相应血清发生特异性反应，若几分钟内凝集反应呈阳性，则可判断为伪狂犬病感染。该方法具有操作简单、方便、快速的特点，与 NT 相比具有更加广阔的应用前景。

⑤琼脂免疫扩散试验：琼脂免疫扩散试验无需使用特殊设备，操作方法简单方便，检测结果准确，适用于大批量血清样品的现场定性诊断以及猪群隐性无感染的普查。

（3）分子生物学技术

①核酸探针技术：核酸探针技术是近年来迅速发展起来的一种新型分子生物学技术，具有敏感程度高、特异性好的特点，被广泛用于 PRV 的诊断和检测。PRV 在潜伏期间，病毒基因组存在于潜伏部位，虽不进行复制和翻译，但可发生转录，存在病毒 DNA 和 RNA。

②PCR 技术：PCR 技术以其快速、敏感、操作简便等特点被广泛应用。

（三）防控措施

1. 预防措施

（1）坚持科学引种，培育健康种猪群　科学引种是防控猪伪狂犬病的关键，必须要从种猪健康、质量等各方面进行综合考虑。同时，在引种期间要尽量做好生物安全工作，避免致病菌通过饲料、人员、运输等环节带入。所有引种单位必须自阴性场引进，引种后还应加强疾病检测。特别是规模化猪场，新引进种猪、后备猪及精液时，必须经过病原学检测，保证未感染后才可混群。对引进的猪群还要在场外进行隔离检疫，并补注猪伪狂犬病疫苗，经抗体检测确认为健康后才可进入生产区饲养。

（2）正确使用疫苗，科学制定免疫程序　目前猪伪狂犬病尚无有效的治疗药物，伪狂犬基因缺失苗的使用是防治该病的主要手段。猪只在注射基因缺失疫苗后，不会产生针对缺失蛋白的抗体，因而可用缺失蛋白这种特性建立相应的血清学方法，可将野毒感染与基因缺失疫苗免疫后猪群产生的抗体区分开来。早期的猪伪狂犬疫苗大多为灭活苗和弱毒苗，虽然能在预防控制方面能起到一定的作用，但也都存在着部分的缺陷。灭活苗虽然安全性能较好，但其免疫效率相对较低、用量相对较大，有时会导致注射部位肿胀，出现过敏反应。弱毒苗用量小，免疫原性好，免疫期长，但不能防止病毒在机体内复制和排出，即存在着毒力返强和散毒的危险。因此，要因地制宜地根据该场的流行病史、免疫抗体水平等情况制定科学合理且符合本场实际的免疫程序。注射疫苗时，还需考虑首免日龄以及降低母源抗体对免疫注射的干扰。

（3）加强淘汰机制，建立阴性猪群　猪伪狂犬病防制的关键措施是有效净化。有条件的规模猪场应定期对种猪群进行猪伪狂犬病的抗体检测，从中筛选出阳性猪只，阳性种猪要坚决淘汰，建立伪狂犬阴性种猪群。在采用伪狂犬疫苗加强免疫的基础上，也应逐头对猪群进行猪伪狂犬抗体检测。采取检测—分群—免疫—检测的方式，重复进行，经过 3～4 个循环，可基本达到净化猪群的目的。

（4）加强饲养管理，建立生物安全措施　国内外猪伪狂犬病防治经验表明，控制和净化该病不能单靠免疫、监测和淘汰的措施，还必须要加强饲养管理，结合生物安全措施。要做到饲养管理封闭化，供给充足的营养，严禁使用霉变饲料，做好猪群的保健与免疫接种工作。完善生物安全措施，建立完善的消毒程序，及时清扫圈舍，猪舍地面、墙壁、设施及用具定期进行全面消毒，粪便放置发酵地或沼气池处理。为保证圈舍适宜温度，养殖合理密度，有计划地开展场内灭鼠、灭蚊蝇等工作，防止啮齿动物传播疾病，鼠类可携带伪狂犬病毒，灭鼠工作对于猪伪狂犬病的防控与净化就显得尤为重要。严格执行封闭管理制度，所有进出车辆及人员禁止随意进出，外来运猪车辆需要进行全面的喷洒消毒，外来人员需要进行消毒隔离。

2. 发病处理措施

本病暴发流行后，无特效药物，只能用猪伪狂犬血清及紧急倍量接种疫苗进行防控，同时，对症选用相关药物。猪伪狂犬血清抗体按 0.2 ~ 0.5mL/kg 体重肌注；紧急接种以疑似健康猪群和发病猪群同时注射，均在原接种剂量基础上倍量注射，存活下来的猪只在 4 ~ 6 周后加免 1 次。

七、猪细小病毒病

猪细小病毒病（Porcine parvovirus infection，PPI）是由猪细小病毒（Porcine parvovirus，PPV）引起的一种病毒性传染病，能导致母猪以产木乃伊胎、死胎、弱仔和流产、返情、不孕为主要特征的繁殖障碍，特别是对初产母猪的危害最为严重，目前发现一些皮炎、肠炎、呼吸道问题的病例也与细小病毒的感染有关。我国于 1983 年首次分离到该病毒，目前呈全国性散发流行。细小病毒对环境的抵抗力很强，猪场一旦感染后不易净化消除，可能连续几年不断地出现母猪繁殖失败，且细小病毒常与猪繁殖与呼吸综合征病毒（PRRSV）等致病原混合感染，使其危害性大幅增加，每年都给养猪业带来一定的经济损失。

（一）病原

1. 分类及形态

猪细小病毒隶属于细小病毒科、细小病毒属。病毒粒子直径为 20nm，呈圆形或者六角形，为囊膜，为 DNA 单链病毒。

2. 发病机理

PPV 感染猪的发病机理尚不完全清楚，部分研究结果表明：细小病毒对猪的影响主要分为两个方面：一是对母猪受精卵细胞的影响，二是对胎儿发育的影响。

3. 血清型

目前所分离的病毒均属一个血清型。病毒能够凝集人、猴、豚鼠、小鼠及鸡的红细胞。

4. 抵抗力

细小病毒对酸碱、热和消毒剂的提抗力都非常强。70℃处理该病毒 2h 也不能将其灭活，存在猪舍的病毒能够生存数十年之久。此病毒对氯仿、乙醚等都有抵抗力，想消灭病毒可以选择 1% 氢氧化钠或者 0.5% 漂白粉作用 5min，或者 80℃作用 5min。

（二）诊断

如果出现多头母猪，尤其是初产母猪发生流产、死胎、木乃伊胎，胎儿大小不同，而没有其他的临床症状，可考虑细小病毒感染，但最后确诊必须进行实验室检查。

1. 流行特征

（1）易感动物　细小病毒可侵害不同品种、不同年龄的猪，主要侵害母猪，初产母猪更为易感。

（2）传播途径　病毒由口、鼻、肛门及公猪精液中排出，被污染的器具、饲料均可成为传染媒介。妊娠母猪感染病毒可通过胎盘传给胎儿，其他猪群可通过消化道、呼吸道及交配感染。

（3）传染源　病猪、带毒猪和母猪所产死胎、弱胎是主要传染源。污染的圈舍是 PPV 的主要储存场所。地方性流行或散发，多发生于每年春夏或母猪产仔和交配后的一段时间，一旦发生本病能持续多年，或连续几年不断出现母猪繁殖失败。

（4）发病特点　该病的感染性非常强，只要易感的健康猪群中侵入病毒，基本上在 3 个月之内就会导致整个猪群都被感染，且猪在较长时间内都呈血清学阳性反应。该病一般在春秋产仔季节呈现流行，此病多呈散发或者地方性流行。

2. 临诊症状

妊娠母猪感染细小病毒后，病毒可经由血液侵入胎盘引起胎盘感染，使其发生流产、死产、产木乃伊、产弱仔以及不孕等，少数母猪的体温有所升高，后躯瘫痪或者运动不灵活，关节发生肿大或者体表出现圆形肿胀等。

妊娠母猪不同时间段感染细小病毒的症状存在一定差异。一般来说，母猪在妊娠初期感染，病毒会在体内以最快速度增殖，造成最大的危害，由于病毒适合在增殖能力旺盛的有丝分裂的细胞内繁殖，因此在该阶段只要感染病毒就会集中于胎盘以及胎儿中，同时大量增殖，通常会形成木乃伊胎或者死胎；在妊娠 70d 感染，往往会表现出流产症状；妊娠超过 70d 感染，大部分可正常生产，但产出的仔猪往往会带有病毒和母源抗体，有时甚至始终带毒，使其变成重要的传染源。

另外，该病还可能导致后代仔猪瘦小、产出弱胎、母猪无法正常发情以及屡配不孕等。如果公猪感染病毒，会导致精液中带毒，但不会影响性欲以及受精率。

3. 病理变化

主要的病理变化为母猪子宫内膜有轻微炎症，胎盘有部分钙化现象，胎儿在子宫胎盘内有被溶解、吸收的现象。还可看到感染胎儿充血、水肿、出血、体腔积液、木乃伊化（脱水）及坏死等病变。70d 以后感染细小病毒的胎猪具有免疫能力时，其病变就不明显，甚至没有病变。

4. 实验室诊断

（1）病原分离　取流产胎儿以及死亡仔猪的肾脏、肺脏、脑等病料组织，通过研磨、稀释以及过滤处理后，在 ST 细胞系或者 PK15 细胞系中接种，置于 37℃、5% 二氧化碳条件下进行病毒分离培养。取发生病变的细胞培养物进行 3 次反复冻融，以 2000r/min 的速度进行 10min 离心，将细胞碎片除去，收集病毒液。

（2）病原鉴定

①细小病毒荧光抗体染色：取疑似病猪的扁桃体或者母猪产出的木乃伊胎、死胎进行冰冻切片，对待检标本片使用荧光抗体诊断液进行染色，即将染色标本放入湿盒中，先置于 37℃培养箱中处理 30min，取出后使用 pH 为 7.2～7.6 的 PBS 液进行 15min 的冲洗和漂洗，注意中间要进行 1 次换液，接着改用去离子水继续冲洗来除盐，待其自然干燥后滴少许磷酸甘油，放上干净的盖玻片后置于荧光显微镜下进行观察。如果细胞内出现集结的亮绿色的荧光颗粒，而对照标本没有这种现象，就可判定存在 PPV 抗原。

②血凝试验（HA）：在 96 微孔板中按照从左向右的顺序在每孔中添加 50μL PBS 溶液或者生理盐水，接着取病毒原液或者收集液按 1:2、1:4、1:8、……进行倍比稀释，按从左向右在每孔中添加 50μL，最后一孔作为空白对照。然后在每孔添加 50μL 1% 鸡红细胞或者 0.5% 豚鼠红细胞，放于微型振荡混合器上进行 1min 振荡，使其混合均匀，最后放入 37℃温箱中处于 15～30min，取出后判定结果。通常以 50% 的红细胞发生凝集判为终点，此时样品的最高稀释度判定为 HA 滴度。

（3）抗体检测　常用血凝抑制试验（HI），取病料组织浸出液制成血凝素，并稀释成 8 个血凝单位。取 1mL 患病初产母猪的血清加入试管中，接着向试管中添加 1mL 8 个凝集单位的血凝集，摇晃均匀后再添加 1% 的鸡血细胞，放在 37℃恒温培养箱中作用 30min，取出后观察试管中是否都出现凝集。以全部抑制凝集的血清最大稀释度作为该血清的滴度，也就是血清效价。只要被 PPV 阳性血清抑制血凝者，则可判定该病毒是细小病毒。

（三）防控措施

1. 预防措施

（1）免疫接种　预防猪细小病毒病的有效措施是接种疫苗，可选用弱毒疫苗或者灭活疫苗，我国通常使用灭活疫苗，在初产母猪和育成公猪配种前 1 个月接种疫苗，确保妊娠母猪在易感期内具有较高的免疫力。为避免母源抗体的干扰，可通过测定 HI 滴度或者采用两次注射法来确定免疫时间，如果抗体滴度在 1:20 以上，则不宜接种；如果抗体效价在 1:80 以上，则能够抵抗病毒的感染。在养猪生产中，为确保母猪建立坚强的免疫力，最好在每次配种前都接种疫苗。

（2）加强饲养管理

①引种控制：引种前必须调查引进场猪群感染猪细小病毒与否，母猪有繁殖障碍表现与否，母猪群进行预防接种与否，不允许只以引进母猪细小病毒的血清抗体检测呈阴性作为引入标准。对于引进的母猪必须先放于隔离场（舍、圈）饲养，并在到场的 1 周内进行 1 次疫苗接种，在配种前 15d 左右再进行 1 次强化免疫。

②加强卫生管理：人员、车辆、场内废弃物的进出，以及猪的移动都要按规定进行严格处理。进入妊娠母猪舍的饮水、饲料要经过无害化处理，另外饲养用具和饲养人员的衣物也要经过彻底消毒。

2. 对症治疗

猪场一旦发生本病，应立即将发病的母猪或仔猪隔离或彻底淘汰，所有与病猪接触的环境、用具应严格消毒，与此同时，对猪群进行紧急疫苗接种。目前，该病还没有特效药物用于治疗，通常采取对症治疗。只要发现有母猪感染细小病毒病，为避免机体发生明显脱水，要尽快补充足够的水分和盐分，常灌服补液盐水，具有较好的效果。同时，为避免继发感染其他疾病，可给病猪静脉注射抗肠道细菌的抗生素，减少死亡。对于新生仔猪，可皮下注射高免血清或者口服康复母猪的抗凝血，每天 10mL，连续使用 3d，治疗效果较好。母猪流产后若发生产道感染，可肌内注射青霉素 160～240 万 IU、链霉素 100 万 IU，每天 2 次，连用 3d。

八、猪乙型脑炎

流行性乙型脑炎又称日本乙型脑炎，简称乙脑，是由流行性乙型脑炎病毒引起的一种人畜共患传染病。在人和马中呈现急性脑炎症状，猪表现流产、死胎和睾丸炎，新生仔猪脑炎，其他家畜和家禽大多呈隐性感染。传播媒介为蚊虫，流行有明显的季节性。本病属于自然疫源性疾病，被世界卫生组织列为重点防控的传染病，我国将其列入二类动物传染病。

（一）病原

1. 分类及形态

流行性乙型脑炎病毒属于黄病毒科黄病毒属。病毒粒子呈球形，直径约 40nm，基因组为单股 RNA，核心 RNA 包以脂蛋白囊膜，外层为含糖蛋白的纤突。病毒粒子呈球形，二十面体对称，直径 30～40nm，相对分子质量约为 4.2×10^{6}，在 CsCl 中的浮密度为 $1.24g/cm^{3}$。病毒粒子的核心由衣壳蛋白与核酸构成，表面包裹类脂囊膜。囊膜内有膜蛋白，囊膜表面有糖基化蛋白。病毒在感染动物血液内存留时间很短，主要存在中枢神经系统及肿胀的睾丸内。

2. 培养及血凝性

可在许多肾细胞系如 Vero、BHK21、PK15 细胞及鸡胚成纤维细胞上增殖并产生明显的细胞病变（CPE）。对乳鼠极易感，3 日龄乳鼠是常见的敏感试验动物。脑内接种强毒株 72h 即可发病死亡，腹腔接种也易感，但潜伏期延长。病毒在鼠脑内传代后毒力会逐渐增强，在细胞内传代毒力逐渐减弱。病毒囊膜上有血凝素突起，提纯的囊膜突起具有血凝活性，而且只含糖蛋白。用蛋白酶处理后，囊膜突起消失，血凝活性也丧失。乙脑病毒的血凝谱较广，可凝集雏鸡、鹅、鹤、绵羊、鸭等动物的红细胞，以 1 日龄的小鸡红细胞最敏感。有研究认为溶血性和血凝性是强毒株的共性。各个毒株在毒力和血凝性上具有明显的差别，但没有明显的抗原性差异。但血凝素易于破坏，而且血凝反应条件对 pH 要求比较严格，而且不同毒株血凝反应的最适 pH 不相同。弱毒力毒株的血凝性较低，甚至基本丧失。

3. 致病机理

病毒随蚊虫唾液进入易感动物体内并进入血液，先在外周血管的血管内皮细胞及网状内皮细胞中增殖。在侵袭中枢神经系统前，有一段持续 12h 到几天的病毒血症期。之后病毒会随血液散布到肝、脾、肌肉等脉管组织，进一步复制加重病毒血症。多数动物在感染后不出现临床症状，若机体免疫能力强，内脏与血液中的病毒可被机体消灭，并获得一定程度的免疫力。此外，猪可经过胎盘感染。对于怀孕母猪，有研究表明当感染发生在妊娠的 1/3 期时，病毒经胎盘感染及致病作用相对明显。田间观察也表明，母猪在妊娠感染 40~60d 多导致死胎及木乃伊；而妊娠 85d 后感染病毒，胎儿很少受到影响。病毒对胎儿造成伤害认为是由于胎儿免疫系统尚未形成，不能抑制病毒的增殖，胎儿的神经系统损坏。即经胎盘感染猪乙脑病毒形成致病作用，病毒必须在胎儿具有免疫力以前通过胎盘屏障。

4. 抵抗力

乙脑病毒对外界环境的抵抗力不强，56℃热水中加热 30min 或 100℃加热 10min 可灭活。在 -70℃ 或冻干条件下可存活数年，-20℃ 下可保存一年，但毒价下降。保存的最适 pH 是 7.5~8.5。在 pH 7 以下或 pH 10 以上，病毒活性会迅速降低。易被常用的消毒剂迅速灭活，对乙醚、氯仿、脱氧胆酸、胆汁等敏感。其也对蛋白水解酶和脂肪水解酶敏感。脱脂乳和乳白蛋白水解物等对病毒有较好的保护作用，但在生理盐水中病毒滴度会很快下降。

（二）诊断

本病有严格的季节性，呈散在性发生，多发生于幼龄动物，有明显的脑炎症状，怀孕母猪发生流产，公猪发生睾丸炎。死后取大脑皮质、丘脑和海马角进行组织学检查，发现非化脓性脑炎等，可作为诊断的依据。

1. 流行病学

（1）易感动物　哺乳类、禽鸟类、爬行类动物等60余种均可被感染，除少数人、马和猪外，多数感染动物无临床症状。猪不分品种和性别均易感，发病年龄多与性成熟期相吻合，感染率高，发病率低，绝大多数在病愈后不再复发，成为带毒猪。

（2）传播途径　蚊子是乙脑病毒的重要传播媒介，通过叮咬将病毒感染人类和其他易感动物，三带喙库蚊是传播乙脑病毒的重要蚊种。蚊虫感染乙脑病毒后10天即可传播该病。蚊虫是乙脑病毒的长期储存宿主，乙脑病毒可经蚊卵传代，也可在蚊子体内增殖越冬。蚊虫的活动与气候季节相关，因此本病也具有严格的季节性，夏季是乙型脑炎的高发季节。20℃以上时蚊虫的活动增加，因此乙型脑炎在热带地区没有严格的季节性。

（3）传染源　病猪和带毒猪是主要传染源，猪虽发病率低，但感染率高，因此猪是最重要的自然宿主，也是很危险的传染源。在本病流行地区，畜禽的隐性感染率均很高，特别是猪的感染最为普遍，容易通过猪—蚊—猪等的循环，扩大病毒的传播，所以猪是本病毒的主要增殖宿主和传染源。

（4）流行特点　本病流行的季节与蚊虫繁殖和活动有很大的关系，在热带地区无明显的季节性，在温带地区有明显季节，90%的病例多数发生于7月、8月、9月三个月内，而一般8~9月末为发病高峰。蚊虫是本病重要的传播媒介，蚊虫存在季越长，本病发病周期也越长，特别是猪血液传播危害最大。

2. 临诊症状

人工感染潜伏期一般为3~4d。

（1）一般症状　突然增食或减食，饮欲增加。体温升高达40~41℃，呈稽留热，精神沉郁、嗜睡。粪便干燥呈球状，表面常附有灰白色黏液，尿呈深黄色。有的猪后肢轻度麻痹，步态不稳，也有后肢关节肿胀疼痛而跛行。个别表现明显神经症状，视力障碍，摆头，乱冲乱撞，后肢麻痹，最后倒地不起而死亡。

（2）妊娠母猪　首先出现病毒血症，但无明显临床症状，当病毒随血液经胎盘侵入胎儿时，导致胎儿发病，而产生死胎、畸形胎或木乃伊胎，只有母猪流产或分娩时才发现症状，流产后症状减轻，体温、食欲恢复正常。同一胎的仔猪在病变上都有很大差异，产弱仔、产后不久就死亡、发育正常或较普通胎儿大，流产胎儿多为死胎或木乃伊胎，大小不等，或濒于死亡。部分存活仔猪虽然外表正常，但衰弱不能站立，不会吮乳；有的出生后出现神经症状，全身痉挛，倒地不起，1～3d死亡。此外，分娩时间多数超过预产期数日，有一定数量的母猪因整窝胎儿木乃伊化而不能排出体外，长期滞留在子宫内，也有发生胎衣滞留，最终引起母猪发生子宫内膜炎而导致繁殖障碍。

（3）种公猪 除有一般症状外，突出表现是在发热后发生睾丸炎，一侧或两侧睾丸明显肿大，较正常睾丸肿大半倍到一倍，具有诊断意义。患睾阴囊皱褶消失，温热，有痛觉。精液品质下降，失去配种能力而失去种用。

3. 病理变化

主要的病理变化为脑脊液增量，脑膜和脑实质充血、出血、水肿，睾丸有充血、出血和坏死。子宫内膜充血、水肿、黏膜上附有黏稠的分泌物。胎盘呈炎性浸润，早产仔猪多为死胎，死胎大小不一，小的干缩而变硬呈黑褐色，中等大小的为茶褐色、暗褐色，死胎和弱仔的主要病变是脑水肿；皮下水肿、胸腔积液、腹水、浆膜有出血点、淋巴结有充血，肝和脾脏有坏死灶，脑膜和脊髓膜充血、出生后存活的仔猪高度衰弱，并有震颤，抽搐、癫痫等神经症状。剖检脑内水肿，体腔积液、肝脏、脾脏、肾脏等器官可见多发性坏死灶。公猪的睾丸肿大，多为侧性，或两侧肿大程度不一，阴囊壁消失、发亮，鞘膜腔内潴留有大量黄褐色不透明液体，在睾丸的附睾、鞘膜上有纤维素沉着。睾丸的实质部全部充血，切面可见大小不一的黄色坏死灶，周边出血，在一个睾丸中可见10～30处坏死灶。可见睾丸萎缩、硬化，睾丸于阴囊粘连。

4. 实验室诊断

（1）病毒分离鉴定 病毒的分离是本病最直接的诊断方法。可采集发病动物的血液、精液，发病猪场的蚊子，可疑的流产死胎的脑、肺、胎盘等组织作为分离病毒的病料。将病料进行适当处理后，可通过接种乳鼠、Vero细胞、BHK21细胞进行病毒的分离鉴定。但是本方法工作量大，操作复杂，耗时多，在临床上不适于广泛应用。

（2）血清学诊断 血清学检测方法主要是检测个体是否含有乙脑的特异性抗体或抗原。机体早期感染产生的抗体主要是IgM，感染后期或者再次感染产生的抗体主要是IgG。常见的方法有酶联免疫吸附试验、间接免疫荧光法、补体结合试验、中和试验、乳胶凝集试验、血凝抑制试验等。

①ELISA：酶联免疫吸附试验是利用抗原抗体的特异性亲和性，将已知抗原或抗体包被于固相载体上，随后与待测样品中的相应抗体或抗原发生结合反应，再加入酶标记抗体进行显色反应，根据反应产物颜色的深浅进行分析。它是利用酶的反应来测定抗原抗体反应，因此敏感性很高。现常用于乙脑诊断的方法有双抗体夹心ELISA、间接ELISA、竞争ELISA、IgM捕获ELISA等。

②间接免疫荧光：经直接免疫荧光技术改进而形成。将病毒感染的细胞固定后，再用荧光标记的抗体进行着色，在荧光显微镜下观察是否有荧光存在。这种方法敏感性高，能够检测出含量很低的抗体。但由于仪器的限制，这种诊断方法仅限于实验室使用。

③补体结合试验：补体结合试验是确认乙型脑炎的一种常用方法，但是补体结合抗体出现较晚，一般在发病后的两周才呈阳性反应。取发病早期和恢复期的双份血清进行抗体效价的比较，若恢复期血清比初期的血清的效价增高 4 倍以上，判断为阳性。

④中和试验：其原理为病毒与相应的抗体结合后，失去对易感动物的致病力。感染后其中和抗体在机体内出现较早，在体内存在时间大约 1 年左右，所以检测时需要双份血清。选用易感细胞接种 96 孔板培养，将待检血清梯度稀释后同 100 $TCID_{50}$ 量的病毒共同作用，观察细胞病变情况，判定结果。这种方法的特异性高，但操作复杂，在临床中很少应用。

（3）分子生物学诊断方法　由于黄病毒间存在一定的血清学交叉反应，在发病早期采用乙脑病毒分离培养和血清学诊断不能达到满意效果。分子生物学诊断方法的出现为病毒的检测提供了早期、快速、敏感、特异的方法。如 RT – PCR、定量 PCR、基因芯片技术。

①RT – PCR：以 RNA 为模板反转录形成后，再以 cDNA 为模板进行 PCR 扩增目的片段的一种分析基因的快速灵敏的方法。目前，国内外有许多研究者针对主要抗原蛋白（E 蛋白、PrM 蛋白、NS1 蛋白等）设计的引物都能进行快速的检测。

②基因芯片技术：是近年发展起来的一种生物高新技术，其机理是将大量探针片段以一定方式有序地固定于支持物表面，然后与标记的样品分子进行杂交。通过检测得到的每个探针分子的杂交信号来分析样品分子的数量和序列信息。该技术能够实现多个待检样品和同时检测同一样本的不同病原，这样就大大地提高了工作效率。

（三）防控措施

1. 预防措施

乙型脑炎是一种重要的人畜共患传染病，乙脑的流行给多个国家造成了极大的经济损失。因此本病的预防和治疗，对于人类的健康和畜牧业的发展有重要的意义。世界卫生组织报道，乙型脑炎的治疗没有特殊的方法，主要是对症治疗。针对该病传播特点——蚊虫是主要的传播媒介，因此本病的主要防治措施是防蚊、灭蚊和免疫接种。

（1）灭蚊　灭蚊是防治乙型脑炎的重要措施，三带喙库蚊是主要的传播媒介，一般在有水的地方活动，户外吸血。目前灭蚊的方法主要有药物法、生物学法和生态学灭蚊法。但是灭蚊的方法很难控制乙型脑炎的流行，因为在亚洲，特别是广大农村，不可能消除蚊虫的滋生，以破坏乙脑的感染循环，灭蚊常作为一个地区爆发流行乙脑时的一种应急措施。

（2）免疫接种　免疫接种是最有效的预防措施，最大限度降低乙脑的发病。猪是乙脑病毒的扩散动物，猪的饲养时间短、繁殖快，每年生产的大批仔猪更新猪群，初次感染本病时可引起数天病毒血症，供蚊虫吸取含病毒血液，然后叮咬人畜，扩散病原，使本病流行，因此预防猪的乙型脑炎是预防人患乙脑的重要措施。在本病的流行地区，要以灭蚊工作作为重点，同时要搞好猪场的卫生工作，减少蚊虫的滋生，定期对猪场设备进行消毒。在夏季来临前，对猪场进行乙脑疫苗的注射能有效控制猪群的感染。于蚊虫开始活动的前一个月对抗体呈阴性的猪或 4 月龄以上的种猪进行免疫接种，或在配种前一个月接种疫苗，第一年最好在两周后加强免疫 1 次，以后每年在蚊虫活动季节开始前或配种前免疫 1 次。对发病的猪应立即进行隔离治疗。

乙脑的传统疫苗主要有 3 种，一种是鼠脑灭活疫苗，在亚洲流行乙脑的许多国家和地区广泛应用，也应用于一些前往乙脑流行地区的西方国家旅游者中。另两种是原代地鼠肾细胞灭活疫苗和地鼠肾细胞减毒活疫苗，均由中国研制，也仅在中国境内生产和应用。

2. 发病后处理

本病无特效疗法，一旦确诊最好淘汰。针对价值高的种猪，应积极采取对症疗法和支持疗法，同时加强护理，可得到一定的疗效。

九、猪传染性胃肠炎

猪传染性胃肠炎（Transmissible gastroenteritis of swine，TGE）是由传染性胃肠炎病毒（TGEV）引起猪的一种急性、高度接触性肠道性疾病。以呕吐、严重腹泻和脱水为特征。各种年龄猪都可发病，10 日龄以内仔猪病死率很高，可达100%，5 周龄以上猪的死亡率很低，成年猪几乎没有死亡。世界动物卫生组织将其列为 B 类动物疫病。

（一）病原

1. 分类及形态

猪传染性胃肠炎病毒属于冠状病毒科、冠状病毒属成员。基因组是一个不分阶段、正股单链 RNA，长度约为28kb。传染性肠胃炎病毒粒子多呈圆形或多边形，病毒粒子的直径为 60～120nm。在电镜下观察，病毒粒子具有囊膜结构，囊膜表面具有长 18～24nm 的花瓣状纤突，纤突的末端呈约 10nm 大小的球型，与囊膜之间通过小柄连接。传染性肠胃炎病毒具有 4 种结构蛋白，其中 3 种蛋白位于脂质双层中：小包膜蛋白（E 蛋白）、膜蛋白（M 蛋白）和纤突蛋白（S 蛋白），核衣壳蛋白（N 蛋白）与病毒的基因组 RNA 紧密结合位于病毒内部，病毒主要存在于空肠、十二指肠及回肠的黏膜。

2. 致病机理

传染性肠胃炎病毒经呼吸道或消化道进入易感猪体内，通过抵抗胃酸和胰酶的作用到达易感组织小肠，在小肠绒毛上皮细胞内进行大量的增值，造成肠绒毛上皮细胞破坏，肠绒毛萎缩变短，导致其吸收功能以及酶生成能力降低，致使蛋白质、乳糖不能分解，水分和营养物质不能被有效地吸收，使肠内渗透压升高，组织内水分大量进入肠道，造成水样腹泻，机体脱水，进而导致代谢性酸中毒和高血钾，造成心、肾衰竭，最终导致死亡。

3. 血清型及血凝性

只有一个血清型，但近年来许多国家都发现了变异株，即猪呼吸道冠状病毒。本病毒对牛、猪、豚鼠及人的红细胞没有凝集或吸附作用。

4. 抵抗力

本病毒对乙醚、氯仿、去氧胆酸钠、次氯酸盐、氢氧化钠、甲醛、碘、碳酸以及季铵化合物等敏感；不耐光照，粪便中的病毒在阳光下 6h 失去活性，病毒细胞培养物在紫外线照射下 30min 即可灭活。病毒对胆汁有抵抗力，耐酸，在经过乳酸发酵的肉制品里病毒仍能存活。病毒不能在腐败的组织中存活。病毒对热敏感，56℃ 30min 能很快灭活；37℃ 4d 丧失毒力，但在低温下可长期保存，液氮中存放三年毒力无明显下降。

（二）诊断

通过流行特点、临床症状可初步诊断，但与流行性腹泻及其他腹泻疾病区分开，要通过实验室诊断。寒冷季节发生，10 日龄以内病死率高，临床出现腹泻、呕吐和脱水，解剖后出现小肠壁变薄，半透明，肠管扩大，充满半液状或液状内容物。小肠黏膜绒毛萎缩，可作出初步诊断。

1. 流行特征

（1）易感动物　猪对传染性肠胃炎病毒最为易感。而猪以外的动物如狗、猫、狐狸、燕八哥等不致病，但它们能带毒、排毒。各种年龄的猪均可感染发病，以 10 日龄以下的哺乳仔猪发病率和死亡率最高，随年龄的增大，死亡率逐步下降，断乳猪、育肥猪和成年猪的症状较轻。

（2）传染源　第一种是病毒扩散呈亚临床症状的猪场，如育肥猪场或不断有新生仔猪的猪场，传染性肠胃炎病毒可持续存在于这些猪场，一旦到了发病的适应季节，即可引起本病的爆发；第二种是狗、猫、狐狸、燕八哥、苍蝇等带毒、排毒、机械的传播本病；第三种是带毒猪或发病猪通过鼻内分泌物、粪便、乳汁排毒；第四种是感染了传染性肠胃炎病毒的动物尸体。

（3）传播途径　该病的传播途径主要是猪采食污染病毒的饲料，通过消化道感染；也可经过空气通过呼吸道传播，尤其是密闭猪舍、湿度过大、饲养密度过高更容易传播。

（4）流行特点　该病通常在气候寒冷的冬春季节发生，即每年的11月至次年的4月。只要猪场出现发病，就会在猪群中快速蔓延，几天内就会导致大多数猪被感染。该病在老疫区往往呈地方流行性或者间歇性的地方流行性，一般局限于6日龄至断乳后2周的仔猪出现发病，且发病率和病死率都要低于新疫区。

2. 临诊症状

本病潜伏期较短，一般为15～18h，长的可达2～3d。

（1）仔猪　典型临床表现是突然的呕吐，接着出现急剧的水样腹泻，粪水呈黄色、淡绿或发白色。病猪迅速的脱水，体重下降，精神萎靡，被毛粗乱无光。吃乳减少或停止吃乳、打颤、口渴、消瘦，于2～5d内死亡，一周龄以下的哺乳仔猪死亡率50%～100%，随着日龄的增加，死亡率降低。病愈仔猪增重缓慢，生长发育受阻，甚至成为僵猪。5周龄以上仔猪症状轻，死亡率低。

（2）架子猪、肥猪及成年母猪　主要是食欲减退或消失，水样腹泻，粪水呈黄绿、淡灰或褐色，混有气泡；有些母猪与患病仔猪密切接触反复感染，症状较重，体温升高，泌乳停止，呕吐、食欲不振和腹泻，也有些哺乳母猪不表现临诊症状。

3. 病理变化

主要的病理变化为急性肠炎，从胃到直肠可见程度不一的卡他性炎症。胃肠充满凝乳块，胃黏膜充血；小肠充满气体。肠壁弹性下降，管壁变薄，呈透明或半透明状；肠内容物呈泡沫状、黄色、透明；肠系膜淋巴结肿胀，淋巴管没有乳糜。心，肺，肾未见明显的病理肉眼病变。

病理组织学变化可见小肠绒毛萎缩变短，甚至坏死；肠上皮细胞变性，黏膜固有层内可见浆液性渗出和细胞浸润。肾由于曲细尿管上皮变性尿管闭塞而发生浊肿，脂肪变性。

4. 类症鉴别

（1）轮状病毒病　该病通常在气候寒冷的晚冬至早春时节发生，快速传播，只局限于哺乳仔猪或者刚断乳仔猪发生。仔猪发病率通常为50%～80%，但死亡率低于10%。病猪主要表现出呕吐，腹泻，排出黄色、灰色或者暗黑色的粪便，呈糊状或者水样，机体明显脱水。剖检发现只有胃肠道发生病变，胃内含有大量内容物，外观呈特征性弛缓；小肠壁明显变薄，呈半透明状，且受损区的小肠绒毛明显短缩扁平。

（2）仔猪白痢　仔猪白痢也称作仔猪乳泄，该病在全年任何季节都能够发生，但主要在冬季气候骤变和夏季过于炎热时发生。通常是 10～20 日龄的仔猪易发，30 日龄以上的仔猪基本不会发病。该病是由于感染致病性大肠杆菌而发生的一种急性肠道传染病，主要特征是仔猪排出灰白色或者乳白色粪便，大部分能够康复。该病发病率高，在 50% 左右，而病死率低，在 10% 左右。

（3）仔猪副伤寒　该病的发生没有严格的季节性，是由于感染猪副伤寒沙门菌或者猪霍乱沙门菌而引起，主要是 2～4 月龄的仔猪易发。病猪体温明显升高，往往达到 41～42℃，停止采食，下痢，排出混杂血液、假膜的粪便。主要病变是急性败血症和慢性坏死性肠炎，有时会发生卡他性和干酪性肺炎。剖检可见肝实质存在黄灰色的细小坏死点，呈糠麸状，脾脏呈暗蓝色，发生肿大，如橡皮样坚硬，被膜发生点状出血，白髓四周出现红晕。

（4）仔猪红痢　仔猪红痢又称梭菌性肠炎，该病是由于感染 C 型魏氏梭菌引起，主要是 7 日龄以下的仔猪易发，尤其是 1～3 日龄的新生仔猪最易发生，有时发病率可达到 100%，死亡率在 20%～70% 不等，而 1 周龄以上的仔猪基本不会发病。病猪主要是排血痢，空肠发生典型病变，而十二指肠通常没有病变。空肠内含有大量红色液体，使其外观呈暗红色，肠黏膜及黏膜下层发生弥漫性出血，肠系膜淋巴结呈鲜红色。病程持续略长时，主要是发生坏死性肠炎，肠管无明显出血，肠壁变厚，肠腔内容物中混有坏死组织碎片，肠黏膜呈黄色，或者覆盖灰色的坏死样伪膜，且易于剥离。

5. 实验室诊断

近年来，我国猪传染性肠胃炎的发病率呈上升趋势、发病地区逐渐扩大，临床中常见猪轮状病毒和猪流行性腹泻病毒的混合感染，严重威胁养猪业的发展。因此对传染性肠胃炎病毒快速、准确的鉴别诊断是在传染性肠胃炎的防治中非常重要的一环。

（1）病毒的分离鉴定　病毒的分离鉴定是确认病原最准确的方法。感染猪粪便、肠道组织及内容物可用于传染性肠胃炎病毒的分离。目前常用的细胞为原代和次代猪肾细胞、猪肾传代细胞系、猪唾液腺原代细胞、猪甲状腺原代细胞以及 ST 传代细胞，传染性肠胃炎病毒均可在这些细胞上增殖并产生细胞病变。不过，病毒分离作为诊断方法具有费时、费力的缺点，限制了应用范围。

（2）血清学检测　血清中和试验使用非常广泛，但需要使用已经适应细胞培养的病毒。ELISA 检测的敏感性、特异性优于病毒中和试验，并且可高通量检测，是一种应用十分广泛的免疫学检测方法。胶体金检测是以胶体金作为示踪标志物的一种免疫标记技术，由于其检测简便、快速且样本用量少，因此被广泛应用于疾病的鉴别诊断。但是其在传染性肠胃炎病毒的应用还很少。

（3）分子生物学诊断技术　王黎等设计了针对传染性肠胃炎病毒的 N 基因保守序列的引物建立了检测方法，并且通过检测不同地区大量样本证明此方法敏感性高、重复性好、特异性强。张坤等针对传染性肠胃炎病毒的 N 基因、传染性肠胃炎病毒的 M 基因、猪 A 群轮状病毒的 VP7 基因设计了特异性引物，成功建立了可以同时检测传染性肠胃炎病毒、传染性肠胃炎病毒和猪 A 群轮状病毒的多重 RT－PCR 方法，并且通过与常规 PCR 方法比较证明此方法的敏感性好，特异性高且简便、快速。

（三）防控措施

1. 预防措施

平时不引入病猪，保持圈舍卫生，提高产房的温度，做好母猪产前免疫，加强综合性预防措施，对疫区及受威胁的猪场可进行疫苗接种，或者发病仔猪粪便饲喂妊娠母猪。传染性胃肠炎弱毒疫苗、猪传染性胃肠炎与猪流行性腹泻二联灭活疫苗，对预防该病的发生有良好的效果。

2. 治疗措施

目前，该病还没有特效药物进行治疗。出现发病后，主要采取对症疗法，避免发生脱水、酸中毒以及继发感染而导致死亡。

（1）西药治疗　患病仔猪出现呕吐时，可每头肌肉注射 2～5mL 维生素 B_1 注射液，每天 2 次，连续用药 2d。如果患病仔猪耳朵、鼻部以及四肢下端皮肤呈青紫色，可每头肌肉注射 2～5mL 10% 磺胺嘧啶钠注射液，每天 2 次，连续用药 2d。如果患病仔猪停止采食、饮水，且机体明显脱水，要及时灌服葡萄糖氯化钠溶液用于补充体液，每次用量为 20mL，每天 5 次，直至康复。

（2）中药治疗　辨证论治，治疗原则是涩肠止泻、温中补虚。于疑似感染猪传染性胃肠炎的病猪，按每 20kg 体重计算：党参、诃子、白术、肉豆蔻、干姜、肉桂各 15g，10g 木香，白芍、当归、甘草、陈皮各 12g，加水煎煮，取药液给病猪灌服，每天 1 次，连续使用 3～5d。

十、猪流行性腹泻

猪流行性腹泻（Porcine epidemic diarrhea，PED）是由猪流行性腹泻病毒引起的一种严重的胃肠道疾病，可以感染各年龄阶段的猪，由于其具有很强的传染性、较高的发病率和死亡率，给养猪业造成了巨大的经济损失，其主要的临床症状是严重的肠炎、呕吐和水样腹泻。本病的流行特点、临床症状和病理变化与猪传染性胃肠炎极为相似。

（一）病原

1. 分类及形态

猪流行性腹泻病毒（PEDV），是正股单链 RNA 病毒，属于尼多病毒目（Nidovirales），冠状病毒科（Coronaviridae），α - 冠状病毒亚属（*Alphacoronavirus*）家庭的成员之一。病毒粒子呈多形性，倾向于圆形。大多数病毒粒子有一个电子不透明的中央区，顶端为膨大的纤突，从核衣壳向外呈放射状排列。

2. 致病机理

在粪口传播后，流行性腹泻病毒在小肠上皮细胞中复制，导致被感染的细胞迅速死亡。流行性腹泻病毒潜伏期各不同，从哺乳猪的 1d 到 3 周，断乳仔猪的 3~6d，流行性腹泻的特征性临床症状，包括腹泻和呕吐，通常持续 5~10d。在感染流行性腹泻病毒 1~3d 后排泄物存在活病毒，病毒 RNA 可以在感染后 24~30h 检测到。一个短暂的病毒血症在哺乳仔猪感染流行性腹泻病毒后 1~5d 出现。病毒抗原可以在 1 日龄的仔猪感染后 12h 和 3 周龄断乳仔猪 14h 内的十二指肠和回肠检测到。流行性腹泻病毒在原发感染后 6~14d 在血清中可以检测到抗体。

3. 抗原性

本病毒与猪传染性胃肠炎病毒、新生犊牛腹泻病毒、犬肠道冠状病毒、猫传染性腹膜炎病毒无抗原关系。

4. 抵抗力

流行性腹泻病毒为有囊膜的病毒，很容易被醚或氯仿等有机溶剂灭活。流行性腹泻病毒在 4~50℃ 痢时相对稳定，在高温时不稳定。流行性腹泻病毒能被消毒剂灭活，如氧化剂、漂白剂、酚类化合物、2% 氢氧化钠、甲醛和戊二醛、碳酸钠，含 0.1% 去污剂、离子和非离子洗涤剂、1% 磷酸强碘化物和脂质溶剂如氯仿。

（二）诊断

本病在流行病学和临床症状方面与猪传染性胃肠炎无显著差别，只是病死率比猪传染性胃肠炎稍低，在猪群中传播的速度也较缓慢些。猪流行性腹泻发生于寒冷季节，各种年龄都可感染，年龄越小，发病率和病死率越高，病猪呕吐，水样腹泻和严重脱水，进一步确诊须依靠实验室诊断。

1. 流行特征

1971 年首发于英国，20 世纪 80 年代初我国陆续发生本病。猪流行性腹泻一旦在某个地区发生，将会在短期内形成扩大态势，这是由于引起猪流行性腹泻的病毒具有较强感染性，一般在 15d 左右就会造成附近区域的猪群被感染。

由于猪流行性腹泻一旦发病将难以控制，并且发病时间较长，因此会给养猪户造成较大的经济损失。

（1）易感动物 本病仅发生于猪，各种年龄的猪都能感染发病。哺乳仔猪、架子猪或育肥猪的发病率很高，尤以哺乳仔猪受害最为严重，母猪发病率变动很大，为 15% ~90%。

（2）传染源 病猪是主要传染源。病毒随粪便排出后，病毒污染的环境、饲料、饮水、交通工具及用具也可作为传染源。

（3）传播途径 主要为母猪—仔猪粪口传播。主要感染途径是消化道。如果一个猪场陆续有不少窝仔猪出生或断乳，病毒会不断感染失去母源抗体的断乳仔猪，使本病呈地方流行性，在这种繁殖场，猪流行性腹泻可造成 5 ~8 周龄仔猪的断乳期顽固性腹泻。本病多发生于寒冷季节，以 12 月和翌年 1 月发生最多。

2. 临诊症状

潜伏期一般为 5 ~8d，人工感染潜伏期为 8 ~24h。流行性腹泻使猪消瘦、皮肤暗灰色，皮下干燥，眼窝下陷。

（1）哺乳仔猪 主要的临床症状为水样腹泻，或者在腹泻之间有呕吐。呕吐多发生于吃乳后。病猪体温正常或稍高，精神沉郁，食欲减退或废绝。症状的轻重随年龄的大小而有差异，年龄越小，症状越重。1 周龄内新生仔猪发生腹泻后 3 ~4d，呈现严重脱水而死亡，死亡率可达 50%，最高的死亡率达 100%。少数猪可自愈，但会导致生长发育不良的现象。

（2）断乳猪、母猪 常呈现精神委顿、厌食和持续腹泻（约 1 周），并逐渐恢复正常。少数猪恢复后生长发育不良。

（3）肥育猪 在同圈饲养感染后都发生腹泻，有的仅表现呕吐，1 周后康复，死亡率为 1% ~3%。

3. 病理变化

病死猪尸体消瘦、脱水，咽、颈部淋巴结出血，肺脏充血、水肿，有不同程度的肝变区，脾脏有出血点，脂肪蜂窝组织表现不佳，小肠鼓气，内容物稀薄，呈黄色、泡沫状，肠壁弛缓，缺乏弹性，变薄有透明感，肠黏膜绒毛严重萎缩，肠系膜充血。肠系膜淋巴结肿胀。有的病例胃底黏膜出血，内容物有乳白色凝块。组织学变化，见空肠段上皮细胞的空泡形成和表皮脱落，肠绒毛显著萎缩。

4. 实验室诊断

当前流行性腹泻病毒诊断方法可分为两类：病毒学和血清学方法。病毒学方法是基于病毒核酸和病毒蛋白，而血清学检测感染抗体。

（1）病毒分离 Vero 细胞是最广泛使用的用于分离和传代流行性腹泻病毒

的细胞系。流行性腹泻病毒典型的细胞病变（CPE）是细胞融合，形成融合体，最终细胞脱落。细胞培养中的病毒分离通常是经免疫荧光或 RT－PCR，细胞培养中的病毒复制是依赖于细胞培养基中的胰蛋白酶。细胞培养中的病毒复制是依赖于存在外源性胰蛋白酶在细胞培养基中的作用，增加了病毒从被感染的细胞释放能力。因此，外源性胰蛋白酶被加到培养基用于在细胞的病毒分离。外源性胰蛋白酶的依赖与缺乏好的细胞培养系统，使流行性腹泻病毒在细胞上分离很困难。

（2）免疫荧光（IF）　免疫荧光检测通过检测细胞培养中的流行性腹泻病毒来确保病毒分离是否成功，或在肠组织冰冻切片来检测内肠感染流行性腹泻病毒的抗原。检测的原理是由病毒抗原的免疫检测（抗体抗原反应）在细胞培养或超薄切片（怀疑感染流行性腹泻病毒猪组织）。细胞内病毒抗原检测采用荧光标记的猪流行性腹泻病毒特异性抗体，荧光标记的细胞抗原在荧光显微镜下可见于感染细胞的细胞质中。流行性腹泻病毒抗原通过免疫荧光方法可以在感染的不同阶段检测小肠绒毛上皮细胞，包括在早期阶段的疾病的潜伏期。肠道标本中的病毒抗原可以用 IF 检测在临床症状表现出来前的 72h。

（3）抗原 ELISA　流行性腹泻病毒抗原检测用抗原捕获 ELISA 方法检测粪便中的病毒。猪流行性腹泻病毒捕获 ELISA 试剂盒已被开发用于检测粪便样品中的病毒。然而，在临床标本中病毒的检测会受到以下几个因素的影响，包括样本采集的时间、样品储存条件和运输温度。

（4）PCR　PCR 是检测流行性腹泻病毒感染的最有效方法。由于 PCR 特异性高、快速、方便，经常作为流行性腹泻病毒检测的首要方法。根据不同需求，可以建立多重检测方法或鉴别不同毒株的方法。随着仪器和技术的革新，又建立实时荧光定量 PCR 和等温扩增 PCR 等方法，为流行性腹泻病毒的诊断提供了帮助。

（三）防控措施

1. 预防措施

要加强饲养管理，改善卫生条件，定期地对畜舍进行消毒，由于仔猪是发病率最高的群体，尤其要注意产房的卫生，产房的空栏时间间隔要在 5d 以上，并采取熏蒸等彻底的消毒手段进行消毒。避免交叉感染；坚持自繁自养，避免从疫区引进，引进的猪只必须隔离观察；注意防寒保暖，提高产房和保育舍温度；科学喂养，使用优质饲料，防止霉菌毒素中毒，可以在饲料中适当添加防霉剂，在猪群的日粮中适当增加蛋白质、氨基酸等的含量，添加高档维生素，提高微量元素的含量。保证饲料质量，绝对不能出现偏食的现象，也不要将猪群食用后剩余的饲料与新鲜饲料混杂后再进行喂食。要对猪群的饮用水做好质量检测，要注意水中大肠杆菌的含量，对水管进行定期消毒处理；疫苗接种是预防本病的重要手段，猪流行性腹泻疫苗是较为有效的预防猪流行性腹泻的方法。接种疫苗需要严格按照接种时间进行，母猪产仔前需要进行 1 次疫苗接种，而仔猪在断乳后也需要及时进行接种，这样可以提高母猪和仔猪对流行性腹泻病毒的抵抗能力，尤其是仔猪的免疫力得到加强。对于已经发生猪流行腹泻的区域，需要及时对未被感染的猪群增加疫苗接种次数，从而降低猪患病率。疫苗的注射量需要综合考虑猪龄和病情，一般仔猪的疫苗注射量可以较成年猪适当减少，而病情高发区域则可以适当增加疫苗注射量。

2. 对症治疗

本病无特效的治疗方法，通常应用对症疗法，可减少仔猪死亡率，促进康复。呕吐的猪肌注阿托品 2~4mL；维生素 B12~5mL，2 次/d，连注 2d；饮水添加口服补液盐或者电解多维增强体质，防止脱水。对于腹泻脱水的猪及时补充体液，灌服葡萄糖氯化钠水溶液、肌注维生素 C。对于失水严重的猪，静脉注射葡萄糖氯化钠溶液。猪舍保持清洁、干燥。对感染猪流行性腹泻的 8~13 日龄猪，可以灌服口服补液盐拌土霉素碱，灌服温度在 39℃左右，4~5 次/d，确保不脱水。对 2~5 周龄病猪可用庆大霉素、环丙沙星或强力霉素等抗生素治疗，防止继发感染。可试用康复母猪抗凝血或高免血清每日口服，连用 3d，对新生仔猪有一定治疗和预防作用。对怀孕母猪，可在其分娩的前 2 周，以病猪粪便或小肠内容物进行人工感染，以刺激其产生乳源抗体，以减少本病在猪场中的流行。

3. 物理治疗

物理治疗方法主要是通过调整猪饮食实现的。在猪流行性腹泻暴发期，养猪场可以对可能被病毒污染的饲料和水进行销毁，从而避免养殖场内的猪互相感染。养猪户还可以在猪的饮水中撒入少量食盐，保证体内电解质平衡，避免患病猪出现脱水等情况。物理治疗方法可以与药物治疗方法结合使用，从而促进猪恢复健康。

十一、猪流行性感冒

猪流感（Swine influenza，SI）是由正黏病毒科 A 型流感病毒引起的猪的一种急性、传染性呼吸器官疾病。世界卫生组织 2009 年 4 月 30 日将此前被称为猪流感的新型致命病毒更名为 H1N1 甲型流感。该病特征为突发、咳嗽、呼吸困难、发热及迅速转归。猪流行性感冒能引起种猪繁殖障碍、育肥猪增重减慢等，是猪产生免疫抑制的主要诱因。值得重视的是猪流感病毒对呼吸道上皮细胞具有高度的特异亲嗜性，致使猪体与外界的天然屏障被破坏，引发肺炎以及嗜血杆菌、巴氏杆菌等细菌或猪繁殖与呼吸综合征病毒等病毒的继发或混合感染，使疫情复杂，病情加重，导致经济损失进一步增加。此外，猪流感病毒不需重组就具有最大限度感染人的能力，对人类健康有潜在的威胁。因此，猪流行性感冒的防治除在兽医传染病学上的重要意义外，还有着深远的公共卫生意义。

（一）病原

1. 分类及形态

猪流感病毒（Swine influenza virus，SIV）属于正黏病毒科、流感病毒属，其基因组由分节段单股负链的 RNA 组成。流感病毒粒子在电子显微镜下形态为直径 80~120nm 球状，病毒粒子在初次传代分离时形态是长度不一的细丝状，病毒粒子在细胞上多次传代后形态发生改变，呈球形或椭圆形。流感病毒具有包含纤突、双层脂质膜和基质蛋白的囊膜，囊膜表面纤突排列方式为向四周发散，主要分为三类：由神经氨酸酶分子（NA）四聚体构成的蘑菇状纤突、由血凝素分子（HA）三聚体构成的棒状纤突以及少量的 M2 突起，其中 HA 和 NA 这两种纤突在膜上的比例大约为 HA∶NA = 75∶20。

2. 致病机理

该病毒可在整个呼吸道的上皮细胞中复制，特别是鼻黏膜、扁桃体、支气管和肺脏，但它几乎从不侵害其他组织。可大量感染支气管、细支气管和肺泡上皮细胞，每克肺组织的病毒滴度可高达 $10^8 EID_{50}$。典型呼吸性疾病以上皮细胞坏死和嗜中性粒细胞聚集肺部为特征。这些炎性细胞通过释放其自身的酶致使气管阻塞和肺部大量损伤。该感染和病害都非常短暂，病毒通过鼻腔分泌物的排泄和在肺组织中的复制最多可持续 6~7d，偶尔也可从实验性感染的猪血清中分离到，其数量刚刚达到可检测的程度，但很少能从呼吸系统以外的组织中分离到这种病毒。

3. 血清型及培养

根据遗传特性和抗原性的不同，流感病毒至少有 H1N1、H1N2、H1N7、H3N2、H3N6、H4N6、H9N2 共 7 种不同血清亚型。其中，主要流行株有 3 种亚型：古典型和类禽源 H1N1 亚型病毒，类人源 H3N2 亚型病毒和由 H1N1 和 H3N2 亚型病毒重组产生的 H1N2 亚型病毒。流感病毒可在鸡胚成纤维细胞、犊牛肾细胞、胎猪肺细胞、猪肾细胞、人二倍体细胞等动物细胞上培养。病毒接种细胞，能产生细胞病变，表现为细胞圆缩和脱落。

4. 抵抗力

流感病毒对脂溶剂敏感，乙醚、稀酸等可使病毒迅速灭活。对环境的抵抗力不强，在常温下很容易失去感染性，但 4℃ 可长时间保持活性，一般在 -70℃ 以下可长期保存。

（二）诊断

根据流行病史、发病情况、临床症状和病理变化，可初步诊断该猪群为流行性感冒。猪流感具有发病率高、病程短、死亡率低的特点，大部分病猪主要表现为呼吸困难、阵发性咳嗽、体温偏高及鼻液过多等症状，一般情况下这些症状就可以作为猪流感是否发生的依据。

1. 流行特征

（1）易感动物　猪是流感病毒的天然宿主，不同品种和年龄的猪均可感染，发病率高达 100%，致死率较低（1%），但仔猪死亡率较高。此外，人和火鸡等禽类也可感染流感病毒。

（2）传染源　本病的传染源主要是患病动物和带病毒动物（包括康复的动物）。病原存在于动物鼻液、痰液、口涎等分泌物中，多由飞沫经呼吸道感染。

（3）传播途径　传播的主要途径是通过被感染和没被感染的猪只之间的直接接触。直接传播发生于猪相互触碰鼻子或通过接触有病毒的干黏液。经由猪咳嗽或打喷嚏时的空中喷雾传播也是重要的感染方式。通常病毒较快在猪群中散播，几天内就可以感染全部猪群。

（4）流行特点　本病的流行有明显的季节性，天气多变的秋末、早春和寒冷的冬季易发生，尤其是潮湿多雨时易发病。本病毒较快在猪群中散播，几天内就可以感染全部猪群，在猪群中造成流感暴发。本病在感染和发生过程中常继发或并发其他疾病，使本病复杂化。

2. 临诊症状

该病的发病率高，潜伏期较短，数小时到几天，自然发病时平均为 4d，病程 1 周左右。发病初期病猪体温突然升高至 40.3～41.5℃，厌食或食欲废绝，极度虚弱乃至虚脱，常卧地。呼吸急促、腹式呼吸、阵发性咳嗽，有犬坐姿势，夜里可听到病猪哮喘声，个别病猪关节疼痛，尤其是膘情较好的猪发病较严重。从眼和鼻流出黏液，鼻分泌物有时带血。病猪挤卧在一起，难以移动，触摸肌肉僵硬、疼痛，出现膈肌痉挛，呼吸顿挫。如果在发病期治疗不及时，则易并发支气管炎、肺炎和胸膜炎等，增加猪的病死率。母猪在怀孕期感染，产下的仔猪在产后 2～5d 发病严重，部分仔猪在哺乳期及断乳前后死亡。

3. 病理变化

猪流感的病理变化主要在呼吸器官。鼻、咽、喉、气管和支气管的黏膜充血、肿胀，表面覆有黏稠的液体，小支气管和细支气管内充满泡沫样渗出液。胸腔、心包腔蓄积大量混有纤维素的浆液。肺脏的病变常发生于尖叶、心叶、叶间叶、膈叶的背部与基底部，与周围组织有明显的界限，颜色由红至紫，塌陷、坚实，韧度似皮革，脾脏肿大，颈部淋巴结、纵隔淋巴结、支气管淋巴结肿大多汁。

4. 鉴别诊断

由于猪的流行性感冒不一定是以典型的形式出现，并且与其他呼吸道疾病又很相似，所以，临床诊断只能是假定性的。在秋季或初冬，猪群中发生呼吸道疾病就可怀疑为猪流行性感冒。

暴发性地出现上呼吸道综合征，包括结膜炎、喷嚏和咳嗽以及低死亡率，可以将猪流行性感冒与猪的其他上呼吸道疾病区别开，在鉴别诊断时，应注意猪气喘病和本病的区别，二者最易混淆。

5. 实验室诊断

猪流感病毒的快速、准确的检测方法为抗原检测，由于病毒的敏感性比较高，所以通常被认为是猪流感诊断的"金标准"。目前，检测常用的方法有血凝试验和血凝抑制试验、酶联免疫吸附试验、免疫荧光技术和免疫组化技术等。

（1）病毒分离鉴定　鸡胚培养法和细胞培养法是猪流感病毒分离鉴定的常用方法。其中，鸡胚因为易感和操作方便等优势，可以在 9 ~ 11 日龄的鸡胚增殖流感病毒，被认为是流感病毒分离的黄金标准。流感病毒接种犬肾细胞（MDCK 细胞）后培养能引起细胞产生稳定的细胞病变（CPE），通常情况为了提高流感病毒对细胞的易感性，将细胞事先用胰酶处理效果更好。虽然这种的方法特异性强，技术成熟，但是具有操作过程周期长，步骤烦琐，耗费时间，结果不够稳定等缺点，会影响诊断结果。

（2）血清学诊断　血凝和血凝抑制试验是目前诊断猪流感广泛使用的方法，血凝试验常用于检测细胞和鸡胚尿囊液中的猪流感病毒，其特点为操作简单，方便，时间短。血凝抑制试验特点为特异性强，敏感性高，常广泛用于各种动物和人的流感抗体检测。ELISA 方法对实验条件要求较低，操作时间短且过程简便，适用于养殖场等大规模检测。

（3）分子生物学诊断方法　近年来，多采用 RT - PCR 技术对流感病毒亚型进行鉴定，检测流感病毒型。RT - PCR 技术特异性高，灵敏度好，诊断快速，节省时间和人力，成为诊断和检测猪流感最为广泛使用方法。

（三）防控措施

1. 预防措施

虽然用于预防控制流感的药物和措施很多，但接种疫苗仍是抵抗病毒感染唯一切实有效的途径。目前应用于流感免疫的疫苗主要是灭活疫苗，养殖场为了减少临床疾病，经常使用流感疫苗，但仍有可能发生感染或传播。商用猪流感疫苗是由灭活的全病毒组成的二价或多价疫苗，疫苗接种通常肌肉注射两次，每次间隔2~4周。母猪通常在分娩前3~6周接种疫苗，通过转移母源抗体（MDA）来保护仔猪。仔猪感染时存在母源抗体，当仔猪体内有较高的抗病毒抗体时，临床疾病发病率就会减少。然而，在接种疫苗时，母源抗体的存在会对疫苗的有效性产生负面影响，通过抑制活性 IgM、IgG 和 HI 抗体反应，以及抑制鼻黏膜 IgA 的反应而产生负面影响，亚单位疫苗和基因疫苗的研究有望成为灭活疫苗的有效补充。

此外，加强对各阶段猪的饲养管理，保证猪群的营养需要，保持猪舍的清洁、干燥、通风和适宜的温度，避免在气候多变和多雨的天气运输猪只。在流感多发的季节，强化猪舍内的消毒工作，做好消毒工作可以很好地抑制细菌病毒的传播。在消毒工作过程中，铺垫和勤换干草，主要通过使用氧乙酸溶液和5%的烧碱对圈舍、水源以及工作人员等进行消毒处理，并且在饲料中要加入适量的抗生素来提前进行预防。防止易感猪与感染的动物接触。人发生 A 型流感时，也不能与猪接触。

2. 治疗

对已经感染流感的猪舍，及时进行封锁隔离，减少人员的流动，并对进场的工作人员以及运输车辆进行彻底的消毒处理，在对有猪的猪舍消毒时要避免采用刺激性的药物，以防止消毒药物对猪的呼吸道造成刺激，加重病情；为了不让病情继续恶化要控制避免发生继发感染，为发病的猪群及时投喂适量的抗生素，并在饮水中添加利巴韦林、黄芪多糖等药物；本病尚无特效药物，一般采取中西医结合的方式进行治疗，如大剂量青霉素配合柴胡。

3. 公共安全

为了防止人畜共患，饲养管理员和直接接触生猪的人宜做到有效防护措施，注意个人卫生；经常使用肥皂或清水洗手，避免接触患猪，平时应避免接触流感样症状（发热、咳嗽、流涕等）或肺炎等呼吸道病人；尤其在咳嗽或打喷嚏后；避免接触生猪或前有猪的场所；避免前往人群拥挤的场所；咳嗽或打喷嚏时用纸巾捂住口鼻，然后将纸巾丢到垃圾桶；对死因不明的生猪一律焚烧深埋再做消毒处理；如人不慎感染了猪流感病毒，应立即向上级卫生主管部门报告，接触患病的人群应做相应 7 日医学隔离观察。

十二、猪轮状病毒病

本病是由轮状病毒引起多种新生动物和幼龄动物腹泻的一种肠道传染病，也是引起哺乳仔猪和断乳仔猪胃肠炎的常见病因，是一种传染性人畜共患病。其临床特征为萎顿、厌食、腹泻和脱水，体重减轻。该病遍及全球，经济损失巨大，轮状病毒可以单独感染引起腹泻。

（一）病原

1. 分类及形态

猪轮状病毒（RV）属于呼肠弧病毒科轮状病毒属的 A、B、C、E 群。成熟完整的病毒粒子略呈圆形，没有囊膜，具有双层表壳，直径为 65～75nm 的二十面体对称。电镜观察，病毒的中央为一个电子致密的六角形棱心，直径 37～40nm，即芯髓；周围有一电子透明层，壳粒由此向外呈辐射状排列，构成中间层衣壳；外周为一层光滑薄膜构成的外层衣壳，厚约 20nm，形成一个轮状结构，轮状病毒由此而得名。在感染的粪样和细胞培养物中均存在两种形式的病毒粒子：具有双层表壳的光滑型（S 型）双层颗粒，有感染性，直径为 75nm；没有外表壳的粗糙型（R 型）单壳颗粒，无感染性，直径为 65nm。病毒最外层核衣壳由结构蛋白 VP7 和 VP4 组成，中间层衣壳由 VP6 组成，最内层衣壳由 VP2 和少量的 VP1、VP3 组成。VP7 是构成外衣壳最丰富的外壳蛋白，是分子量为 37kD 的糖蛋白。VP4 是 88kD 的红细胞凝集素纤突蛋白，沿 VP7 形成的光滑表面向外突出。不完整的病毒粒子是完整的病毒粒子在进入被感染细胞过程当中外衣壳蛋白 VP4 和 VP7 被溶解掉而形成的两层核衣壳结构（DLP）。除了 VP4、VP7、VP6、VP2、VP1 和 VP3 这 6 种结构蛋白以外，还有 5 种非结构蛋白，分别是 NSP1、NSP2、NSP3、NSP4 和 NSP5。非结构蛋白 NSP1、NSP2、NSP3、NSP5 都是 RNA 结合蛋白，与病毒的复制、合成和表达有关。NSP5 可与 VP2 作用，进而影响 VP1、VP2、VP3 的核心结构，同时也能影响 VP6 的稳定性。而 NSP4 是一种糖蛋白，与病毒粒子从内质网出芽有关，在病毒的复制以及致病机理方面具有重要作用。NSP4 的突变可以影响病毒的毒力。

2. 致病机理

病毒经口进入小肠，在胰酶的作用下，病毒被激活，感染小肠绒毛顶部上皮细胞，并在其中增殖，使绒毛上皮细胞死亡，绒毛萎缩，隐窝鳞状上皮细胞代偿性分裂，导致肠内容物吸收障碍，肠壁内外的渗透压比发生改变，体内的离子和水分向肠腔分泌，造成肠腔内液体蓄积，临床上表现为水样腹泻。由于水分和电解质的损失，进一步引起脱水和酸碱失衡，严重者可以引起死亡。

3. 抗原群

轮状病毒分为 A、B、C、D、E、F 与 G 群，A 群又分为两个亚群（亚群 I 和亚群 II）。其中，A 种是最为常见的一种，而人类轮状病毒感染超过 90% 的案例也都是该种造成的。B 群宿主为猪、牛、大鼠和人，C 群和 E 群为猪，D 群为鸡和火鸡，F 群为禽。另外，每个血清群均包括多个血清型，这些血清型的外壳结构蛋白各不相同。轮状病毒不同血清群之间的交叉保护作用尚未检测到，但有报道称同一血清群的不同血清型间存在部分保护作用。轮状病毒与呼肠孤病毒和环状病毒无抗原关系，但用补体结合试验、免疫荧光试验和免疫扩散试验和免疫电镜技术检测各种动物的轮状病毒，发现具有共同抗原，出现交叉反应。这种共同抗原与内衣壳有关，也就是说，内衣壳具有各种轮状病毒共有的属抗原。外衣壳内糖蛋白抗原有种特异性，交叉保护试验或中和试验可区别各种动物轮状病毒。

4. 抵抗力

轮状病毒对理化因素的作用有较强的抵抗力，所以清洗和消毒猪舍时必须注意此特点。它耐乙醚、氯仿、去氧胆酸钠、次氯酸盐；反复冻融，声波处理。以及37℃下1h仍不失活；pH 3.5 ~ 10.0范围内病毒保持感染力，对胰蛋白酶稳定，1moL/L MgCl$_2$不能增高其对56℃ 30min的稳定性；粪便中的轮状病毒在18 ~ 20℃室温中经7个月仍有感染性；能耐10mL/L甲醛1h以上；氯、臭氧、碘、酚等可灭活病毒；100g/L聚维酮碘、950mL/L乙醇和670g/L氯胺T是有效的消毒剂。

（二）诊断

根据临床症状和流行病学及剖检病变可以做出初步诊断，确诊需进行病原分离鉴定。

1. 流行特征

猪轮状病毒特别是A血清群大量分布于世界各地。在不同国家利用猪血清进行的相关研究表明本病毒的流行率高达100%，这一结果表明猪轮状病毒感染几乎存在于所有的猪场。

（1）易感性 各个日龄段的猪只都可感染。因其抗体持续时间短，还会出现重复感染。但通常以幼龄猪发病率高。虽然轮状病毒可以感染所有年龄段的猪。但那些小于6周龄的仔猪更容易感染。然而，刚出生1周的仔猪感染率通常很低，其后随着年龄的增长随之增高。这一事实与仔猪通过初乳和乳汁摄入的轮状病毒抗体量逐步减少有关。本病毒最高的感染率出现在3 ~ 5周龄的仔猪中。之后，感染通常很少能检测到。

（2）传染源 传染源为病猪和带毒动物，包括人。猪轮状病毒广泛分布于各种猪场。血清学调查其阳性率为77% ~ 100%。

（3）传播途径：常见的传播途径为消化道。急性感染期的猪通过粪便持续排毒3 ~ 4d，严重污染环境。无明显的季节性，多发生于冬季。一般呈地方性流行。常与传染性胃肠炎、病原性大肠杆菌甚至球虫混合或继发感染。存在各种应激因素时，如寒冷、饲养管理不良、环境卫生条件差等病情将更为严重。

2. 临诊症状

自然感染病例多见于 7~14 日龄的仔猪。有的猪场以断乳后 1 周以内的仔猪多见。在饲养条件良好的猪场中，大多数轮状病毒感染都处于亚临床状态，或几乎不显示临床症状，特别在哺乳仔猪中。大多数猪场的母猪体内有高浓度的轮状病毒抗体，说明轮状病毒感染可见于所有猪场，成为地方性动物病。仔猪通过吸收初乳和常乳获得抗体。当仔猪感染超过了自身被动免疫能力的高剂量轮状病毒，或当仔猪哺乳失败无法获得充足数量的抗体时，腹泻随之爆发。此类哺乳失败更多地发生在初产母猪或那些无乳或泌乳量不足的母猪中。

发病初期精神沉郁，食欲不振，不愿走动；有些吃乳后发生呕吐，继而腹泻，粪便呈黄色、灰色或黑色，为水样或糊状。在环境温度下降或继发大肠杆菌病时，症状常加重，病死率增高。通常 10~21 日龄仔猪的症状较轻，腹泻数日即可康复；3~8 周龄仔猪症状更轻；成年猪为隐性感染。

3. 病理变化

猪轮状病毒引起的病变，主要局限于小肠。轮状病毒只能在小肠绒毛顶端的成熟肠上皮细胞细胞质中复制。这些细胞含有肠激酶，它是一种激活胰蛋白所必需的酶，而胰蛋白能够激活轮状病毒。1~14 日龄仔猪的病变最严重。胃内一般有内容物。小肠后 1/2~2/3 的肠壁变薄，松软无力，内有大量水样、片状黄色或灰白色内容物。小肠后 2/3 中没有食糜，肠系膜淋巴结小、扁平呈褐色。盲肠和结肠膨胀，内容物相似。大于 21 日龄的仔猪，剖检病变不明显。病理组织学检查可见空肠、回肠刷状缘不整齐，肠绒毛上皮细胞肿胀、变性、坏死、脱落。

4. 实验室诊断

病原分离鉴定可采集急性期或开始腹泻后 24h 以内的新鲜粪便或未用药病猪肠内容物，进行电镜负染观察，免疫电镜或 ELISA、病毒分离培养、胶乳凝集试验，发现病毒后即可确诊。由于该病广泛流行，通过抗体检查来诊断本病意义不大。鉴别诊断包括传染性胃肠炎、猪流行性腹泻、病原性大肠杆菌以及饲料性腹泻等。

（1）PCR 检测 检测猪流行性腹泻的 RT-PCR 方法包括常规 RT-PCR、多重 RT-PCR 及荧光定量 RT-PCR。目前已有猪流行性腹泻、猪传染性胃肠炎、轮状病毒的三重 RT-PCR 商品化试剂盒，可同时对粪便或组织中的多种腹泻病原进行检测。胶体金免疫层析法以诊断试纸条的形式进行检测，数分钟内就能从粪便样品获得结果，使用十分便捷，值得生产上推广，市场上也有出售。然而，由于粪便样品的成分比较复杂，使试纸条检测时产生一部分的假阳性结果，应结合 RT-PCR 方法进行排除。

（2）抗体监测 猪流行性腹泻病毒的抗体监测方法包括血清中和试验、乳胶凝集试验和 ELISA。ELISA 是目前猪轮状病毒抗体检测最方便、快捷的方法，具有较高的准确性。商品化的试剂盒多采用双抗原夹心 ELISA 或间接 ELISA，可在猪血清、血浆及相关液体样本中检测猪轮状病毒抗体。

（3）电镜观察（EM）　轮状病毒在电子显微镜下观察呈现特殊的轮状，将发生腹泻的仔猪粪便或小肠内容物离心，加双抗灭菌，然后用磷钨酸负染，在电镜下观察，就会看到特异的病毒粒子。

（4）免疫荧光技术（FA）　采集发病早期的仔猪的空肠或内容物，刮取小肠绒毛作压片或涂片，用丙酮固定后再用猪轮状病毒荧光抗体染色，在荧光显微镜下观察，可以在绒毛上皮的胞浆内见到荧光。

（5）ELISA　将酶标记抗体检验病料，如果有猪传染性胃肠炎存在，则抗原和抗体结合，同时使酶对底物作用而显色。此种方法敏感易行，实用性强。

（6）核酸电泳法　轮状病毒的核酸有 11 个节段，在 PAGE 电泳时呈现特异的电泳图谱，不仅能与其他病毒区别开，也能初步鉴定轮状病毒的群。这是研究轮状病毒分类学和流行病学最常见的方法。

（7）核酸探针检测　用光敏生物素标记 A 群轮状病毒的核酸，特异性好，适合于 A 群轮状病毒的检测。

（三）防控措施

1. 加强管理

要格外注意良好的环境条件和猪的作业方法，同时还要注意哺乳期间的卫生和所引发的问题；新生仔猪注意防寒保暖，早吃初乳，以得到母源抗体保护；断乳仔猪供给全价饲料，提高其抗病力；避免猪群密度过大，猪舍的粪便要及时清除，对地面、用具、工作服等设备要定期地进行消毒；发现病猪，要立即隔离到清洁、干燥和温暖的猪舍，并加强护理，尽量减少应激因素，及时清除粪便及其污染的垫草，被污染的环境和器物应及时消毒。这些方法对控制轮状病毒引发的腹泻是非常必要的。

2. 免疫预防

猪轮状病毒病疫苗主要是弱毒苗与灭活苗两种类型。目前，已有商品化的猪流行性腹泻、猪传染性胃肠炎、猪轮状病毒病三联灭活疫苗，该疫苗安全有效、无副作用，具有明显的防疫效果。由于被感染仔猪大多为 1～10 日龄仔猪，因此可采用被动免疫的方法，通过吃免疫母猪的初乳产生被动免疫，或者新生仔猪口服抗血清，也能得到保护。除此以外，还有几类新型疫苗尚在研究，如异源疫苗：轮状病毒不同血清型之间的免疫交叉性较差，一般用同一血清型的疫苗免疫，效果较好。但有报道称轮状病毒感染也可以通过异源疫苗来免疫。异源苗免疫的主要机制是利用 VP6 的保护作用；亚单位疫苗：现在已经在大肠杆菌等表达系统中成功地表达了轮状病毒不同的结构蛋白，为研究不同结构蛋白的作用以及亚单位疫苗的研制提供了可能；非特异性免疫：由于轮状病毒是肠道病毒，因此非特异性免疫特别是黏膜免疫在轮状病毒的预防当中具有重要作用。黏膜免疫可以通过口服途径进行。Shing C 等发现将轮状病毒核酸疫苗用硅藻酸盐包裹，可以在肠道中产生高水平的 IgA。

3. 治疗处理

当猪群中有猪只发病时，应立即隔离病猪，以火碱水、漂白粉水或生石灰水上清液对猪舍、环境、用具、运输工具等进行彻底消毒，尚未发病的猪应立即转移到安全的地方进行隔离饲养。像其他猪病毒感染一样，由轮状病毒引发的腹泻不存在病因学治疗方法。目前尚无特效药可用于治疗，一旦发病，应采取对症治疗的措施。在治疗的同时要加强护理，做好防寒保暖，提供充足的饮水，最好在饮水中加入电解多维、黄芪、酵母免疫多糖和一些营养成分并停止哺乳或喂料。大量供给口服补液盐饮水，口服补液盐的配制方法：精制氯化钠35g、碳酸氢钠25g、氯化钾15g、葡萄糖200g、水10kg，混合溶解即成，可防止脱水和酸中毒。此外，可以考虑注射抗菌药物控制继发感染。

实操训练

实训　猪场抗体水平的监测与分析

（一）实训目的

通过实训，掌握规模化猪场主要疫病的抗体水平的检测方法。

（二）实训条件与用具

（1）实训条件　猪场随机抽取母猪、育肥猪、种猪血样（分离血清后保存于 –20℃备用）；

（2）实训用具　猪瘟、猪伪狂犬病、猪蓝耳病、猪口蹄疫和猪传染性胸膜肺炎等抗体水平检测试剂盒。

（三）实训方法和手段

在猪场现场随机抽血对猪场主要疫病的抗体水平按检测试剂盒的说明书进行操作。

（四）实训内容

1. 抗体检测的程序和血清的制备。

2. 猪瘟、猪伪狂犬病、猪蓝耳病、猪口蹄疫和猪传染性胸膜肺炎等抗体水平检测方法及判断标准。

（1）猪瘟间接血凝试验操作方法（必做）

实训材料包括：96孔110～120°V型医用血凝板、10～100μL可调微量移液器、塑料嘴、猪瘟间接血凝抗原（猪瘟正向血凝诊断液），每瓶5mL，可检测血清25～30头份、阳性对照血清，每瓶2mL；阴性对照血清，每瓶2mL、稀释液每瓶10mL、待检血清每份0.2～0.5mL（56℃水浴灭活30min）

实训内容及操作步骤如下。

①检测前，应将冻干诊断液，每瓶加稀释液5mL浸泡7～10d后方可应用。

②稀释待检血清：在血凝板上的第1孔至第6孔各加稀释液50μL。吸取待检血清50μL加入第1孔，混匀后从中取出50μL加入第2孔，依此类推直至第6孔混匀后丢弃50μL，从第1孔至第6孔的血清稀释度依次为1:2、1:4、1:8、1:16、1:32、1:64。

③稀释阴性和阳性对照血清：在血凝板上的第11排第1孔加稀释液60μL，取阴性血清20μL混匀取出30μL丢弃。此孔即为阴性血清对照孔。

在血凝板上的第12排第1孔加稀释液70μL，第2至7孔各加稀释液50μL，取阳性血清10μL加入第1孔混匀，并从中取出50μL加入第2孔混匀后取出50μL加入第3孔……直到第7孔混匀后弃50μL，该孔的阳性血清稀释度为1:512。

④在血凝板上的第1排第8孔加稀释液50μL，作为稀释液对照孔。

⑤判定方法和标准：先观察阴性血清对照孔和稀释液对照孔，红细胞应全部沉入孔底，无凝集现象（－）或呈（＋）的轻度凝集为合格；阳性血清对照应呈（＋＋＋）凝集为合格。

在以上3孔对照合格的前提下，观察待检血清各孔的凝集程度，以呈"＋＋"凝集的待检血清最大稀释度为其血凝效价（血凝价）。血清的血凝价达到1:16为免疫合格。

"－"表示红细胞100%沉于孔底，完全不凝集；

"＋"表示约有25%的红细胞发生凝集；

"＋＋"表示50%红细胞出现凝集；

"＋＋＋"表示75%红细胞凝集；

"＋＋＋＋"表示90%～100%红细胞凝集。

⑥注意事项

勿用90°或130°血凝板，以免误判。

污染严重或溶血严重的血清样品不宜检测。

冻干血凝抗原，必须加稀释液浸泡7~10d，方可使用，否则易发生自凝现象。

用过的血凝板，应及时冲洗干净，勿用毛刷或其他硬物刷洗板孔，以免影响孔内光洁度。

使用血凝抗原时，必须充分摇匀，瓶底应无血球沉积。

液体血凝抗原4~8℃储存有效期四个月，可直接使用。冻干血凝抗原4~8℃储存有效期三年。

如来不及判定结果或静置2h结果不清晰，也可放置第2天判定。

每次检测，只设阴性、阳性血清和稀释液对照各1孔。

稀释不同的试剂要素时，必须更换塑料嘴。

血凝板和塑料嘴洗净后，自然干燥，可重复使用。

（2）检测口蹄疫病毒抗体的方法（选做）

实验材料包括V型96孔110。医用血凝滴定板、玻璃板（与血凝板大小相同）、微量移液器（10~100μL）、塑料嘴、微量振荡器、1mL/5mL刻度玻璃吸管、玻璃中试管（内径1.5mm，长度100mm）、铝质试管架（40孔）、口蹄疫各型和猪水泡正向间接血凝诊断液、口蹄疫O、A、C、Asia-1型阳性血清、SVD阳性血清、阴性血清、稀释液。

①疫苗接种动物抗体水平监测方法（接种何种疫苗就使用何种正向血凝诊断液）

a. 稀释待检血清。在血凝板上1~8孔各加稀释液50μL，取待检血清50μL加入第1孔，混匀后从中取出50μL加入第2孔，混匀后从中取出50μL加入第3孔……直至第8孔混匀后从该孔取出50μL丢弃，保持每孔50μL的剂量。此时1~8孔的血清稀释度依次为1:2、1:4、1:8、1:16、1:32、1:64、1:128、1:256。

b. 稀释阴性对照血清。取中试管1支加稀释液1.5mL，再加阴性血清0.1mL，充分摇匀阴性血清的稀释度即为1:16。

c. 稀释阳性对照血清。取中试管5支，第1管加稀释液3.1mL，第2~5管分别加稀释液0.5mL，取阳性血清0.1mL加入第1管混匀后从中取出0.5mL，加入第2管混匀后从中取出0.5mL，加入第3管……直至第5管，此时各管阳性血清的稀释度低次为1:32、1:64、1:128、1:256、1:512。

d. 滴加对照孔。取1:16稀释的阴性血清50μL加入血凝板的第10孔；取1:500稀释的阳性血清50μL加入第11孔；取稀释液50μL加入第12孔。

e. 滴加正向血凝诊断液。取正向血凝诊断液充分摇匀（瓶底应无血球沉淀），每孔各加 25μL 后立即置微量振荡器上振荡 1min，取下血凝板放在白纸上观察每孔中的血球是否均匀（孔底应无血球沉淀）。如仍有部分孔底出现血球沉积，应继续振荡直至完全混匀为止。

f. 静置。将血凝板放在室温下（15～30℃）静置 2h 后判定检测结果，若结果不清晰或来不及判定，也可放置第 2 天判定。

g. 判定标准。先观察 10～12 孔（对照孔），第 10 孔为阴性血清对照，应无红细胞凝集现象，红细胞全部沉入孔底，形成小圆点或仅有 25% 红细胞有凝集（"+"的凝集）；第 11 孔为阳性血清对照，应出现"++"以上的凝集（50% 以上的红细胞发生凝集），证明该批正向诊断液的效价达到 1:512 为合格；第 12 孔为稀释液对照，红细胞也应全部沉入孔底或只有"+"的凝集。

在上述对照合格的前提下，观察待检血清各孔，以出现"++"凝集的待检血清最大稀释度为其抗体效价。例如检测接种口蹄疫 O 型灭活疫苗的猪群免疫水平时，某份血清 1～7 孔出现"++"或"++"以上（+++～#）凝集而第 8 孔仅有"+"凝集，判定该份血清中的 O 型抗体效价为 1:128。

经实验室测定，口蹄疫 O 型灭活疫苗的免疫猪群血清中 O 型抗体效价达到 1:128 及其以上时，猪群可耐受 20 个 O 型强毒发病量的人工感染。

②用于鉴别诊断的正向间接血凝试验：

a. 稀释待检血清。取中试管 8 支列于试管架上，第 1 管加稀释液 1.5mL，第 2～8 管各加稀释液 0.5 毫升，取待检血清 0.5mL 加入第 1 管混匀后从中取出 0.5mL 加入第 2 管……直至第 8 管，待检血清的稀释度依次为 1:4、1:8、1:16、1:32、1:64、1:128、1:256、1:512。

b. 稀释阴性对照血清。取中试管 1 支加稀释液 1.5mL，再加阴性血清 0.1mL，即成 1:16。

c. 稀释阳性对照血清。取中试管 5 支，列于管架上，每管加稀释液 4.9mL 阳血，依次用记号笔标明 O、A、C、Asia 型和 SVD 阳血，分别取这 5 种阳性血清 10μL 加入相应的试管中（注意每加一种阳性血清，必须单独使用一根吸管），盖上橡胶塞充分摇匀，阳性血清的稀释度即成 1:500。

d. 滴加待检血清和对照血清。取第 8 管待检血清加入血凝板上的 1～5 排第 8 孔，取 7 管血清加入 1～5 排的第 7 孔，取第 6 管血清加入 1～5 排的第 6 孔……直至第 1 孔，每孔 50μL。取阴性血清（1:16 稀释度）加入 1～5 排的第 10 孔，每孔 50μL。取 1:500 稀释的阳性血清加入 1～5 排的第 11 孔，每孔 50μL。取稀释液加入 1～5 排的第 12 孔，每孔 50μL。

e. 滴加正向间接血凝抗原（正向诊断液）。第 1 排 1～8 孔和 10～12 孔加 O 型血凝抗原，每孔 25μL。第二排 1～8 孔和 10～12 孔加 A 型血凝抗原，每孔 25μL。第三排 1～8 孔和 10～12 孔加 C 型血凝抗原，每孔 25μL。第四排 1～8

孔和 10～12 孔加 Asia—1 型血凝抗原，每孔 25μL。第五排 1～8 孔和 10～12 孔加 SVD 血凝抗原，每孔 25μL。加毕抗原后立即将血凝板置于微量振荡器上中速振荡 1min，使抗体和抗原充分混匀，各孔不应有红细胞沉淀。

f. 静置。从振荡器上取下血凝板，放在试验台上，盖上玻板，室温（15～30℃）静置 2h，判定结果，若结果不清晰或来不及判定，也可放置第 2 天判定。

g. 判定标准。先仔细观察每排的 10～12 孔，10 孔为阴性血清对照，12 孔为稀释液对照，这 2 孔均应无凝集现象，或仅出现"＋"的凝集。11 孔为口蹄疫 4 个型和猪水泡病 1∶500 稀释的阳性血清对照，应出现"＋＋"～"＋＋＋"的凝集，证明所使用的 5 种血凝抗原试剂合格。

在对照孔符合上述标准的前提下，观察 1～5 排的第 1～8 孔，某排 1～8 孔，出现"#"～"＋＋"的凝集，其余 4 排仅在 1～3 孔出现"＋＋"～"＋"的凝集，便可判定该份待检血清为阳性，其型别与所加的血凝抗原的型别相同。如第 1 排的 1～3 孔出现"#"凝集，第 4～5 孔出现"＋＋＋"凝集，第 6 孔出现"＋＋"凝集，第 7 孔出现"＋"凝集，第 8 孔无凝集（"－"），判定该份待检血清为口蹄疫 O 型，表明血清中存在 O 型抗体其效价为 1∶128。如果该份血清采自口蹄疫 O 型疫苗免疫过的动物，就不能判定究竟是自然感染产生的抗体，还是接种过疫苗产生的抗体。因为本法尚不能区分感染性抗体和免疫性抗体。为此，欲使本法用于鉴别诊断，采血时必须要弄清该批动物是否接种过口蹄疫或猪水泡病疫苗。

h. 注意事项。

严重溶血和污染的血清样品不宜检测，以免产生非特异反应。

勿用 90°和 130°血凝板，以免误判。

有时会出现"前带"现象，即第 1～2 孔红细胞沉淀而在第 3～4 孔又出现凝集，这是由于抗原抗体比例失调所致，不影响结果的判定。

血清必须是来自康复动物，至少是发病后 10d 的血清，否则不易检出。

注：稀释液配方如下：

$Na_2HPO_4 \cdot 12H_2O$	（磷酸氢二钠）	35.8g
$NaH_2PO_4 \cdot 2H_2O$	（磷酸二氢钠）	1.56g
NaCl	（氯化钠）	8.5g
NaN_3	（叠氮钠）	1.0g

加双蒸水或去离子水至 1000mL，15 磅高压灭菌 20min，冷却后取出 980mL 加正常兔血清 20mL 即成，置 4℃冰箱储存备用。该配方适用于正向间接血凝试验和反向被动血凝试验，也适用于猪瘟间接血凝试验。

正向间接血凝抗原及其配套试剂由国内口蹄疫综防研究组提供。

（3）伪狂犬病乳胶凝集试验（LAT）操作方法

实训材料包括伪狂犬病乳胶凝集抗原、伪狂犬病阳性血清、阴性血清、稀释液，玻片，溶液配制见附录 E（标准的附录）。

实训内容及操作步骤如下。

①待检血清必须经热灭活或其他方式的灭活处理。

②将待检血清用稀释液作倍比稀释后，各取 15μL 与等量乳胶凝集抗原在洁净干燥的玻片上用竹签搅拌充分混合，在 3~5min 内观察结果；可能出现以下几种凝集结果，即：

100% 凝集：混合液透亮，出现大的凝集块；

75% 凝集：混合液几乎透明，出现大的凝集块；

50% 凝集：约 50% 乳胶凝集，凝集颗粒较细；

25% 凝集；混合液混浊，有少量凝集颗粒；

0% 凝集：混合液混浊，无凝集颗粒出现。

如出现 50% 凝集程度以上的（含 50% 凝集程度），判为伪狂犬病抗体阳性，否则判为抗体阴性。如为阴性，可用微量中和试验进一步检测。

（4）猪细小病毒乳胶凝集试验（LAT）操作方法（选做）

实训材料为猪细小病毒病乳胶凝集试验抗体检测试剂盒：包括猪细小病毒致敏乳胶抗原、阳性血清、阴性血清和稀释液、玻片、吸头及使用说明书。

实训内容及操作步骤如下。

①操作方法：

a. 定性试验。取检测样品（血清）、阳性血清、阴性血清、稀释液各一滴，分置于玻片上，各加乳胶抗原一滴，用牙签混匀，搅拌并摇动 1~2min，于 3~5min 内观察结果。

b. 定量试验。先将血清作连续稀释，各取 1 滴依次滴加于乳胶凝集反应板上，另设对照同上，随后再各加乳胶抗原一滴，如上搅拌并摇动，判定。

②结果判定：

a. 判定标准。

"＋＋＋＋"全部乳胶凝集，颗粒聚于液滴边缘，液体完全透明；

"＋＋＋"大部分乳胶凝集，颗粒明显，液体稍混浊；

"＋＋"约 50% 乳胶凝集，但颗粒较细，液体较混浊；

"＋"有少许凝集，液体呈混浊：

"－"液滴呈原有的均匀乳状。

b. 对照试验出现如下结果试验方可成立，否则应重试：阳性血清加抗原呈"＋＋＋＋"；阴性血清加抗原呈"－"；抗原加稀释液呈"－"。

以出现"＋＋"以上凝集者判为阳性凝集。

③注意事项：

试剂在 2～8℃冷暗处保存，暂定 1 年。

乳胶抗原在使用前应轻轻摇匀。

（5）猪传染性萎缩性鼻炎乳胶凝集试验（LAT）操作方法（选做）

实训材料为猪传染性萎缩性鼻炎乳胶凝集试验抗体检测试剂盒：包括猪传染性萎缩性鼻炎致敏乳胶抗原、阳性血清、阴性血清、稀释液、玻片、吸头及使用说明书。

实训内容及操作步骤如下。

①操作方法：

a. 定性试验。取检测样品（血清）、阳性血清、阴性血清、稀释液各一滴，分置于玻片上，各加乳胶抗原一滴，用牙签混匀，搅拌并摇动 1～2min，于3～5min 内观察结果。

b. 定量试验。先将血清作连续稀释，各取 1 滴依次滴加于乳胶凝集反应板上，另设对照同上，随后再各加乳胶抗原 1 滴，如上搅拌并摇动，判定。

②结果判定：

a. 判定标准。

"＋＋＋＋"全部乳胶凝集，颗粒聚于液滴边缘，液体完全透明；

"＋＋＋"大部分乳胶凝集，颗粒明显，液体稍混浊；

"＋＋"约 50% 乳胶凝集，但颗粒较细，液体较混浊；

"＋"有少许凝集，液体呈混浊；

"－"液滴呈原有的均匀乳状。

b. 对照试验出现如下结果试验方可成立，否则应重试：阳性血清加抗原呈"＋＋＋＋"；阴性血清加抗原呈"－"；抗原加稀释液呈"－"。

以出现"＋＋"以上凝集者判为阳性凝集。

③注意事项：

试剂应在 2～8℃冷暗处保存，暂定 1 年。

乳胶抗原在使用前应轻轻摇匀。

（6）猪圆环病毒病酶联免疫吸附试验（ELISA）诊断

实训材料包括包被抗原的微孔板（12 孔 ×8 条 ×2 块）、抗圆环病毒阴、阳性对照血清各 1 管（0.5mL/管）、抗猪 IgG－HRP 结合物 1 瓶（22mL/瓶）、洗涤液浓缩液 50mL 1 瓶（使用时用蒸馏水稀释 10 倍）、底物 A 液、B 液 各 1 瓶（12mL/瓶）、终止液 1 瓶（12mL/瓶）、样品稀释液 1 瓶（50mL/瓶）。

实训内容及操作步骤如下。

①操作步骤：

a. 取预包被的微孔条板（根据标本多少，可拆开分次使用），用洗涤液洗板 3 次，200μL/孔，每次静置 3min 倒掉，最后一次拍干。除空白对照孔外，每孔加入以样品稀释液 1:40 稀释的待检样品，每孔加 100μL，同样 1:40 稀释对照血清，设阳性对照 2 孔，阴性对照 2 孔，空白孔不加，轻轻振匀孔中样品（勿溢出），置于 37℃条件下温育 30min。

b. 甩掉板孔中的溶液，用洗涤液洗板 3 次，200μL/孔，每次静置 3min 倒掉，最后一次拍干。

c. 每孔加酶标二抗 100μL，置 37℃温育 30min。

d. 洗涤 4 次，方法同口蹄疫病毒抗体的检测方法。

e. 每孔加底物 A 液、B 液各 1 滴（50μL），室温避光显色 15min。

f. 每孔加终止液 1 滴（50μL），15min 内测定结果。

②结果判定：以空白孔调零，在酶标仪上测各孔 OD_{630}，若待测孔 $OD_{630} \geq$ 0.4 则判为阳性，反之，则为阴性。（阳性孔 OD_{630} 应大于 0.4）

③保存及有效期：于 2~8℃避光保存，有效期 6 个月。

④注意事项：不同批试剂组分不得混用；微孔板拆封后避免受潮或沾水。

（7）猪繁殖与呼吸综合征酶联免疫吸附试验（ELISA）诊断（选做）

实训材料包括包被抗原的微孔板（12 孔 ×8 条 ×2 块）、抗 N 蛋白阴、阳性对照血清各 1 管（0.5mL/管）、抗猪 IgG—HRP 结合物 1 瓶（22mL/瓶）、洗涤液浓缩液 50mL 1 瓶（使用时用蒸馏水稀释 10 倍）、底物 A 液、B 液各 1 瓶（12mL/瓶）、终止液 1 瓶（12mL/瓶）和样品稀释液 1 瓶（50mL/瓶）。

实训内容及操作步骤如下。

①操作步骤：

a. 取预包被的微孔条板（根据标本多少，可拆开分次使用），用洗涤液洗板 3 次，200μL/孔，每次静置 3min 倒掉，最后一次拍干。除空白对照孔外，每孔加入以样品稀释液 1:40 稀释的待检样品，每孔加 100μL，同样 1:40 稀释对照血清，设阳性对照 3 孔，阴性对照 2 孔，空白孔不加，轻轻振匀孔中样品（勿溢出），置 37℃温育 30min。

b. 甩掉板孔中的溶液，用洗涤液洗板 3 次，200μL/孔，每次静置 3min 倒掉，最后一次拍干。

c. 每孔加酶标二抗 100μL，置 37℃温育 30min。

d. 洗涤 4 次，方法同口蹄疫病毒抗体的检测方法。

e. 每孔加底物 A 液、B 液各 1 滴（50μL），室温避光显色 15min。

f. 每孔加终止液 1 滴（50μL），15min 内测定结果。

②结果判定：以空白孔调零，在酶标仪上测各孔 OD_{630} 值，其阳性对照孔 OD_{630} 值应 ≥0.15，通过计算样品与阳性对照的比例（S/P）来确定 PRRSV 抗体的有无。S/P 小于 0.4，样品确定为 PRRS 阴性；S/P 大于或等于 0.4，样品

确定为 PRRS 阳性。

③保存及有效期：于 2~8℃避光保存，有效期 6 个月。

④注意事项：不同批试剂组分不得混用；微孔板拆封后避免受潮或沾水。

（五）实训报告

根据实际操作详细记录过程及结果和分析。

项目思考

1. 猪常见病毒病有哪些会引起呼吸系统出现临床症状？如何进行防治？

2. 引起猪腹泻的病毒病有哪些？如何进行防治？

3. 非洲猪瘟的诊断技术有哪些？

项目三　猪常见细菌性疾病

1. 了解猪常见细菌性疾病的概念、病原和诊断方法。
2. 掌握各类细菌性传染病的病原学特征、流行病学特点、主要临床症状和病理变化。
3. 掌握各类猪常见细菌性疾病的综合防治措施。

1. 了解猪主要常见细菌性疾病的临床诊断方法。
2. 掌握各类细菌性传染病的临床症状、发病特点、传播特点和剖解情况。
3. 掌握各类猪常见细菌性疾病的用药方法和防治措施。

了解猪大肠杆菌、猪巴氏杆菌病、沙门菌、链球菌、传染性胸膜放线杆菌和副猪嗜血杆菌等主要细菌的基本病原学情况，掌握其发病特点、临床特征和诊断要点，熟悉防治措施中常用药物和主要方法。

一、猪大肠杆菌病

猪大肠杆菌病是由病原性大肠杆菌引起的仔猪一种肠道传染性疾病。常见的有仔猪黄痢、仔猪白痢和仔猪水肿病 3 种，以发生肠炎、肠毒血症为特征。

（一）病原

大肠杆菌属于革兰阴性菌，无芽孢，一般有数根鞭毛，为无荚膜的、两端钝圆的短杆菌。在普通培养基上易于生长，于37℃ 24h形成透明浅灰色的湿润菌落；在肉汤培养中生长旺盛，肉汤高度混浊，并形成浅灰色易摇散的沉淀物，一般不形成菌膜。生化反应活泼，在鉴定上具有意义的生化特性是 M. R. 试验（甲基红试验）阳性和 V. P. 试验阴性。不产生尿素酶、苯丙氨酸脱氢酶和硫化氢；不利用丙二酸钠，不液化明胶，不能利用柠檬酸盐，也不能在氰化钾培养基上生长。由于能分解乳糖，因而在麦康凯培养基上生长可形成红色的菌落，这一点可与不分解乳糖的细菌相区别。

本菌对外界因素抵抗力不强，60℃ 15min 即可死亡，一般消毒药均易将其杀死。大肠杆菌有菌体抗原（O）、表面（荚膜或包膜）抗原（K）和鞭毛抗原（H）3种。O抗原在菌体胞壁中，属多糖、磷脂与蛋白质的复合物，即菌体内毒素，耐热。抗O血清与菌体抗原可出现高滴度凝集。K抗原存在于菌体表面，多数为包膜物质，有些为菌毛，如K88等。有K抗原的菌体不能被抗O血清凝集，且有抵抗吞噬细胞的能力。可用活菌制备抗血清，以试管或玻片凝集作鉴定。在菌毛抗原中已知有4种对小肠黏膜上皮细胞有固着力，不耐热、有血凝性，称为吸着因子。引起仔猪黄痢的大肠杆菌的菌毛，以K88为最常见。H抗原为不耐热的蛋白质，存在于有鞭毛的菌株，与致病性无关。病原性大肠杆菌与肠道内寄居和大量存在的非致病性大肠杆菌，在形态、染色、培养特性和生化反应等无任何差别，但在抗原构造上有所不同。

（二）诊断

1. 流行特征

仔猪黄痢在世界各地均有流行。炎夏和寒冬潮湿多雨季节发病严重，春、秋温暖季节发病少。猪场发病严重，分散饲养的发病少。头胎母猪所产仔猪发病最为严重，随着胎次的增加，仔猪发病逐渐减轻。

仔猪白痢一般发生于10~30日龄仔猪，7日龄以内及30日龄以上的猪很少发病。病的发生与饲养管理及猪舍卫生有很大关系，在冬、春两季气温剧变、阴雨连绵或保暖不良及母猪乳汁缺乏时发病较多。一窝仔猪有一头发生后，其余的往往同时或相继发生。

仔猪水肿病多发生于断乳后的肥胖幼猪，以4~5月份和9~10月份较为多见，特别是气候突变和阴雨后多发。据观察，水肿病多发生在饲料比较单一而缺乏矿物质（主要为硒）和维生素B族及维生素E的猪群。

2. 临床症状

仔猪黄痢又称早发性大肠杆菌病，潜伏期短，一般在24h左右，时间长的也仅有1~3d，个别病例到7日龄左右发病，是仔猪发生的一种急性、高度致死性的疾病。临床上以剧烈腹泻、排黄色水样稀便、迅速死亡为特征。窝内发生第一头病猪，1~2d 内同窝猪相继发病。最初为突然腹泻，排出稀薄如水样粪便，黄至灰黄色，混有小气泡并带腥臭，随后腹泻愈加严重，数分钟即泻 1 次。病猪口渴、脱水，但无呕吐现象，最后昏迷死亡。

仔猪白痢是由大肠杆菌引起的 10 日龄左右仔猪发生的消化道传染病。临床上以排灰白色粥样稀便为主要特征，发病率高而致死率低。体温一般无明显变化，病猪腹泻，排出白、灰白以至黄色粥状有特殊腥臭的粪便。同时，病猪畏寒、脱水，吃乳减少或不吃，有时可见吐乳。除少数发病日龄较小的仔猪易死亡外，一般病猪病情较轻，易自愈，但多反复而形成僵猪。

猪水肿病是由溶血性大肠杆菌毒素所引起的断乳仔猪眼睑或其他部位水肿、神经症状为主要特征的疾病。该病多发于仔猪断乳后 1~2 周，发病率约 5%~30%，病死率达 90% 以上。病初体温可能升高，很快降至常温或偏低。眼睑或结膜及其他部位水肿。病程数小时至 1~2d。随后出现神经症状，盲目行走或转圈，共济失调，口吐白沫，叫声嘶哑，进而倒地抽搐，四肢呈游泳状，逐渐发生后躯麻痹，卧地不起，在昏迷状态中死亡。

3. 病理变化

仔猪黄痢造成死猪明显脱水表现，皮肤干燥、皱缩，口腔黏膜苍白。最显著的病变为肠道的急性卡他性炎症，其中以十二指肠最为严重。

仔猪白痢病理剖检无特异性变化，一般表现消瘦和脱水等外观变化。部分肠黏膜充血，肠壁菲薄而带半透明状，肠系膜淋巴结水肿。

猪水肿病理剖检可见全身多处组织水肿，特别是胃壁黏膜水肿。胃壁黏膜水肿多见于胃大弯和贲门部。水肿发生在胃的肌肉和黏膜层之间，切面流出无色或混有血液而呈茶色的渗出液，或呈胶冻状。水肿部的厚度不一致，薄者仅能察见，厚者可达 3cm 左右，面积 3.3cm^2 至 9.9~13.2cm^2。大肠肠系膜水肿，结肠肠系膜胶冻状水肿亦很常见。此外，大肠壁、全身淋巴结、眼睑和头颈部皮下亦有不同程度的水肿。除了水肿的病变外，胃底和小肠黏膜、淋巴结等有不同程度的充血。心包、胸腔和腹腔有程度不等的积液。

4. 实验室诊断

通常根据发病日龄、临床症状及剖检变化一般可作出诊断。确诊必须有赖于实验检查。其方法为：采取发病仔猪粪便（最好是未经治疗的），或新鲜尸体的小肠前段内容物，接种于麦康凯培养基或鲜血琼脂平板上，挑取可疑菌落作纯培养，经生化试验确定为大肠杆菌后，再作肠毒素或吸着因子的测定。

（1）肠毒素测定 选择健康的青年家兔，禁食 48h（饮水不限）。将待试菌株在普通肉汤（最好是 CAYE-2 培养液）内，用电动搅拌器以 60~240r/min、在 37℃ 连续有氧搅拌培养 18h。以无菌手术切开兔腹壁，自盲肠游离端的回肠开始，沿向心方向用 4 号丝线单结扎，注射段长 4~5cm，间隔段 3~4cm，每段分别注射被检菌滤液及用作对照的 CAYE-2 培养液各 1mL，每份样品以随机方式注射两个肠段，11h 时扑杀动物，取出结扎肠段，测定每个肠段的液体积聚量（mL）和肠段的长度（cm），求出液体积聚量与肠段长度之平均比值（mL/cm）。

非致病性大肠杆菌，只能产生内毒素，不产生肠毒素，故用小肠结扎试验呈阴性反应。

（2）吸着因子的显微镜检查　将回肠前段反复用无菌生理盐水冲洗，用接种环从黏膜取材作细菌涂片，染色镜检。阳性者在片中每个视野均可发现大量大肠杆菌状细菌。如没有吸着因子的大肠杆菌则细菌被冲洗干净，视野中基本没有细菌。有吸着因子、特别是具有 K88（遗传性纯）的大肠杆菌，一般都能产生热敏肠毒素。因此，查出大肠杆菌的吸着因子，一般就能证明是致病菌。

（三）防控措施

出现症状时再治疗，往往效果不佳。在发现 1 头病猪后，立即对与病猪接触过的未发病仔猪进行药物预防，疗效较好。大肠杆菌易产生抗药菌株，宜交替用药，如果条件允许，最好先做药敏性试验后再选择用药。

采用综合性防疫卫生措施。预防本病的关键是加强饲养管理，母猪分娩时专人守护，所产仔猪放在有干净垫草箩筐内，待产仔完毕后用 0.1% 高锰酸钾溶液清洗乳头。圈舍用生石灰消毒，注意保持猪舍环境清洁、干燥，尽可能安排母猪在春季或秋天天气温暖干燥时产仔，以减少发病。产前母猪 48h 内用奥克米先（主要成分为土霉素）10~15mL，分点肌肉注射，1 次/d，连续给药两天进行预防。近年来在我国兴起的微生态制剂，如无致病性嗜氧芽孢杆菌、乳酸菌、双歧杆菌等，通过调节仔猪肠道内微生物区系的平衡，抑制有害大肠杆菌的繁殖而达到预防和治疗的目的。

二、猪巴氏杆菌病

猪巴氏杆菌病是由多杀性巴氏杆菌引起的急性流行性或散发性和继发性传染病，又称猪肺疫，俗称"锁喉风"或"肿脖子瘟"。急性病例为出血性败血病、出现咽喉炎和肺炎的病状，慢性病例主要为慢性肺炎症状，散发性发生。

（一）病原

慢性猪巴氏杆菌病原为多杀性巴氏杆菌，为细小球杆菌，宽 0.25~0.4μm，长 0.5~1.5μm。单个存在，有时成双排列。革兰染色为阴性。无鞭毛不形成芽孢，无运动性。在血液和组织中的病原菌，用亚甲蓝、瑞氏或姬姆萨液染色镜检，菌体两端着色深，中央着色较浅，呈明显的两极着色特点。新分离的强毒菌株具有荚膜，但在培养基培养时，荚膜迅速消失。

本菌为需氧及兼性厌氧菌，最适生长温度为37℃，pH 7.2～7.4。添加血液或血清时，则生长良好。在血液琼脂平板上，形成湿润、光滑、边缘整齐的圆形露珠样灰白色小菌落，有荧光，不溶血。在肉汤中培养呈均匀一致的中等度混浊，有黏性沉淀物，培养久时，表面形成菌膜。在麦康凯和含有胆盐的培养基上不生长。

本菌对外界环境的抵抗力不强，直射阳光下经10～15min死亡，在表层土壤中存活7～8d；在疏松的粪便中经14d死亡；如堆积发酵则2d可死亡，说明腐败易致死亡。在60℃加热10min，加热到100℃立即死亡。一般常用的消毒药，都可在数分钟杀死本菌。

（二）诊断

1. 流行特征

在健康猪上呼吸道中常带有本菌，但多半为弱毒或无毒的类型。由于猪群拥挤、圈舍潮湿、卫生条件差、通风不良，天气寒冷、闷热、阴雨连绵、气候骤变，猪群长期营养不良、处于半饥饿状态、寄生虫病、长途运输等不良因素，降低了猪体的抵抗力，或发生某种传染病时，病菌乘机侵入机体内繁殖，而增强毒力，引起发病。这种以内源性感染为主的猪肺疫，呈散发性发生。在自然条件下很少能传染另外的健康猪。当然，由于细菌通过发病猪体毒力增强后，仍可传染另外的健康猪，因此，不能忽视健康猪在传染来源上的作用。

本病大多发生于中、小猪，成年猪患病较少。本病的发生，无明显的季节性，一年四季都可发生，但以秋末春初及气候骤变的时候发病较多，在南方大多发生在潮湿闷热及多雨季节。猪只的饲养管理不当、卫生条件恶劣、饲料和环境的突然变换及长途运输等，都是发生本病的诱因。据多年观察，在华北地区，特别是北京地区，很少见有流行性猪肺疫发生，大多呈零星散发，且大多为慢性经过，更多见于继发于其他传染病，如常是慢性猪瘟、仔猪副伤寒和气喘病的继发病。

2. 临床症状

潜伏期长短不一，随细菌毒力强弱而定，自然感染的猪，快者为1～3d，慢者为5～14d。

（1）最急性型　常见于流行初期，病猪于头天晚上吃喝正常，无明显临诊症状，次日晨已死在圈内。病程稍长，症状明显的可见体温升高至41℃以上，食欲废绝，精神沉郁，寒战，可视黏膜发绀，耳根、颈、腹等部皮肤出现紫红色斑。较典型的症状是急性咽喉炎，颈下咽喉部急剧肿大，呈紫红色，触诊坚硬而有热痛，严重者可波及上达耳根和到前胸部，致使病猪呼吸极度困难，叫声嘶哑，常两前肢分开呆立，伸颈张口喘息，口鼻流出白色泡沫液体，有时混有血液，严重时常做犬坐姿势张口呼吸，最后窒息而死。病程 1 ~ 2d，病死率很高，可达100%。

（2）急性型　是本病常见的病型，主要表现为肺炎症状，体温升高到41℃以上，精神差，食欲减少或废绝，初为干性短咳，后变湿性痛咳，鼻孔流出浆性或脓性分泌物，触诊胸壁有疼痛感，听诊有啰音或摩擦音，呼吸困难，张口吐舌，结膜发绀，皮肤上有红斑，初便秘，后腹泻，消瘦无力，卧地不起，大多4 ~ 7d 死亡，不死者常转为慢性。

（3）慢性型　初期症状不显，继则食欲和精神不振，持续性咳嗽，呼吸困难，鼻流少量黏脓性分泌物，进行性消瘦，行走无力。有时发生慢性关节炎，关节肿胀，跛行。有的病例还发生下痢。如不及时治疗或治疗不当常于发病2 ~ 3周后衰竭而死。

3. 病理变化

（1）最急性型　最急性型病例为败血症的变化，全身皮下、黏膜、浆膜有明显的出血点。在咽喉部及周围组织肿胀明显，切开皮肤后，可见咽喉部黏膜因炎性充血、水肿而增厚，黏膜高度肿胀，引起声门部狭窄。周围组织有明显的黄红色出血性胶冻样浸润。淋巴结急性肿大，切面红色，尤其颚凹、咽背及颈部淋巴结明显，甚至出现坏死。心外膜出血，胸腔及心包出现积液，并有纤维素。肺充血、水肿。脾有点状出血，但不肿大。胃肠黏膜有卡他性或出血性炎症。

（2）急性型　急性型病例主要表现为肺部炎症。肺小叶间质水肿、增宽，有不同发展时期的肝变区，病变部质地坚实，切面有暗红、灰红、灰白或灰黄等不同色彩，呈大理石样外观。支气管内充满分泌物。胸腔和心包内积有大量淡红色混浊液体，内混有纤维素。胸膜和心包膜粗糙无光泽，上附纤维素，甚至心包和胸膜或者肺与胸膜发生粘连。胸部淋巴结肿大或出血。

（3）慢性型　慢性型病例，尸体消瘦，贫血，肺炎病变陈旧，有的肺组织内有坏死或干酪样物，外有结缔组织包围；胸膜增厚，甚至与周围邻近组织发生粘连。支气管淋巴结、纵隔淋巴结和肠系膜淋巴结有干酪样变化。

4. 实验室诊断

（1）直接涂片检查　取急性病猪的血液、局部水肿液、心血、肝、脾、淋巴结、肺等组织涂片，用瑞氏、亚甲蓝或革兰染色法染色后，显微镜检查，可见卵圆形、两极浓染的短杆菌，即可初步诊断为巴氏杆菌病。

（2）细菌培养　取新鲜病料接种在血清琼脂平板培养时，可长出圆形、光滑、湿润的露珠样小菌落，并有荧光，做涂片、镜检，可见两极着色的小杆菌。血液琼脂培养基上菌落不溶血。病料接种在麦康凯培养基上不生长。

（三）防控措施

1. 治疗隔离病猪，同时做好消毒和护理工作

（1）青霉素和土霉素的剂量及用法同猪丹毒的治疗。链霉素为1g，每日分2次肌肉注射。20%磺胺噻唑钠或磺胺嘧啶钠注射液，小猪为10～15mL，大猪为20～30mL，肌肉或静脉注射，每日2次，连用3～5d。

（2）抗猪肺疫血清（抗出血性败血症多价血清）在疾病早期应用，有较好的效果。2月龄内仔猪20～40mL，2～5月龄猪40～60mL，5～10月龄猪60～80mL，均为皮下注射。本血清为牛或马源，注射后可能发生过敏反应，应注意观察。

2. 防制措施

（1）在部分健康猪的上呼吸道带有巴氏杆菌，由于不良因素的作用，常可诱发本病。因此，预防本病的根本办法，必须贯彻"预防为主"的方针，消除降低猪体抵抗力的一切不良因素，加强饲养管理，做好兽医防疫卫生工作，以增强猪体的抵抗力。

（2）每年春秋两季定期进行预防注射，以增强猪体的特异性抵抗力。我国目前使用两类菌苗，一为猪肺疫氢氧化铝菌苗，断乳后的猪，不论大小一律皮下或肌肉注射5mL。注射后14d产生免疫力，免疫期6个月。使用猪、牛多杀性巴氏杆菌病灭活疫苗，猪皮下或肌肉注射2mL，注后14d产生免疫力，免疫期6个月。我国有用多杀性巴氏杆菌679—230弱毒株或C20弱毒株制成的口服猪肺疫弱毒冻干菌苗，按瓶签说明的头份，用冷开水稀释后，混入少量饲料内喂猪，使用方便。不论大小猪，一律口服1头份，稀释疫苗应在4h内用完。免疫期前者为10个月，后者为6个月。国内还有用E0630弱毒株、TA53弱毒株和CA弱毒株制成的3种活疫苗，供肌肉或皮下注射。

（3）发病时，猪舍的墙壁、地面、饲养管理用具要进行消毒，粪便废弃物堆积发酵。

（4）必要时，对发病群的假定健康猪，可用猪肺疫抗血清进行紧急预防注射，剂量为治疗量的一半。

（5）患慢性猪肺疫的小僵猪淘汰处理为好。

三、猪沙门菌病

猪沙门菌引起仔猪猪副伤寒。急性者以败血症为特征，慢性者以坏死性肠炎，有时以卡他性或干酪性肺炎为特征。

（一）病原

猪沙门菌病的病原主要是猪霍乱沙门菌和猪伤寒沙门菌。沙门菌为革兰染色阴性菌、两端钝圆、卵圆形小杆菌，不形成芽孢，兼性厌氧有鞭毛，能运动。最适生长温度为37℃，最适pH为6.8~7.8。沙门菌有2000多个血清型，在中国已发现200多个菌型。

沙门菌生命力顽强，对外界的抵抗力较强，对干燥腐败等因素有一定的抵抗力，在7~45℃都能繁殖，冷冻或冻干后仍存活，在冻土中可过冬，在猪粪中可存活1~8个月，在粪便氧化池中可存活47d，在垫草上可存活2~5个月，在10%~19%食盐腌肉中能存活75d以上。在适合的有机物中可生存数周、数月甚至数年，但对消毒剂的抵抗力不强，3%来苏尔、福尔马林等能将其杀死。沙门菌不同程度地存在于健康猪的肠道和胆囊内，一般不出现症状，一旦饲养管理差、圈内潮湿导致猪的抵抗力降低时，则引起发病。

该菌对热的抵抗力不强，60℃15min即可被杀灭。对各种化学消毒剂的抵抗力也不强，常规消毒药及其常用浓度均能达到消毒的目的。

（二）诊断

1. 流行特征

病猪和带菌猪是主要传染源，可从粪、尿、乳汁以及流产的胎儿、胎衣和羊水排菌。本病主要经消化道感染。交配或人工授精也可感染。在子宫内也可能感染。另据报道，健康畜带菌（特别是鼠伤寒沙门菌）相当普遍，当受外界不良因素影响以及动物抵抗力下降时，常导致内源性感染。

本病主要侵害6月龄以下仔猪，尤以1~4月龄仔猪多发。6月龄以上仔猪很少发病。本病一年四季均可发生，但阴雨潮湿季节多发。

2. 临床症状

本病潜伏期为数天，或长达数月，与猪体抵抗力及细菌的数量、毒力有关。临床上分急性、亚急性和慢性3型。

（1）急性型（败血型）　流行的初期多见，其特征是发生急性败血症。发病数量少，多见于断乳前后的仔猪，表现为体温升高至41~42℃，精神不振，伏卧，食欲减退或废绝，呼吸困难，步态不稳，呕吐与腹泻，有时有腹痛症状。四肢末端及腹部发绀。后期出现水样、黄色下痢。

此病暴发时死亡率很高，但发病率一般在10%以下。在病猪的耳根、颈、嘴尖、前胸、脚、尾巴、后躯及腹下部皮肤出现大片蓝紫色斑点等败血症症状。开始暴发时，常出现一两头死亡，不显任何症状。有的出现症状后24h内死亡，但多数病程2~4d，病死率很高。耐过者转为慢性。

（2）亚急性和慢性（结肠炎型）　临床较多见，体温升高至40.5～41.5℃，精神沉郁，食欲减退，咳嗽，寒颤，常堆叠在一起，眼结膜有黏性和脓性分泌物，少数发生角膜混浊，严重者导致溃疡。病初便秘后下痢，粪便呈淡黄色或灰绿色，恶臭，混有血液、坏死组织或纤维碎片。此病多呈周期性恶性下痢，便秘与下痢交替反复，疾病的中后期，病猪皮肤出现弥漫性湿疹，特别是腹部皮肤可见绿豆大小、干涸的浆性覆盖物，痂皮，揭开可见浅表溃疡。病猪长期躺卧，高度消瘦，有的继发肺炎。

病程2～3周或更长，病猪生长发育不良，被毛粗乱、污秽，失去光泽，精神委顿，偶有下痢。皮肤呈暗红色或暗紫色，并出现痂状湿疹，特别是耳尖、耳根和四肢比较明显，病畜腰背拱起，后腿软弱无力，叫声嘶哑，强迫其行走时，则东倒西歪，有时出现咳嗽。其中部分病例病情恶化，最后衰竭死亡，病死率25%～50%。

尸体极度消瘦、腹部和末梢部出现紫斑，胸腹下和腿内侧皮肤上常见豌豆大或黄豆大的暗红色或黑褐色痘样皮疹。但也有病例恢复健康，这种猪生长十分缓慢，并成为长期带菌的僵猪。临床症状与肠炎型猪瘟相似。

3. 病理变化

（1）急性型　主要呈败血症变化。全身浆膜和黏膜及各内脏有不同程度的点状出血，肢体末梢瘀血，呈青紫色，耳、腹部有广泛出血斑。淋巴结尤其是肠系膜淋巴结及内脏淋巴结索状肿大，软而红，呈浆液状炎症和出血，类似大理石状。心包和心内外膜出现点状出血，有时有浆液性纤维素性心包炎，脾脏显著肿大，色暗带蓝，触压时感觉绵软，类似橡皮，被膜偶见散在的点状出血，切面呈蓝红色，脾白髓周围有红晕环绕，可以看到肿大的淋巴滤泡。

肾脏皮质苍白，偶见出血斑点。肾皮质部苍白，偶见细小出血点与斑点状出血，肾盂、尿道和膀胱黏膜也常有出血点，肝脏肿大，瘀血，被膜上有时见出血点。肝脏表面有大量针尖大至粟粒大的灰黄色坏死灶和灰白色副伤寒结节，肝实质可见糠麸状、极细小黄灰色的小坏死灶。有时胆囊黏膜出现粟粒大的结节。气管内有白色泡沫，肺脏瘀血、水肿，有卡他性渗出物浸润，有淡红色密集病灶，小叶间质增宽并积有水肿液，肺的间叶、心叶和膈叶的前下部常有小叶性肺炎病灶。病后期常伴发纤维素性肺炎，胃黏膜严重瘀血、梗死，呈浅表性胃炎，肠黏膜呈卡他性炎症，严重者呈出血性肠炎，为黑红色。肠壁淋巴结增大，呈现坏死和溃疡。脑膜与脑实质有出血斑点，脑实质的病变为弥漫性肉芽肿性脑炎，偶发脑软化，少数有小脓肿。

（2）亚急性与慢性型　主要病变在胃肠道。主要特征为盲肠、结肠、回肠的坏死性肠炎，肠壁增厚，黏膜上覆盖一层弥漫性坏死性物质，呈灰黄色或淡绿色麸皮样，剥开可见底部呈红色，边缘有不规则的溃疡面，有的滤泡周围黏膜坏死，坏死向深层发展时，可引起纤维素性腹膜炎。胃黏膜部分呈红色，特别在胃底部某些部分出现红色，有时出现坏死性病灶。

小肠病变逐段加重，到回肠呈急性卡他性炎症。盲肠与结肠的肠壁呈局灶性或弥漫性增厚，被覆有灰黄色、干酪样伪膜，除去伪膜形成溃疡，溃疡呈污灰色，溃疡边缘多无堤状隆起，这种溃疡多半呈弥漫性，缺乏轮层状构造。在大肠除见有弥漫性干酪样坏死外，还见有滤泡溃疡。孤立滤泡首先发生炎性肿胀，继而发生坏死，这些坏死灶逐渐向周边扩散，在坏死灶上覆有污秽不洁的痂皮。

肝、脾及肠系膜淋巴结肿大，切面有针尖大到米粒大的灰白色坏死灶，是猪副伤寒的特征性病变。肠系膜淋巴结索状肿大，有灰黄色干燥的坏死灶。肝脏有许多针尖大至粟粒大的灰红色或灰白色的副伤寒结节。脾稍肿大，质地变硬，常见散在的坏死灶。肝有时可见灰黄色坏死小点。肺病变部增大呈灰红色，有的呈干酪样病变，其切面有灰黄色的小结节。若继发巴氏杆菌或化脓菌感染，肺的心叶、尖叶、膈叶前下沿的肺炎实变区则发展成肝变区或化脓灶。

4. 实验室诊断

病原检查：病原分离鉴定（预增菌和增菌培养基、选择性培养基培养，用特异抗血清进行平板凝集试验和生化试验鉴定）。血清学检查：凝集试验、酶联免疫吸附试验。样品采集主要包括病畜的脾、肝、心血或骨髓样品。

（三）防控措施

1. 未发病时的经常性工作

如前所述，本病是由于仔猪的饲养管理及卫生条件不良促进发生和传播的。因此，预防本病的根本措施是必须认真贯彻"预防为主"的方针。首先应该改善饲养管理和卫生条件，消除发病诱因，增强仔猪的抵抗力。饲养管理用具和食槽经常洗刷，圈舍要清洁，经常保持干燥，及时清除粪便，以减少感染机会。哺乳及培育仔猪防止乱吃脏物，给以优质而易消化的饲料，防止突然更换饲料。

2. 注射疫苗

在本病常发地区，可对1月龄以上哺乳或断乳仔猪，用仔猪副伤寒活疫苗进行预防，按瓶签注明头份，用20%氢氧化铝生理盐水稀释，每头肌肉注射1mL，免疫期为9个月；口服时，按瓶签说明，服前用冷开水稀释，每头份5～10mL，掺入少量新鲜冷饲料中，让猪自行采食。口服免疫反应轻微。或将1头剂疫苗稀释于5～10mL冷开水中给猪灌服。

本疫苗系用免疫原性良好的猪霍乱沙门菌弱毒株，冷冻真空干燥制成，适用于 1 月龄以上哺乳或断乳健康仔猪。按瓶签注明头份口服或注射，但瓶签注明限于口服者不得注射。

本疫苗使用时注意事项：

①稀释后的疫苗限 4h 内用完。用时要随时振摇均匀；

②体弱有病的猪不宜使用；

③对经常发生仔猪副伤寒的猪场和地区，为了加强免疫，可在断乳前、后各注射一次，间隔 21 ~ 28d；

④口服时，最好在喂食前服，以使每头猪都能吃到；

⑤注射后，有些猪反应较大，如出现体温升高、发抖、呕吐和减食等症状，一般 1 ~ 2d 后可自行恢复，重者注射肾上腺素。口服后无上述反应或反应较轻。

发病后需及时采取措施。首先将病猪及时隔离和治疗。随后圈舍要清扫、消毒，特别是饲槽要经常刷洗干净。粪便及时清除，堆积发酵后利用。并且根据发病当时疫情的具体情况，对假定健康猪可在饲料中加入抗生素进行预防。连喂 3 ~ 5d，有预防效果。同时死猪应深埋，切不可食用，防止人发生中毒事故。

四、猪链球菌病

猪链球菌病是由多种致病性猪链球菌感染引起的一种人畜共患病，其中猪是主要传染源。该病在人类中不常见，但普遍易感，主要表现为发热和严重的毒血症状。

（一）病原

猪链球菌是一种革兰氏阳性球菌，呈链状排列，无鞭毛，不运动，不形成芽孢，但有荚膜。为兼性厌氧菌，但在无氧时溶血明显，培养最适温度为 37℃。菌落细小，直径 1 ~ 2mm，透明、发亮、光滑、圆形、边缘整齐，在液体培养中呈链状。到目前为止，共有 35 个血清型（1 ~ 34，1/2 型），其中 1、2、7、9 型是猪的致病菌。猪链球菌的定植部位为猪的上呼吸道，尤其是扁桃体和鼻腔。部分血清型的猪链球菌具有致病性，主要通过伤口感染。可引起猪的急性败血症、脑膜炎、关节炎、心内膜炎、肺炎等疾病。部分菌株可引起人类感染，造成细菌性脑炎或引起中毒样休克综合征。

猪链球菌常污染环境，可在粪、灰尘及水中存活较长时间。该菌在 60℃水中可存活 10min，50℃为 2h。在 4℃的动物尸体中可存活 6 周；0℃时灰尘中的细菌可存活 1 个月，粪中则为 3 个月；25℃时在灰尘和粪中则只能存活 24h 及

8d。苍蝇携带猪链球菌2型至少长达5d，污染食物可长达4d。对干燥、湿热均较敏感，常用消毒药都可将其杀死。

（二）诊断

1. 流行特征

各种年龄的猪都可发病，但大多在4~12周龄的仔猪暴发流行，饲养条件极差的饲养户及养猪场尤为严重。断乳及混群时期往往是发病的高峰期。但败血型和脑膜炎型多见于仔猪，化脓性淋巴结炎型多见于种猪。病猪、临床康复猪和健康猪均可带菌，当它们互相接触时，可通过口、鼻、皮肤伤口而传染。

2. 临床症状

根据猪链球菌病在临床上的表现，将其分为4个型。

（1）急性败血型　急性型猪链球菌病发病急、传播快，多表现为急性败血型。病猪突然发病，体温升高至41~43℃，精神沉郁、嗜睡、食欲废绝，流鼻液，咳嗽，眼结膜潮红、流泪，呼吸加快。多数病猪往往头晚未见任何症状，次晨已死亡。少数病猪在病的后期，于耳尖、四肢下端、背部和腹下皮肤出现广泛性充血、潮红。

（2）脑膜炎型　多见于70~90日龄的小猪，病初体温40~42.5℃，不食，便秘，继而出现神经症状，如磨牙、转圈、前肢爬行、四肢游泳状或昏睡等，有的后期出现呼吸困难，如治疗不及时往往死亡率很高。

（3）关节炎型　由前两型转来，或者从发病起即呈现关节炎症状。表现一肢或几肢关节肿胀、疼痛，有跛行，甚至不能起立。病程2~3周。死后剖检，见关节周围肿胀、充血，滑液浑浊，重者关节软骨坏死，关节周围组织有多发性化脓灶。

（4）化脓性淋巴结炎（淋巴结脓肿）型　多见于颌下淋巴结，其次是咽部和颈部淋巴结。受害淋巴结肿胀，坚硬，有热痛，可影响采食、咀嚼、吞咽和呼吸，伴有咳嗽，流鼻液。至化脓成熟，肿胀中央变软，皮肤坏死，自行破溃流脓，以后全身症状好转，局部逐渐痊愈。病程一般为3~5周。

3. 病理变化

最常见的病理变化是脑膜、淋巴结和肺脏充血。急性败血型常表现鼻、气管、肺充血呈肺炎变化；全身淋巴结肿大、出血；心包积液，心内膜出血；肾肿大、出血；胃肠黏膜充血、出血；关节囊内有胶样液体或纤维素脓性物。脑膜炎型表现脑膜充血、出血，脑脊髓白质和灰质有小出血点，脑脊液增加；心包、胸腔、腹腔有纤维性炎。关节炎型表现滑膜血管扩张和充血，出现纤维素性多浆膜炎，关节肿胀、滑膜液增多而混浊，严重者关节软骨坏死，关节周围组织有多发性化脓灶。化脓性淋巴结炎型表现淋巴结肿大、出血，并伴有其他型病理变化。

4. 实验室诊断

猪链球菌病感染一般可根据临床症状和病理剖检变化进行初步诊断。确诊需要通过血清学检查、分离病原菌和病理组织学检查等实验室方法进行。

实验室检查：①显微镜观察根据不同的病型采取相应的病料，如脓肿、化脓灶、肝、脾、肾、血液、关节囊液、脑脊髓液及脑组织等，制成涂片，用碱性亚甲蓝染色液和革兰染色液染色。显微镜下检查，见到单个、成对、短链或呈长链排列的球菌，并且革兰染色呈紫色（阳性），可以确认为本病；②细菌分离培养鉴定病料接种于血液琼脂培养基，24~48h可见不同溶血的灰白色细小菌落，然后进行生化试验和生长特性鉴定；③分型诊断：猪链球菌病血清型分型诊断比较困难，一般可用专门实验室提供的分型诊断血清进行乳胶或玻片凝集试验。

（三）防控措施

1. 做好消毒、清除传染源

病猪隔离治疗，带菌母猪尽可能淘汰。污染的用具和环境用3%来苏儿液等消毒液彻底消毒。急宰猪或宰后发现可疑病变的猪胴体，经高温处理后方可食用。

2. 保持环境卫生、消除感染因素

经常打扫猪圈内外卫生，防止猪圈和饲槽上有尖锐物体刺伤猪体。新生的仔猪，应立即无菌结扎脐带，并用碘酊消毒。

3. 做好菌苗预防接种

由于猪链球菌血清型较多，不同菌苗对不同血清型猪链球菌感染无交叉保护力或交叉保护力较小。预防用疫苗最好选择相同血清型菌苗。菌苗最好用弱毒活菌苗，因为细胞免疫在抵抗猪链球菌感染中发挥着很大作用。

4. 药物预防

猪场或周围发生本病后，如果暂时买不到菌苗，可用药物添加于饲料中用于预防，以控制本病的发生。

5. 人员防护

猪链球菌病感染人主要通过接触病死猪。生猪饲养人员和屠宰加工人员是本病易感人群。在生猪养殖过程中，饲养人员要多注意个人防护，有外伤时应尽量避免接触病猪，发现病猪要及时通知兽医诊疗。屠宰加工人员在屠宰生猪时，应防止个人受伤。一旦受伤应立即处理伤口，经清洗消毒后，使用抗生素预防治疗。注意不食用病死猪，购买的猪肉在分割时，应使用生熟分开案板，并充分煮熟后食用。

五、副猪嗜血杆菌病

副猪嗜血杆菌病又称多发性纤维素性浆膜炎和关节炎，也称格拉泽病，是由副猪嗜血杆菌引起的。这种细菌在环境中普遍存在，世界各地都有，甚至是健康的猪群当中也能发现。对于没有副猪嗜血杆菌污染的猪群，初次感染到这种细菌时后果会相当严重。

（一）病原

副猪嗜血杆菌属革兰阴性短小杆菌，形态多变，有 15 个以上血清型，其中血清型 5、4、13 最为常见（占 70% 以上）。该菌生长时严格需要烟酰胺腺嘌呤二核苷酸（NAD 或 V 因子），不需要 X 因子（血红素或其他卟啉类物质），在血液培养基和巧克力培养基上生长，菌落小而透明，在血液培养基上无溶血现象；在葡萄球菌菌台周围生长良好，形成卫星现象。一般条件下难以分离和培养，尤其是应用抗生素治疗过病猪的病料，因而给本病的诊断带来困难；据报道，副猪嗜血杆菌的真实发病率可能为实际确诊的 10 倍之多。

（二）诊断

1. 流行特征

该病通过呼吸系统传播。在猪群中存在繁殖呼吸综合征、流感或地方性肺炎的情况下，该病更容易发生；环境差、断水等情况下，该病更容易发生；饲养环境不良时本病多发。断乳、转群、混群或运输也是常见的诱因。副猪嗜血杆菌病曾一度被认为是由应激所引起的，副猪嗜血杆菌也会作为继发的病原伴随其他主要病原混合感染，尤其是地方性猪肺炎。在肺炎中，副猪嗜血杆菌被假定为一种随机入侵的次要病原，是一种典型的"机会主义"病原，只在与其他病毒或细菌协同时才引发疾病。近年来，从患肺炎的猪中分离出副猪嗜血杆菌的比率越来越高，这与支原体肺炎的日趋流行有关，也与病毒性肺炎的日趋流行有关。这些病毒主要有猪蓝耳病毒、圆环病毒、猪流感和猪呼吸道冠状病毒。副猪嗜血杆菌与支原体结合在一起，患繁殖与呼吸综合征猪肺的检出率为 51.2%。

副猪嗜血杆菌只感染猪，可以影响从 2 周龄到 4 月龄的青年猪，主要在断乳前后和保育阶段发病，通常见于 5~8 周龄的猪，发病率一般在 10%~15%，严重时死亡率可达 50%。急性病例往往首先发生于膘情良好的猪，病猪发热（40.5~42.0℃），精神沉郁，食欲下降，呼吸困难，腹式呼吸，皮肤发红或苍白，耳梢发紫，眼睑皮下水肿，行走缓慢或不愿站立，腕关节、跗关节肿大，共济失调，临死前侧卧或四肢呈划水样，有时会无明显症状突然死亡；慢性病例多见于保育猪，主要表现为食欲下降，咳嗽，呼吸困难，被毛粗乱，四肢无力或跛行，生长不良，直至衰竭而死亡。

2. 临床症状

临床症状取决于炎症部位，包括发热、呼吸困难、关节肿胀、跛行、皮肤及黏膜发绀、站立困难其至瘫痪、僵猪或死亡。母猪发病可流产，公猪有跛行。哺乳母猪的跛行可能导致母性的极端弱化。死亡时体表发紫，肚子大，有大量黄色腹水，肠系膜上有大量纤维素渗出，尤其肝脏整个被包住，肺的间质水肿。

3. 病理变化

胸膜炎明显（包括心包炎和肺炎），关节炎次之，腹膜炎和脑膜炎相对少一些。以浆液性、纤维素性渗出为炎症（严重的呈豆腐渣样）特征。肺可有间质水肿、粘连，最明显是心包积液、心包膜粗糙、增厚，心肌表面有大量纤维素渗出。腹腔积液，肝脾肿大、与腹腔粘连，关节病变症状相似。

腹股沟淋巴结呈大理石状，颌下淋巴结出血严重，肠系膜淋巴变化不明显，肝脏边缘出血严重，脾脏有出血边缘隆起米粒大的血泡，肾乳头出血严重，猪脾边缘有梗死，肾可能有出血点，喉管内有大量黏液，后肢关节切开有胶冻样物。

4. 实验室诊断

（1）病原学诊断　副猪嗜血杆菌的培养条件苛刻，生长过程需要额外的烟酰胺腺嘌呤二核苷酸（NAD）和血清，其分离培养的常规操作是将临床病料接种到血琼脂平板或胰蛋白大豆琼脂（TSA）固体培养基上（含 NAD 和血清）进行纯化培养鉴定。

（2）血清学诊断　临床上用于检测副猪嗜血杆菌抗体的方法有补体结合试验（CF）、间接血凝试验（IHA）和酶联免疫吸附试验（ELISA）。

（3）分子生物学诊断　常规 PCR 方法是实验室常用的分子生物学诊断方法，因其检测的灵敏度高、特异性强、快速、简便等优点，在副猪嗜血杆菌病的诊断上得到了十分广泛的应用。通常针对 Hps 的 16S rRNA 基因设计特异性 PCR 引物，建立副猪嗜血杆菌病的 PCR 检测方法。

（三）防控措施

必须彻底清理猪舍卫生，用 2% 氢氧化钠水溶液喷洒猪圈地面和墙壁，2h 后用清水冲净，再用科星复合碘喷雾消毒，连续喷雾消毒 4 ~ 5d。同时对全群猪用电解质加维生素 C 粉饮水 5 ~ 7d，以增强机体抵抗力，减少应激反应。

种猪用猪副嗜血杆菌多价灭活苗免疫能有效保护小猪早期发病，降低复发的可能性。

母猪：初免猪产前 40d 一免，产前 20d 二免。经免猪产前 30d 免疫 1 次即可。

受本病严重威胁的猪场，小猪也要进行免疫，根据猪场发病日龄推断免疫时间，仔猪免疫一般安排在 7 日龄到 30 日龄内进行，每次 1mL，最好一免后过 15 天再重复免疫 1 次，二免距发病时间要有 10d 以上的间隔。

消除诱因，加强饲养管理与环境消毒，减少各种应激，在疾病流行期间有条件的猪场仔猪断乳时可暂不混群，对混群的一定要严格把关，把病猪集中隔离在同一猪舍，对断乳后保育猪"分级饲养"，这样也可减少繁殖与呼吸综合征、PCV-2 在猪群中的传播。注意保温和温差的变化。在猪群断乳、转群、混群或运输前后可在饮水中加一些抗应激的药物如维生素 C 等。

六、猪支原体肺炎

猪支原体性肺炎是由猪肺炎支原体引发的一种慢性肺炎，又称猪地方流行性肺炎，其病原最早从患肺炎猪的肺组织中分离出，并试验复制出本病。长期以来，本病一直被认为是对养猪业造成重大经济损失最常发生、流行最广最难净化的重要疫病之一。本病虽为老病，但近年来由于经常和繁殖与呼吸综合征、圆环病毒等其他病原混合感染，造成重大的经济损失而突显出了其重要性。

（一）病原

猪肺炎支原体为本病病原，猪肺炎支原体生长需求极为苛刻，分离相当困难，其在基本肉汤培养物中生长缓慢，经 3~30d，培养物才产生轻微的混浊，并产酸使颜色发生变化。支原体是一类没有细胞壁、高度多形性、能通过滤菌器、可用人工培养基培养增殖的最小原核细胞型微生物，大小为 0.1~0.3μm。革兰染色为阴性，但不易着色，一般用姬姆萨染色，染成淡紫色。支原体主要以二分裂方式繁殖，亦可以出芽方式繁殖，分枝形成丝状后断裂呈球杆状颗粒。大部分支原体繁殖速度比细菌慢，适宜生长温度为 35℃，最适 pH 为 7.8~8.0。在固体培养基上培养，形成典型的"荷包蛋"状菌落。支原体抵抗力较弱，对热、干燥敏感，对 75% 乙醇、煤酚皂溶液敏感，对红霉素、四环素、螺旋霉素、链霉素、卡那霉素等药物敏感，但对青霉素类的抗生素不敏感。

（二）诊断

1. 流行特征

本病我国地方猪种明显较引入品种易感，带菌猪是本病的主要传染源，病原体是经气雾或与病猪的呼吸道分泌物直接接触传播的，其经母猪传给仔猪使本病在猪群中持久存在，其严重程度常因管理水平、季节、通风条件、猪的密度以及其他环境因素改变而有很大差异。

最早可能发生于 2~3 周龄（地方品种有 9 日龄）的仔猪，但一般传播缓慢，在 6~10 周龄感染较普遍，许多猪直到 3~6 月龄时才出现明显症状。

易感猪与带菌猪接触后，发病的潜伏期大约为 10d 或更长时间，并且所有自然发生的病例均为混合感染，包括支原体、细菌、病毒及寄生虫等。

2. 临床症状

猪流感继发猪支原体肺炎，病猪初期主要症状为咳嗽，体温升高到 40~42.5℃，精神沉郁，食欲减退或废绝，趴窝不愿站立，眼鼻有黏性液体流出，眼结膜充血，个别病猪呼吸困难、喘气、咳嗽、呈腹式呼吸、有犬坐姿势，夜里可听到病猪哮喘声。仔猪可因窒息而死亡，做好防治工作特别重要。

（1）急性型　于新发猪群，猪群首次传入本病时，发病率可达 100%。各种年龄的猪均易感，以妊娠母猪和哺乳仔猪多发。病猪常无前兆症状，突然精神不振，头下垂、趴伏在地，食欲大减或废绝，日渐消瘦。10 日龄的哺乳仔猪也可感染。伴有特征性发热或不发热的急性呼吸困难。体温一般正常，有继发感染时则体温升高。病猪剧喘，腹式呼吸或犬坐姿势，时发痉挛性阵咳。病猪呼吸困难，严重者张口伸舌，口鼻流沫，发出哮鸣声，似拉风箱，数米之外可闻。呼吸时腹肋部呈起伏运动（腹式呼吸）。呼吸频率高达 60~120 次/min。此时病猪前肢撑开，站立或犬坐式，不愿卧地。一般咳嗽次数少而低沉。有时也会发生痉挛性阵咳。病程 7~15d，病猪常因呼吸衰竭、缺氧窒息而死，首次暴发点，致死率高达 20%~45%。一个猪群内急性型的持续时间常约为 3 个月，然后转为较常见的慢性型。

（2）慢性型　急性型可转变成慢性型，也有部分病猪开始时就取慢性经过。本型多见于老疫区的架子猪、育肥猪和后备母猪。病初精神、食欲正常，病猪体温不高，病猪常于清晨、晚间、运动后及进食后发生咳嗽，由轻而重，严重时呈连续的痉挛性咳嗽。咳嗽时站立不动，颈伸直、头下垂，直至将呼吸道分泌物咳出或咽下为止，甚咳至呕吐。随着病情的发展而出现明显的腹式呼吸，急促而用力，严重的病猪张口喘气。随着病程的发展症状进一步恶化，而出现不同程度的呼吸困难，表现呼吸次数增加和腹式呼吸（气喘）。这些症状时而明显，时而缓和，时而加重。病猪的眼、鼻常有分泌物，结膜发绀，怕冷，行走无力。食欲初时变化不大，病势严重时大减或完全不食。病期较长的小猪，身体消瘦而衰弱，被毛粗乱无光，逐渐消瘦，增重缓慢，生长发育停滞。如无继发病，体温一般不高。慢性型病程很长，可拖延 2~3 个月，甚至长达半年以上，病死率不高。此时如未及时治疗，常出现并发感染，致死率增高。阳性猪场在此阶段应及时采取生物安全措施。此类病型最易发生继发性感染，是夏季造成猪群急性死亡的主要诱因。如继发感染巴氏杆菌，病猪则体温升高，衰竭而死亡。病猪表现咳嗽，次数逐渐增多，特别是早晨活动后和喂食时，发生连续咳嗽，此时精神沉郁，食欲减退，结膜发绀。

（3）隐性型　本型在老疫区的猪群中占有相当大的比例。因肺炎灶微小而不表现任何症状，或偶见个别猪咳嗽，若此时饲料中投入一定比例的药物，饲养条件良好，猪群生长发育一般正常，肥猪出栏屠宰检验时肺有猪支原体肺炎灶。此类病猪作为平行散毒和垂直传播的隐性传染源，是影响疫苗免疫效果的主要因素。

3. 病理变化

猪感染肺炎支原体后，通常会有大量中性粒细胞聚集在腔体、气管周围以及肺泡中；随着病情的进一步恶化，淋巴细胞的数量也在增加，它们分布在血管周围、支气管以及微支气管周边的组织上，并侵占气管的黏膜固有层。大约经过20d后，在气管附近会出现套袖现象，白细胞聚集；同时也出现支气管附近淋巴组织增生，从而使肺泡之间的间隙增厚；这种增生的淋巴小结常常会压迫支气管，引起支气管扩张困难，每次呼吸时，有效的气体交换就减少，从而迫使猪增加呼吸频率，病情严重的猪就会出现喘气现象。即使当肺部病变缓解后，仍能看到失去功能的肺泡和大量增生的淋巴小结。对不是非常严重、但非常典型的肺部病变的组织学研究表明：喘气病的主要病变是肺部出现实变性病变，主要集中在肺尖叶和心叶，且病灶与非病变区有明显的界限，颜色通常为紫红到黄褐色。感染后10～12周，若无继发感染，肺部病变组织会逐渐自我康复，但仍会留下永久性的组织伤痕，也可看到明显的肺泡萎缩。继发其他细菌感染时，常引起肺和胸膜的纤维素性、化脓性病变，甚至出现明显的坏死灶。

（三）防控措施

尽可能自繁自养，自育及全进全出；保持舍内空气新鲜，加强通风减少尘埃，人工清除干粪降低舍内氨气浓度；断乳后10～15d内仔猪环境温度应为28～30℃，保育阶段温度应在20℃以上，最少不低于16℃。保育、产房还要注意减少温差，同时注意防止猪群过度拥挤，使用良好的地板隔离，对猪群进行定期驱虫；尽量减少迁移，降低混群应激；避免饲料突然更换，定期消毒，彻底消毒空舍等。

有条件的猪场应尽可能实施多点隔离式生产（SEW）技术，也可考虑利用康复母猪基本不带菌，不排菌的原理，使用各种抗生素治疗使病猪康复，然后将康复母猪单个隔离饲养、人工授精，使用药物培育健康群。

怀孕母猪分娩前 14～20d 以支原净、利高霉素或林可霉素、克林霉素、氟甲砜霉素等投药 7d。

仔猪 1 日龄口服 0.5mL 庆大霉素，5～7 日龄、21 日龄 2 次免疫喘气病灭活苗。

仔猪 15 日龄、25 日龄注射恩诺沙星 1 次，有腹泻或猪呼吸道疾病综合征严重的猪场断乳前后定期用药，可选用支原净、利高霉素、泰乐菌素、土霉素、氟甲砜霉复方。保育猪、育肥猪、怀孕母猪脉冲用药，可选用 1000kg/kg 土霉素，110mg/kg 克林霉素。

七、猪传染性胸膜肺炎

猪传染性胸膜肺炎是由胸膜肺炎放线杆菌引起的一种接触性传染病，是猪的一种重要的呼吸道疾病，在许多养猪国家流行，已成为世界性工业化养猪的五大疫病之一，造成重大的经济损失。是由胸膜肺炎放线杆菌引起猪的一种高度传染性呼吸道疾病，又称为猪接触性传染性胸膜肺炎。以急性出血性纤维素性胸膜肺炎和慢性纤维素性坏死性胸膜肺炎为特征，急性型呈现高死亡率。猪传染性胸膜肺炎是一种世界性疾病。

（一）病原

猪胸膜肺炎放线杆菌现在已发现 15 个血清型，其中有的不具致病性，有的则会导致严重疾病。1、5、9、11 和 12 型通常具有很强毒力，而 3、6 型较为温和。这种细菌寄生于扁桃体和上呼吸道。病原经飞沫或气雾在短距离内传播，在体外环境只能存活几天。为革兰氏染色阴性的小球杆状菌或纤细的小杆菌，有的呈丝状，并可表现为多形态性和两极着色性。有荚膜，无芽孢，无运动性，有的菌株具有周身性纤细的菌毛。本菌包括两个生物型，生物 Ⅰ 型为 NAD 依赖型，生物 Ⅱ 型为 NAD 非依赖型，但需要有特定的吡啶核苷酸或其前体，用于 NAD 的合成。生物 Ⅰ 型菌株（包括 1～12 和 15 型）毒力强，危害大。生物 Ⅱ 型（包括 13、14 型）可引起慢性坏死性胸膜肺炎，从猪体内分离到的常为 Ⅱ 生物型。生物 Ⅱ 型菌体形态为杆状，比生物 Ⅰ 型菌株大。根据细菌荚膜多糖和细菌脂多糖对血清的反应，生物 Ⅰ 型分为 14 个血清型，其中血清 5 型进一步分为 5A 和 5B 两个亚型。但有些血清型有相似的细胞结构或相同的 LPSO 链，这可能是造成有些血清型间出现交叉反应的原因，如血清 8 型与血清 3 型和 6 型，血清 1 型与 9 型间存在有血清学交叉反应。不同血清型间的毒力有明显的差异。我国流行的主要以血清 1、3、7 型为主，其次为血清 2、4、5、10 型。

（二）诊断

1. 流行特征

各种年龄的猪对本病均易感，但由于初乳中母源抗体的存在，本病最常发生于育成猪和成年猪（出栏猪）。急性期死亡率很高，与毒力及环境因素有关，其发病率和死亡率还与其他疾病的存在有关，如伪狂犬病及繁殖与呼吸综合征。另外，转群频繁的大猪群比单独饲养的小猪群更易发病。主要传播途径是空气、猪与猪之间的接触、污染排泄物或人员传播。猪群的转移或混养，拥挤和恶劣的气候条件（如气温突然改变、潮湿以及通风不畅）均会加速该病的传播和增加发病的危险。

（1）最急性　突然发病，个别病猪未出现任何临床症状突然死亡。病猪体温达到41.5℃，倦怠、厌食，并可能出现短期腹泻或呕吐，早期无明显的呼吸症状，只是脉搏增加，后期则出现心衰和循环障碍，鼻、耳、眼及后躯皮肤发绀。晚期出现严重的呼吸困难和体温下降，临死前血性泡沫从嘴、鼻孔流出。病猪于临床症状出现后24～36h内死亡。

（2）急性　病猪体温可上升到40.5～41℃，皮肤发红，精神沉郁，不愿站立，厌食，不爱饮水。严重的呼吸困难，咳嗽，有时张口呼吸，呈犬坐姿势，极度痛苦，上述症状在发病初的24h内表现明显。如果不及时治疗，1～2d内因窒息死亡。

（3）亚急性和慢性　亚急性和慢性多在急性期后出现。病程长为15～20d，病猪轻度发热或不发热，有不同程度的自发性或间歇性咳嗽，食欲减退，肉料比降低。病猪不爱活动，驱赶猪群时常常掉队，仅在喂食时勉强爬起。

（4）慢性期的猪群症状表现不明显，若无其他疾病并发，一般能自行恢复。同一猪群内可能出现不同程度的病猪。

2. 临床症状

人工感染猪的潜伏期约为1～7d或更长。由于动物的年龄、免疫状态、环境因素以及病原的感染数量的差异，临诊上发病猪的病程可分为最急性型、急性型、亚急性型和慢性型。

（1）最急性型　突然发病，病猪体温升高至41～42℃，心率增加，精神沉郁，废食，出现短期的腹泻和呕吐症状，早期病猪无明显的呼吸道症状。后期心衰，鼻、耳、眼及后躯皮肤发绀，晚期呼吸极度困难，常呆立或呈犬坐式，张口伸舌，咳喘，并有腹式呼吸。临死前体温下降，严重者从口鼻流出泡沫血性分泌物。病猪于出现临诊症状后24～36h内死亡。有的病例见不到任何临诊症状而突然死亡。此型的病死率高达80%～100%。

（2）急性型　病猪体温升高达40.5～41℃，严重的呼吸困难，咳嗽，心衰。皮肤发红，精神沉郁。由于饲养管理及其他应激条件的差异，病程长短不定，所以在同一猪群中可能会出现病程不同的病猪，如亚急性或慢性型。

（3）亚急性型和慢性型　多于急性期后期出现。病猪轻度发热或不发热，体温在39.5～40℃，精神不振，食欲减退。不同程度的自发性或间歇性咳嗽，呼吸异常，生长迟缓。病程几天至1周不等，或治愈或当有应激条件出现时，症状加重，猪全身肌肉苍白，心跳加快而突然死亡。

3. 病理变化

主要病变存在于肺和呼吸道内，肺呈紫红色，肺炎多是双侧性的，并多在肺的心叶、尖叶和隔叶出现病灶，其与正常组织界线分明。最急性死亡的病猪气管、支气管中充满泡沫状、血性黏液及黏膜渗出物，无纤维素性胸膜炎出现。发病24h以上的病猪。肺炎区出现纤维素性物质附于表面，肺出血、间质增宽、有肝变。气管、支气管中充满泡沫状、血性黏液及黏膜渗出物，喉头充满血性液体，肺门淋巴结显著肿大。随着病程的发展，纤维素性胸膜炎蔓延至整个肺脏，使肺和胸膜粘连。常伴发心包炎，肝、脾肿大，色变暗。病程较长的慢性病例，可见硬实肺炎区，病灶硬化或坏死。发病的后期，病猪的鼻、耳、眼及后躯皮肤出现发绀，呈紫斑。

（1）最急性型　病死猪剖检可见气管和支气管内充满泡沫状带血的分泌物。肺充血、出血和血管内有纤维素性血栓形成。肺泡与间质水肿。肺的前下部有炎症出现。

（2）急性型　急性期死亡的猪可见到明显的剖检病变。喉头充满血样液体，双侧性肺炎，常在心叶、尖叶和膈叶出现病灶，病灶区呈紫红色，坚实，轮廓清晰，肺间质积留血色胶样液体。随着病程的发展，纤维素性胸膜肺炎蔓延至整个肺脏。

（3）亚急性型　肺脏可能出现大的干酪样病灶或空洞，空洞内可见坏死碎屑。如继发细菌感染，则肺炎病灶转变为脓肿，致使肺脏与胸膜发生纤维素性粘连。

（4）慢性型　肺脏上可见大小不等的结节（结节常发生于膈叶），结节周围包裹有较厚的结缔组织，结节有的在肺内部，有的突出于肺表面，并在其上有纤维素附着而与胸壁或心包粘连，或与肺之间粘连。心包内可见到出血点。

在发病早期可见肺脏坏死、出血，中性粒细胞浸润，巨噬细胞和血小板激活，血管内有血栓形成等组织病理学变化。肺脏大面积水肿并有纤维素性渗出物。急性期后则主要以巨噬细胞浸润、坏死灶周围有大量纤维素性渗出物及纤维素性胸膜炎为特征。

4. 实验室诊断

根据本病主要发生于育成猪和架子猪以及天气变化等诱因的存在，比较特征性的临床症状及病理变化特点，可做出初诊。确诊要对可疑的病例进行细菌检查。

实验室诊断包括直接镜检、细菌的分离鉴定和血清学诊断。

（1）直接镜检　从鼻、支气管分泌物和肺脏病变部位采取病料涂片或触片，革兰染色，显微镜检查，如见到多形态的两极浓染的革兰阴性小球杆菌或纤细杆菌，可进一步鉴定。

（2）病原的分离鉴定　将无菌采集的病料接种在7%马血巧克力琼脂平板、划有表皮葡萄球菌十字线的5%绵羊血琼脂平板或加入生长因子和灭活马血清的牛心浸汁琼脂平板上，于37℃含5%~10% CO_2条件下培养。如分离到的可疑细菌，可进行生化特性、CAMP试验、溶血性测定以及血清定型等检查。

（3）血清学诊断　包括补体结合试验、2-巯基乙醇试管凝集试验、乳胶凝集试验、琼脂扩散试验和酶联免疫吸附试验等方法。国际上公认的方法是改良补体结合试验，该方法可于感染后10d检查血清抗体，可靠性比较强，但操作烦琐，河南天行健认为酶联免疫吸附试验较为实用。

本病应注意与猪肺疫、猪气喘病进行鉴别诊断。猪肺疫常见咽喉部肿胀、皮肤、皮下组织、浆膜以及淋巴结有出血点；而传染性胸膜肺炎的病变常局限于肺和胸腔。猪肺疫的病原体为两极染色的巴氏杆菌，而猪传染性胸膜肺炎的病原体为小球杆状的放线杆菌。猪气喘病患猪的体温不升高，病程长，肺部病变对称，呈胰样或肉样病变，病灶周围无结缔组织包裹。

（三）防控措施

1. 应加强饲养管理

严格卫生消毒措施，注意通风换气，保持舍内空气清新。减少各种应激因素的影响，保持猪群足够均衡的营养水平。

2. 应加强猪场的生物安全措施

从无病猪场引进公猪或后备母猪，防止引进带菌猪；采用"全进全出"饲养方式，出猪后栏舍彻底清洁消毒，空栏1周才重新使用。新引进猪或公猪混入一群副猪嗜血杆菌感染的猪群时，应该进行疫苗免疫接种并口服抗菌药物，到达目的地后隔离一段时间再逐渐混入较好。

3. 对已污染本病的猪场应定期进行血清学检查

清除血清学阳性带菌猪，并制定药物防治计划，逐步建立健康猪群。在混群、疫苗注射或长途运输前1~2d，应投喂敏感的抗菌药物，如在饲料中添加适量的磺胺类药物或泰妙菌素、泰乐菌素、新霉素、林可霉素和壮观霉素等抗生素，进行药物预防，可控制猪群发病。

4. 疫苗免疫接种

国内外均已有商品化的灭活疫苗用于本病的免疫接种。一般在 5～8 周龄时首免，2～3 周后二免。母猪在产前 4 周进行免疫接种。可应用包括国内主要流行菌株和本场分离株制成的灭活疫苗预防本病，效果更好。

八、猪传染性萎缩性鼻炎

猪传染性萎缩性鼻炎是一种由支气管败血波氏杆菌（主要是 D 型）和产毒素多杀巴氏杆菌（C 型）引起的猪呼吸道慢性传染病。其特征为鼻炎，面部变形，鼻甲骨尤其是鼻甲骨下卷曲发生萎缩和生长迟缓。

（一）病原

支气管败血波氏杆菌（*Bordetella bronchiseptica*）Ⅰ相菌和多杀性巴氏杆菌毒素源性菌株联合感染。支气管败血波氏杆菌Ⅰ相菌单独不能引起渐近性猪传染性鼻缩性鼻炎发生，但支气管败血波氏杆菌与多杀性巴氏杆菌毒素源菌株荚膜血清型 A 或 D 株联合感染（无特定病原体猪群）和无菌猪，能引起鼻甲骨严重损害和鼻吻变短。用多杀性巴氏杆菌 D 型或 A 型株毒素，单独给健康猪接种，可以发生猪传染病性萎缩性鼻炎和严重病变。多种应激因素、营养、管理和继发的微生物如绿脓杆菌、嗜血杆菌及毛滴虫等，可加重病情。

支气管败血波氏杆菌为革兰染色阴性球状杆菌（0.2～0.3）μm×（0.5～1.0）μm，散在或成对排列，偶见短链。不能产生芽孢，有周鞭毛，能运动，有两极着色的特点。为需氧菌，最适生长温度 35～37℃，培养基中加入血液或血清有助于此菌生长。

在鲜血培养基上生长能产生 β 溶血，在葡萄糖中性红琼脂平板上呈烟灰色透明的中等大小菌落。在肉汤培养基中呈轻度均匀浑浊生长，不形成菌膜，有腐霉气味。在马铃薯培养基上使马铃薯变黑，菌落黄棕而带绿色。不发酵糖类，使石蕊牛乳变碱，但不凝固。甲基红试验、VP 试验和吲哚试验阴性。能利用柠檬酸盐、分解尿素。过氧化氢酶、氧化酶试验阳性。

根据毒力、生长特性和抗原性，支气管败血波氏杆菌有 3 个菌相，Ⅰ相菌病原性较强，具有红细胞凝集性。有荚膜和密集周生菌毛，很少见有鞭毛；球形或球杆状，染色均匀；有表面 K 抗原（由荚膜抗原和菌毛抗原组成）和细胞浆内存在的强皮肤坏死毒素（似内毒素），Ⅱ相菌和Ⅲ相菌无荚膜和菌毛，毒力较弱。Ⅰ相菌在人工培养过程中及不适宜条件下可成为低毒或无毒，向Ⅱ、Ⅲ相菌变异。Ⅱ相菌是Ⅰ相菌向Ⅲ相菌变异的过渡菌型，各种生物学活性介于Ⅰ相菌与Ⅲ相菌之间。Ⅰ相菌感染新生的猪后，在鼻腔中增殖，并可存留 1 年之久。

引起的猪传染性萎缩性鼻炎的多杀性巴氏杆菌，绝大多数属于 D 型，能产生一种耐热的外毒素，毒力较强；可致豚鼠皮肤坏死及小鼠死亡。用此毒素接种猪，可复制出典型的猪萎缩性鼻炎（AR）。少数属于 A 型，多为弱毒株，不同型毒株的毒素有抗原交叉性，其抗毒素也有交叉保护性。

本菌对外界环境的抵抗力不强，一般消毒药均可杀死病菌。在液体中，58℃ 15min 可将其杀灭。

（二）诊断

1. 流行特征

本病在自然条件下只见猪发生，各种年龄的猪都可感染，最常见于 2～5 月龄的猪。在出生后几天至数周的仔猪感染时，发生鼻炎后多能引起鼻甲骨萎缩；年龄较大的猪感染时，可能不发生或只产生轻微的鼻甲骨萎缩，但是一般表现为鼻炎症状，症状消退后成为带菌猪。病猪和带菌猪是主要传染来源。病菌存在于上呼吸道，主要通过飞沫传播，经呼吸道感染。本病的发生多数是由有病的母猪或带菌猪传染给仔猪的。不同月龄猪只混群，再通过水平传播，扩大到全群。昆虫、污染物品及饲养管理人员，在传播上也起一定作用。所以，健康猪群，如果不从病猪群直接引进猪只，一般不会发生本病。一般来说，被污染的环境和用具，只要停止使用数周，就不会传递本病。本病在猪群中传播速度较慢，多为散发或呈地方流行性。饲养管理条件不好，猪圈潮湿，寒冷，通风不良，猪只饲养密度大、拥挤、缺乏运动，饲料单纯及缺乏钙、磷等矿物质等，常易诱发本病，加重病的演变过程。

2. 临床症状

受感染的小猪出现鼻炎症状，打喷嚏，呈连续或断续性发生，呼吸有鼾声。猪只常因鼻类刺激黏膜表现不安定，用前肢搔抓鼻部，或鼻端拱地，或在猪圈墙壁、食槽边缘摩擦鼻部，并可留下血迹；从鼻部流出分泌物，分泌物先是透明黏液样，继之为黏液或脓性物，甚至流出血样分泌物，或引起不同程度的鼻出血。在出现鼻炎症状的同时，病猪的眼结膜常发炎，从眼角不断流泪。由于泪水与尘土沾积，常在眼眶下部的皮肤上，出现一个半月形的泪痕湿润区，呈褐色或黑色斑痕，故有"黑斑眼"之称，这是具有特征性的症状。

有些病例，在鼻炎症状发生后几周，症状渐渐消失，并不出现鼻甲骨萎缩。大多数病猪，进一步发展引起鼻甲骨萎缩。当鼻腔两侧的损害大致相等时，鼻腔的长度和直径减小，使鼻腔缩小，可见到病猪的鼻缩短，向上翘起，而且鼻背皮肤发生皱褶，下颌伸长，上下门齿错开，不能正常咬合。当一侧鼻腔病变较严重时，可造成鼻子歪向一侧，甚至成 45° 歪斜。由于鼻甲骨萎缩，致使额窦不能以正常速度发育，以致两眼之间的宽度变小，头的外形发生改变。

病猪体温正常。生长发育迟滞，育肥时间延长。有些病猪由于某些继发细菌通过损伤的筛骨板侵入脑部而引起脑炎，发生鼻甲骨萎缩的猪群往往同时发生肺炎；并出现相应的症状。

3. 病理变化

病变多局限于鼻腔和邻近组织。病的早期可见鼻黏膜及额窦有充血和水肿，有多量黏液性、脓性甚至干酪性渗出物蓄积。病进一步发展，最特征的病变是鼻腔的软骨和鼻甲骨的软化和萎缩，大多数病例，最常见的是下鼻甲骨的下卷曲受损害，鼻甲骨上下卷曲及鼻中隔失去原有的形状，弯曲或萎缩。鼻甲骨严重萎缩时，使腔隙增大，上下鼻道的界限消失，鼻甲骨结构完全消失，常形成空洞。

（三）防控措施

本病的感染途径主要是由哺乳期病母猪，通过呼吸和飞沫传染给仔猪，使其仔猪受到传染。病仔猪串圈或混群时，又可传染给其他仔猪，传播范围逐渐扩大。若作为种猪，又通过引种传到另外猪场。因此，要想有效控制本病，必须执行一套综合性兽医卫生措施。

无本病的健康猪场其防制的主要原则是：坚决贯彻自繁自养，加强检疫工作及切实执行兽医卫生措施。必须引进种猪时，要到非疫区购买，并在购入后隔离观察 2~3 个月，确认无本病后再合群饲养。同时淘汰病猪，隔离病猪或可疑病猪接触过的猪只。用支气管败血波氏杆菌（Ⅰ相菌）灭活菌苗和支气管败血波氏杆菌及 D 型产毒多杀性巴氏杆菌灭活二联苗接种在母猪产仔前 2 个月及 1 个月接种，通过母源抗体保护仔猪几周内不感染。也可以给 1~3 周龄仔猪免疫接种，间隔 1 周进行第二免。

九、猪增生性肠病

猪增生性肠病又称增生性肠炎，是生长育成猪常见的肠道传染病。其他名称还有坏死性肠炎、增生性出血性肠病、猪回肠炎、回肠末端炎、猪肠腺瘤。该病临诊表现主要为间歇性下痢，食欲下降，生长迟缓。育成猪及后备母猪有时血样下痢和突然死亡。剖检特征为小肠及回肠黏膜增厚。病理组织学变化以回肠和结肠隐窝内未成熟的肠细胞发生腺瘤样增生为特征。该病在世界各地呈地方性流行。

（一）病原

引起猪增生性肠病的病原是细胞内劳森菌，该菌也曾称为回肠细胞内共生菌，它是一种肠细胞专性厌氧菌，在不含细胞的培养基不能生长，仅能在鼠、猪或人等的肠细胞系上生长，革兰染色阴性，无鞭毛和纤毛。

（二）诊断

1. 流行特征

病猪和带菌猪是该病的传染源。感染猪的粪便中含有坏死脱落的肠壁细胞，且含有大量病原菌。病原菌随粪便排出体外，污染外界环境，并随饲料、饮水等，经消化道感染。成年猪较易感，一般 2 月龄以内及一年以上的猪不易发病。

该病的发生与外界环境等多种因素有关。气候骤变、长途运输、饲养密度过高、转换饲料、并栏或转栏等应激以及抗生素类添加剂使用不当等因素，均可成为该病的诱因。此外，鸟类、鼠类在该病的传播过程中也起重要的作用。

2. 临床症状

该病常发生于 6～20 周龄的生长育成猪，有时也发生于保育仔猪和成年公母猪。临诊表现可以分为以下三型。

（1）急性型　该型较少见，可发生于 4～12 月龄的成年猪。表现为血色水样腹泻，病程稍长时，排黑色柏油样稀粪，并可发生突然死亡。后期转为黄色稀粪，皮肤苍白，精神沉郁。有些突然死亡的猪仅见皮肤苍白而粪便正常。严重者发病率高达 40%。

（2）慢性型　该型最常见，多发生于 6～12 月龄的生长猪。表现为食欲减退，精神沉郁，间歇性下痢，粪便变软、变稀或呈糊状成水样，有时混有血液或坏死组织碎片。患猪消瘦，被毛粗乱，皮肤苍白。如症状较轻及无继发感染，有的猪在发病 4～6 周后可康复。但有的猪则成为僵猪而被淘汰。

（3）亚临床型　感染猪虽有病原体存在，但无明显症状或症状轻微而不引起人们的关注，但生长速度和饲料利用率下降。

3. 病理变化

猪增生性肠病剖检病变多见于小肠末端 50cm 和结肠螺旋的上 1/3 处。肠壁增厚，肠管外径变粗，浆膜下和肠系膜常见水肿。肠黏膜呈现特征分支状皱襞，黏膜表面湿润而无黏液，有时附有颗粒状炎性分泌物，黏膜肥厚。坏死性肠炎的病变还可见凝固性坏死和炎性渗出物，形成灰黄色干酪样物，牢固地附着在肠壁上。局部性回肠炎的肌肉呈显著肥大，如同硬管，习惯上称"袜管肠"。打开肠腔，可见溃疡面，常呈条形，毗邻的正常黏膜呈岛状。增生性出血性肠病的病变同增生性肠病，但很少波及大肠，回肠壁增厚，小肠内有凝血块，结肠中可见黑色焦油状粪便。肠系膜淋巴结肿大，切面多汁。

（三）防控措施

该病目前尚未有疫苗预防，并认为是多种因素引起，对该病的防治，应采取综合防治措施。

加强饲养管理，减少外界环境不良因素的应激，提高猪体的抵抗力。实行全进全出饲养制度。出猪空栏时，栏舍彻底冲洗消毒，空闲 7d 后，方可进猪。有条件的猪场，采用早期断乳，多地生产。同时加强粪便管理。由于母体粪便是主要传染源，故哺乳期间应尽量减少仔猪接触粪便的机会，有条件的猪场要做到随时清粪。最后加强灭鼠等工作，切断传播途径。

十、猪痢疾

猪痢疾又称猪血痢，是由猪痢疾短螺旋体引起的一种严重的肠道传染病，主要临诊症状为严重的黏液性出血性下痢，急性型以出血性下痢为主，亚急性和慢性以黏液性腹泻为期为主。剖检病理特征为大肠黏膜发生卡他性、出血性及坏死性炎症。

（一）病原

猪痢疾短螺旋体，曾称为猪痢疾蛇形螺旋体，属于蛇形螺旋体属成员，存在于病猪的病变肠段黏膜、肠内容物及排出的粪便中。猪痢疾短螺旋体，革兰染色阴性，苯胺染料或姬姆萨染色液着色良好，组织切片以镀银染色为好，可见两端尖锐、形如双雁翼状，菌体长 $6 \sim 8 \mu m$，宽 $0.32 \sim 0.38 \mu m$，有 $4 \sim 6$ 个弯曲，新鲜病料在暗视野显微镜下，可见活泼的以长轴为中心做旋转运动，在电子显微镜下可见细胞壁与外膜之间有 $7 \sim 9$ 条轴丝，轴丝在靠近细胞中部发生重叠，具有运动性和溶血性，在暗视野显微镜下，可见其活泼的蛇样运动。

本菌为严格的厌氧菌，对培养条件要求较严格，一般不做培养。如培养时，常用酪蛋白胰酶消化大豆鲜血琼脂或酪蛋白胰酶大豆汤、含牛血清白蛋白和胆固醇的无血清培养基，在一个大气压 $80\% H_2$（或无氧 N_2）、$20\% CO_2$ 以钯为催化剂的厌氧罐内，$37 \sim 42℃$ 培养（6d），在鲜血琼脂上，可见明显的 β 溶血。在溶血带的边缘，有云雾状薄层生长物或针尖状透明菌落。短螺旋体只能分解少数几种糖，如葡萄糖、果糖、乳糖，产生靛基质，不产生硫化氢，不液化明胶，过氧化氢酶、细胞色素氧化酶试验阴性。

猪痢疾短螺旋体对结肠、盲肠的致病性不依赖于其他微生物，但肠内固有的厌氧微生物则是本菌定居的必要条件和导致病变严重。所以，用本菌口服感染无菌猪时，不发生症状和病变。

猪痢疾短螺旋体对外界环境抵抗力较强，在密闭猪舍粪尿沟中可存活 30d，土壤中4℃时能存活102d，粪便中5℃时存活61d，25℃时存活7d，37℃时很快死亡。对阳光照射、加热和干燥敏感。兽医实践中常用的消毒药和常用浓度，如过氧乙酸、氢氧化钠、煤酚皂等可迅速将其杀死。

（二）诊断

1. 流行特征

病猪和带菌猪是主要的传染源，康复猪带菌率高，带菌时间可长达数月，经常随着粪便排出大量病菌，污染饲料、饮水、猪圈、饲槽、用具、周围环境、运输工具及母猪躯体（包括乳头），经消化道感染，健康猪吃入污染的饲料、饮水感染，仔猪出生后通过消化道感染，在断乳前后发病。在自然情况下，只引起猪发病。不同品种、不同年龄的猪均可感染，以 2～3 月龄幼猪发生最多。小猪的发病率和病死率比大猪高。一般发病率 70%～80%，病死率 30%～60%。

2. 临床症状

本病潜伏期为3d至2个月以上，自然感染多数为1～2周。猪群暴发本病时，起初多呈急性，后逐渐缓和，转为亚急性和慢性。在新暴发本病时，常有最急性病例突然死亡，看不到腹泻等明显症状。

（1）最急性型　见于流行初期，死亡率高，个别表现无症状，突然死亡。多数病例为厌食，剧烈下痢，粪便由黄灰色软粪变为水泻，内含有黏液和血液或血块。随病程的发展，粪便中混有黏膜或纤维素渗出物的碎片，味腥臭。病猪精神沉郁，排便失禁，弓腰，腹痛，呈高度脱水现象，往往在抽搐状态下死亡。病程 12～24h。

（2）急性　急性病例最常见的症状是出现程度不同的腹泻。一般是先拉软粪，渐变为黄色稀粪，内混黏液或带血。病情严重时所排粪便呈红色糊状，内有大量黏液、血块及脓性分泌物，有的拉灰色、褐色甚至绿色糊状粪，有时带有很多小气泡，并混有黏液及纤维素性坏死伪膜。病猪精神不振，厌食及喜饮水，弓背，脱水，行走摇摆，腹部卷缩，腹痛，用后肢踢腹，被毛粗乱、无光泽，迅速消瘦，后期排粪失禁。肛门周围及尾根被粪便沾污，起立无力，极度衰弱，最后死亡。大部分病猪体温正常，40～40.5℃，但不超过41℃。

（3）亚急性和慢性　亚急性和慢性病例病状较轻，下痢，粪中含较多黏液和坏死组织碎片，血液较少；病期较长，进行性消瘦，生长停滞，发育不良。部分病例可自然康复，但在一定时间内可复发，甚至发生死亡。从拉稀粪开始至死亡，经 7～10d。少数病猪经治疗不见好转，病程可达 15d 以上。

3. 病理变化

本病的特征性病变主要在大肠（结肠、盲肠），尤其是回、盲肠接合部，而小肠一般没有病变。

剖检见病尸明显脱水，显著消瘦，被毛粗刚并被粪便污染。急性期病猪的大肠壁和大肠系膜充血、水肿，肠系膜淋巴结也因发炎而肿大。结膜黏膜下的淋巴小节肿胀，隆突于黏膜表面。黏膜明显肿胀，被覆有大量混有血液的黏液。当病情进一步发时，大肠壁水肿减轻，而黏膜表层形成一层出血性纤维蛋白伪膜。剥去假膜，肠黏膜表面有广泛的糜烂和潜在性溃疡。当病变转为慢性时，黏膜面常被覆一层致密的纤维素性渗出物。本病的病变分布部位不定，病轻时仅侵害部分肠段，反之则可分布于整个大肠部分，而病的后期，病变区扩大，常呈广泛分布。

4. 实验室诊断

（1）取病猪新鲜粪便或大肠黏膜制成涂片，用姬姆萨、草酸铵结晶紫或复红染色液染色、镜检，高倍镜下每个视野见 3 个以上具有 3~4 个弯曲的较大螺旋体；或将病料制成悬滴或压滴标本用暗视野检查，亦可见到每视野 3~5 条蛇形螺旋体，即可初步确诊此病。

（2）分离培养　常用棉拭子采集结肠黏液或粪便样品，接种于选择培养基上，进行厌氧培养。常用培养基为酪蛋白胰酶消化大豆琼脂，可在其中加入 5%~10% 马血液或牛血液以及奇霉素 400μg/mL，或多黏菌素 200μg/mL，培养温度为 38~42℃，每隔两天检查一次，当培养基上出现无菌落 β 溶血区时，即表明可能有本菌生长，应继代分离培养、镜检，一般传 2~4 代即可分纯，并做生化试验。

（三）防控措施

严禁从病场购入带菌种猪，坚持自繁自养原则；如果必须引入种猪时，需从无本病的猪场引入，运回的猪只需隔离观察和检疫 2 个月，确认健康者方可并群饲养。平时做好猪舍及环境的清洁卫生和消毒；及时清扫圈舍，搞好粪便管理；做好防鼠灭蝇工作；消毒后的猪舍，空闲 1 个月后方可引进新猪饲养。猪场发现病猪最好全部淘汰，以除祸患。对发病群，及时用药物治疗和实施药物预防。

（1）痢菌净　按 5mg/kg 计算，口服，每日 2 次，连服 3~5d 为一疗程；或用 0.5% 痢菌净溶液，按 0.5mL/kg 计算，肌肉注射，连用 3~5d。

（2）二甲硝基咪唑　每升水中加入 0.25g，溶解后供病猪饮服，连饮 5d；每吨饲料加入 100g 喂服，可作预防。或按 5~10mg/kg，分两次口服，连服 3~4d。

（3）新霉素　按每吨饲料中加入 140g 喂饲，连喂 3~5d；每吨饲料中加入 100g，喂饲，可供预防，连用 20d。

十一、仔猪渗出性皮炎

猪渗出性皮炎是猪的一种传染性皮肤病，由条件性致病菌葡萄球菌引起的，病猪会出现全身皮肤油脂样渗出性皮炎症状，可以使用抗生素进行治疗，一般不会造成死亡，但是多会愈后不良。

（一）病原

猪葡萄球菌确定为导致猪渗出性皮炎的病原。该菌对生长条件要求不高，可以在普通的琼脂板上生长，也可以在选择性指示培养基上生长。猪葡萄球菌还可以在含 50mL/L 牛血清琼脂板上生长，其在血平板上长成光滑、灰白色、直径大约为 3~4mm 的菌落，常呈不规则成堆排列，形似葡萄串状。脂酶试验为阳性，在血琼脂平板上没有溶血现象，透明质酸酶阳性，热稳定性、DNA 酶阳性，接触酶阳性，VP 试验阴性，氧化酶阴性。糖发酵中果糖、葡萄糖、乳糖和蔗糖等为阳性，麦芽糖、甘露醇、木糖等为阴性。这些生化特性在常规方法中区分该病和其他来源于葡萄球菌时非常有用。

猪葡萄球菌可以产生几种不同的表皮脱落毒素，根据其抗原性的不同，分别命名为 ExhA、ExhB、ExhC 和 ExhD 并进行分型。不同的血清型毒株，毒力和致病力存在差异，但其生化和培养特性基本一致。强毒株常能引起仔猪皮肤油脂样渗出、形成皮痂并脱落，严重时导致脱水和死亡等临床症状。此外，猪葡萄球菌流行还有明显的特点，血清型 ExhB 最为流行，其次分别是血清型 ExhA、ExhC 和 ExhD。

葡萄球菌对环境的抵抗力较强，在干燥的脓汁或血液中可以存活 2~3 月，80℃条件下 30min 才能杀灭，但煮沸可迅速使其死亡。葡萄球菌对消毒剂的抵抗力不强，一般的消毒剂均可杀灭。对磺胺类、青霉素、红霉素等抗菌药物较敏感，但易产生耐药性。

（二）诊断

1. 流行特征

猪葡萄球菌是猪常见的一种共栖菌，经常可从健康猪鼻黏膜、结膜、耳朵或鼻、口部皮肤以及在小母猪和母猪的生殖道内分离到该菌，当饲养环境发生变化时或引起免疫抑制的因素（转群、断乳、混群饲料突然改变或通风不良、免疫抑制性疾病）存在时，会导致该病的发生。

猪葡萄球菌的发生和流行无明显的季节性，一年四季均有发生。该病在猪群中一般呈散发性，病死率低，发病率一般在 2%~5%，某些环境卫生差的猪场发病率能达到 10% 左右，但在没有免疫力的猪群中病死率可达到 70%。该病痊愈后严重影响仔猪的生长速度，造成巨大的经济损失。该病主要感染1~5周龄的仔猪，但强毒株也能造成更大的猪发病。仔猪出生时可通过母猪生殖道感染，当饲养环境变化时特别是皮肤损伤时更容易感染发病。仔猪感染后首先是感染部位发生红斑，然后有皮脂样渗出，随之发展至全身，最后形成皮痂并脱落。该菌常被看成是一种继发性病原菌，有研究表明，猪群中存在圆环病毒2型感染时，猪葡萄球菌的分离率会增加。在有其他疾病如猪繁殖与呼吸障碍综合征、猪瘟以及猪伪狂犬病等感染时，可以加剧临床症状。

猪葡萄球菌对不利的条件具有很强的抵抗力，并能在环境中存活很长时间。带菌猪是该病的主要传染源，该病原菌的传播可能是通过直接皮肤接触，间接接触污染的墙壁和用具，该菌在感染猪舍空气中浓度可达 $2.5 \times 10^4 CFU/m^3$，表明该菌可以通过空气传播。

2. 临床症状

一般多发仔猪，猪只突然发病，先是仔猪吻突及眼睑出现点状红斑，后转为黑色被皮，接着全身出现油性黏性滑液渗出，气味恶臭，然后黏液与被皮一起干燥结块贴于皮肤上形成黑色痂皮，外观像全身涂上一层煤烟，后病情更加严重，有的仔猪不会吮乳，有的出现四肢关节肿大，不能站立，全身震颤，有的出现皮肤增厚、干燥、龟裂、呼吸困难、衰弱、脱水、败血死亡。

3. 病理变化

病猪全身黏胶样渗出，恶臭，全身皮肤形成黑色痂皮，肥厚干裂，痂皮剥离后露出桃红色的真皮组织，体表淋巴结肿大，输尿管扩张，肾盂及输尿管积聚黏液样尿液。

4. 实验室诊断

（1）涂片镜检　于病初仔猪丘疹处取病料，做成触片，瑞氏染色，发现大量散在、成对或短链状排列的圆形或卵圆形细菌；血液琼脂平板上单个菌落制成的细菌涂片，革兰染色发现大量葡萄球状革兰阳性球菌。

（2）分离培养　将无菌采取的病料，接种于血液琼脂平面培养基上，37℃培养24h，细菌生长旺盛，菌落附近有显著的溶血环，菌落呈灰白色，40℃保留数天后，菌落呈淡黄色。

（三）防控措施

1. 加强饲养管理

猪葡萄球菌为猪条件性致病菌，因此加强猪群饲养管理，特别是仔猪出生、断乳时的管理，合理搭配饲料以增强抵抗力。同时要搞好环境卫生，对猪体、圈舍、场地定期彻底消毒，杀灭病原。

2. 预防接种

免疫预防是控制传染病的有效手段，研制能预防猪葡萄球菌的疫苗是成功预防该病的关键。到目前为止还没有正规疫苗生产，自制灭活菌苗预防是最好的办法。从具有明显临床症状的病猪分离猪葡萄球菌培养制成灭活苗免疫可取得满意的效果。猪葡萄球菌产生的表皮脱落毒素可能是唯一的保护性抗原，所以提取猪葡萄球菌产生的表皮脱落毒素进行灭活制成灭活苗免疫，其产生的抗体能有效中和表皮脱落毒素对皮肤的侵害，同样能取得良好的效果，对规模化猪场预防本病的发生和流行起到了重要作用。

实操训练

实训　常见细菌的分离培养及鉴定

（一）实训目标

了解常见的大肠杆菌、沙门菌和葡萄球菌的培养方法，鉴定方法和镜检细菌的操作步骤。

（二）材料与用具

1. 材料

营养琼脂粉、营养肉汤粉、半固体琼脂粉、蒸馏水、脓汁标本、粪便标本、普通营养琼脂平板、伊红亚甲蓝琼脂平板、斜面培养基管、液体培养基管、半固体培养基管、结晶紫染液、卢戈碘液、95%酒精、稀释石碳酸复红染液、香柏油、二甲苯、葡萄糖发酵微量管、乳糖发酵微量管、兔血浆、生理盐水、诊断血清、Muller – Hinton 琼脂平板、青霉素滤纸片、链霉素滤纸片、庆大霉素滤纸片。

2. 用具

1500W 电炉、天平、称量纸、药勺、三角烧瓶、量筒、试管、刻度吸管、洗耳球、棉塞、牛皮纸、硫酸纸、橡皮筋、试管筐、尺、平皿、酒精灯、电炉、接种环、接种针、染色架、吸水纸、擦镜纸、打火机、笔、显微镜、小砂轮、载玻片、镊子、试管刷、冰箱、恒温培养箱。

（三）操作步骤

1. 培养基的制备

细菌分离所需培养基按表 3 – 1 进行制备。

表 3 - 1　　　　　　　　　　　　　　　　细菌分离培养基的制备

培养基	称量干粉培养基/g	水量/mL	煮沸/次	分装/mL	备　　注
营养琼脂	11.4	300			2 瓶，500mL 锥形瓶，平板
营养琼脂	2.9	75	3	5	15 支，中试管，斜面
营养肉汤	1.1	50	1	1	15 支小试管，液体
半固体琼脂	1.7	60	3	3	15 支，小试管，高层

取干粉培养基加入一定量蒸馏水加热溶化后进行分装，将分装后的试管集中放在试管筐里，然后罩上硫酸纸、牛皮纸，用橡皮筋扎好后放入讲台边的灭菌桶或灭菌筐内，送到高压蒸汽灭菌室进行灭菌（用于倒平板的培养基不用加热溶解，摇匀即可）。

2. 细菌的分离培养平板划线分离法

（1）右手拿接种环（如握笔式），烧灼灭菌，欲伸入试管内的接种环杆部分亦要 迅速通过火焰 2～3 次，以杀灭其表面细菌。

（2）左手握住盛有标本的试管的下端，右手以无名指、小指与手掌在火焰旁拔出试管棉塞并挟住之，将管口迅速通过火焰 3 次灭菌。

（3）立即将已灭冷却的接种环伸入试管内，蘸取标本（或菌液）一环，试管口火焰灭菌后塞好棉塞。

（4）左手斜持平板，略开盖，在酒精灯火焰左前方 5～6cm 处，将接种环上的菌液涂抹于平板表面的边缘部分。

（5）烧灼接种环，冷却后，从原涂抹部分开始，连续平行划线，每次只划平板的 1/5～1/4，划毕后接种环再经火焰灭菌，冷却后用同样方法在平板其余部分划线，每次划线要与前次划线重叠 1～3 条，共计 3 次。

（6）接种完毕，将接种环烧灼灭菌后方可放下。

（7）将培养皿倒置，37℃培养 34h 后，观察结果。

3. 细菌的纯培养斜面接种分工

方法：接种环→套住菌落→轻刮取菌→接种环取菌后，伸入斜面底部，自下向上先拉→条细菌接种线→再伸入底部，自下向上，作蜿蜒划线→细菌涂布接种在斜面培养基的表面→斜面正面上 2/3 作标记：组号、颜色→收集平板→灭菌桶内（平板底部朝下，盖朝上放置）→速送灭菌室→高压蒸汽灭菌→洗刷。

4. 细菌的形态学检查

（1）步骤：涂片→干燥→固定→染色→观察。

（2）涂片 ①接种环取盐水 $3\mu L \times 2$ 滴，水滴间距小于 $2cm$；②取菌苔少许（$1mm$ 小菌落半个）与盐水混匀，涂成大于 $1cm^2$；③涂毕→环移至涂膜中央侧立，待环内菌膜破裂，接种环烧灼灭菌→干燥→固定，手持载玻片端，涂膜朝上，两个涂膜快速通过火焰外层 3 次，时间 $2 \sim 3s$。

（3）革兰染色 涂片→干燥→固定→结晶紫→初染 $1min$→水洗→卢戈碘液→媒染 $1min$→水洗→95% 乙醇→脱色约 $20s$—7 水洗→稀释品红→复染 $1min$→水洗→吸干，镜检。

（4）油镜使用方法 $10 \times$ 物镜→看清标本→滴加香柏油→$100 \times$ 油镜→浸泡油中→模糊物象→细调节调焦，观察物像→记录结果→关闭电源→擦镜纸拭去香柏油→擦镜纸沾少许乙醇和乙醚（7:3）混合液擦拭→擦镜纸擦拭油镜。

5. 液体培养基接种 （肉汤接种）

（1）接种环斜面取菌，在靠近液面的管壁上，上下研磨接种。

（2）在管壁上，将接种环内的菌膜拍破，退出接种环，烧灼灭菌。

（3）标记组号，颜色。

6. 细菌的生化试验

（1）细菌的糖发酵试验

方法：①用砂轮在糖发酵管液面上方 $2 \sim 3cm$ 处切割，然后，向切口外侧分离掰断，管口烧灼灭菌；②接种针斜面取菌，伸入培养基内，在管壁上，上下研磨接种；③退出接种针，烧灼灭菌；④管口朝向相同，放置在平皿内。

（2）抗生素敏感性试验

方法：①先取一环菌液；②沿平板直径拉一条细菌接种线；③再取一环菌液；④旋转平板 $90°$，拉另一条接种线，使两条细菌接种线呈"十字形"；⑤然后在平板上半部，作连续来回密集划线，每次划二分之一平板；⑥旋转平板 $90°$，二次密集划线；⑦旋转平板 $90°$，三次密集划线；⑧旋转平板 $90°$，四次密集划线；⑨设三点，呈等边三角距离；⑩点距离平板边缘约 $15mm$；⑪作标记：青、链、庆（分别指青霉素、链霉素、庆大霉素）；⑫镊子尖嘴朝下，夹取相应药物纸片的边缘，平贴在已设定的位置上，轻轻按压纸片。

（3）血浆凝固酶试验

方法：①取二滴兔血浆（Rabbit plasma）置于洁净的玻片上；②分别用接种环取白色和黄色菌苔（约 $2 \sim 3$ 个菌落的菌量）与血浆研磨混合成直径 $8 \sim 10mm$ 的一层薄菌膜，立即观察结果；③菌液出现明显凝块者为阳性，否则为阴性。

（4）半固体穿刺接种法

方法：①接种针斜面取菌，从半固体中心，垂直刺入，到达培养基底部 4/5 处，再循原来的路线，退出接种针；②管口、接种针经火焰烧灼灭菌；③标记组号，颜色。

7. 细菌的血清学试验、结果分析玻片凝集试验

（1）取洁净的载玻片一张，将磨面近端设为对照区，滴加生理盐水 15μL。远端设为试验区，滴加福氏志贺菌诊断血清 15μL。

（2）用接种环分别取粉红色菌苔，约 2 个小菌落的菌量，研磨于盐水或血清内，混合均匀。

（四）实训报告

根据实训结果，判定是哪种细菌病。

项目思考

1. 猪大肠杆菌病会引起猪哪些症状？如何进行诊断？
2. 引起猪腹泻的细菌性疾病有哪些？如何防治？
3. 引起猪出现呼吸道症状的细菌病有哪些？如何防治？
4. 猪细菌性疾病如何进行实验室鉴别诊断？

项目四　猪常见寄生虫病

一、猪寄生虫病基础知识

规模化猪场的饲养管理及环境条件较为规范，不像散养或放养猪，一般情况下不易发生寄生虫病。但因其饲养数量多，饲养密度大，一旦场内不慎污染有寄生虫及其虫卵，猪只感染的机会大大增加，也会引起发病，造成的较大影响。规模猪场寄生虫病的发病规律与散养猪群不同，表现为季节性不明显，通常为慢性经过等。因为其发病表现不明显，有些感染猪只是表现为生长速度缓慢、饲料转化率降低等隐性损失。

（一）寄生虫的类型及其与宿主的相互作用

猪寄生虫病是指寄生虫侵入猪体内外寄生而引起的疾病。寄生生活是自然界中许多生物所采取的一种生活方式，其中一方寄居在另一方的体内或体表从而受益，并对另一方造成不同程度的危害，这种生活关系称为寄生生活。营寄生生活的动物称为寄生虫，被寄生的动物称为宿主。

寄生虫按寄生部位可以分为外寄生虫和内寄生虫；按寄生生活时间长短可分为暂时性寄生虫和永久性寄生虫；按适应程度分为固需寄生虫和兼性寄生虫。寄生虫的宿主分成终末宿主、中间宿主、补充宿主、贮藏宿主、保虫宿主和带虫宿主等。

寄生虫对宿主的感染途径有经口感染、经皮肤感染、经胎盘感染、接触感染、自身感染、经生物媒介感染等，可以是其中的单一或多种感染途径。

寄生虫侵入猪后，在其体内移行、发育和繁殖过程中常夺取宿主的营养、对宿主造成机械损伤、甚至有的对宿主有毒害作用和引起宿主的继发感染。

（二）寄生虫病的诊断及防治原则

因寄生虫种类和寄生部位不同，引起的病理变化和临床表现各异。只有正确诊断寄生虫病才能对寄生虫病进行有效的治疗和预防。

1. 诊断基本原则

流行病学调查可以为诊断和防治提供依据。首选了解是本场猪只还是引种回来的猪群，有没有中间宿主和传播媒介的存在，自然环境，猪场饲养管理情况等。

对猪群进行临床检查，特别是一些体外寄生虫很容易被发现。饲养员每天要进行细心的观察，了解猪的采食情况，粪便情况，体表皮毛的情况，为诊断提供依据。

对有些寄生虫病，猪只感染后临床特征表现不明显，只有通过实验方法才能确诊。根据寄生虫生活史的特征、流行病学特点，从猪的血液、排泄物、分泌物或皮肤等中检查寄生虫生活史中某一发育阶段，如虫卵、幼虫、虫体等。如通过粪便检查虫卵、虫体等，通过皮肤及其刮下物检查体表寄生虫等，通过采血检查血液性寄生虫。

2. 防治措施

寄生虫病的综合防治措施应以预防为主，因寄生虫病的发生和传播有三个条件：易感群体，感染源，适宜的传播外界环境。防治措施从消除感染源，阻断传播途径，提高猪只自身抵抗力几个方面着手。

可根据寄生虫的流行特点，采用驱虫药进行预防性驱虫，达到预防健康猪的感染，同时可治疗患病猪，减少病猪或带虫猪向外散播病原，起到防治作用。猪场每年需有计划地进行驱虫，同时要经常更换驱虫药，以免寄生虫产生耐药性。在预防性驱虫时要注意体内寄生虫和体外寄生虫都要考虑。

某些寄生虫的流行，与犬、猫、鼠类等保虫宿主有关，因此场内严禁养犬、猫，同时做好灭鼠工作。一些寄生虫虫卵往往随粪便排到外界环境中，因此要及时打扫圈舍和清除粪便。

同时要加强不同时间猪只的管理，特别是仔猪和怀孕母猪，此时抵抗力差，易被感染。

二、猪弓形虫病

弓形虫病是肉孢子虫科弓形虫属的龚地弓形虫寄生于动物和人的有核细胞内引起的一种人畜共患的原虫病。弓形虫的宿主十分广泛，人和动物的感染率都高。猪感染后主要以高热、呼吸及消化道症状和怀孕流产、死胎、胎儿畸形为主要特征。我国猪弓形虫病在各地均有报道，严重的会造成高死亡率。

（一）病原体

弓形虫在不同的发育阶段形态不同。整个发育过程分为5种类型，即滋养体、包囊、裂殖体、配子体和卵囊。其中滋养体和包囊是在中间宿主猪、狗、猫等体内形成的，裂殖体、配子体和卵囊是在终末宿主（猫）体内形成的。滋养体、包囊和感染性卵囊这三种类型都具有感染力。

1. 滋养体

滋养体又称速殖子，见于中间宿主，如猪、猫等体内。呈新月形、香蕉形或弓形，大小为（4~7）μm×（2~4）μm，一端尖，一端钝圆。用姬姆萨氏或瑞氏染色后镜下观察，胞浆淡蓝色，有颗粒，核呈深蓝紫色，偏于钝圆一端。滋养体主要见于急性病例，在腹水中常见到游离的（细胞外的）单个虫体；在有核细胞内（单核细胞，内皮细胞、淋巴细胞等）还可见到形状多样，有圆形、卵圆形、柠檬形和正在出芽不规则形状等繁殖中的虫体；有时在宿主细胞的胞浆内，许多滋养体簇集于宿主的细胞膜内，外观似包囊，称为假囊。速殖子在组织细胞内大量繁殖，直至细胞胀破，逸出的速殖子又可进入相邻的细胞内继续感染。

2. 包囊

包囊又称缓殖子，见于中间宿主。呈卵圆形，直径可达50~60μm，囊膜较厚，由虫体分泌形成，囊内虫体数目可达数十个至数千个。包囊出现于慢性或无症状病例，主要寄生于脑、骨骼肌和视网膜，以及心、肺、肝、肾等器官。包囊在某些情况下可破裂，缓殖子从包囊中逸出，重新侵入新的细胞内形成新的包囊。包囊可在中间宿主体内存在数月甚至终生，一旦机体免疫功能下降，包囊内缓殖子破囊逸出，引起复发。

3. 裂殖体

裂殖体见于终末宿主肠上皮细胞内。呈圆形，寄生在终末宿主猫的肠上皮细胞内，经裂殖生殖可发育形成许多裂殖子。

4. 配子体

配子体见于终末宿主。寄生在终末宿主猫的肠上皮细胞内，是经裂殖生殖后产生的配子体，又分为大配子体和小配子。大、小配子结合形成合子，最后发育为卵囊。

5. 卵囊

卵囊呈卵圆形，是随猫粪便排至体外阶段。卵囊表面光滑，囊壁分两层，大小为（11～14）μm×（9～11）μm，内有 2 个卵圆形孢子囊，每个孢子囊内含 4 个长形弯曲的子孢子。

（二）生活史

弓形虫的发育需要中间宿主和终末宿主。中间宿主有猪、狗、猫等 200 多种动物和人，终末宿主是猫（猫科动物）。弓形虫可在猫的肠上皮细胞进行有性繁殖，又可经猫的淋巴血液循环侵入各脏器和有核细胞内进行无性繁殖。所以说猫即可是终末宿主，又是中间宿主。

1. 在终末宿主体内的发育

猫食入滋养体、包囊和感染性卵囊后均可感染。在猫消化液作用下，包囊和卵囊壁溶解，释放出滋养体和子孢子，侵入肠上皮细胞，并形成裂殖体，经过裂殖生殖产生大量裂殖子。经过数代裂殖生殖后，进行配子生殖，大小配子结合后产生合子，并形成卵囊，随猫的粪便排到外界，在适宜的环境中，经 3～5d 发育为孢子化卵囊，即感染性卵囊。因此要做好猫粪的处理。

2. 在中间宿主体内发育

当中间宿主吃入包囊、滋养体、感染性卵囊等虫体的各阶段或经胎盘感染。子孢子进入有核细胞内，分裂增殖形成速殖子和假囊。当宿主还没有产生足够的免疫力时可引起急性发病；当宿主产生了免疫力，弓形虫的繁殖受阻，则引起慢性发病或无症状感染，此时虫体在中间宿主体内一些脏器组织中形成包囊，可长期生存。

（三）流行病学

1. 感染来源

弓形虫病的感染来源主要为患病和带虫动物。在患病和带虫动物的唾液、痰、粪便、尿、乳汁、蛋、腹腔液、眼分泌物、肉、内脏淋巴结、流产胎儿体内、胎盘和流产物中，以及急性病例的血液中都可能含有滋养体；卵囊存在于猫的粪便中；包囊存在于动物组织中。吸血昆虫和蜱类也可能通过吸血传播病原。猪场中常因养猫灭鼠从而引起的感染。

2. 感染途径

除主要经消化道感染外，滋养体还可经口腔、鼻腔、呼吸道黏膜、眼结膜和损伤的皮肤感染，母体胎儿还可通过胎盘感染。

3. 繁殖力

猫每天可排出 1000 万个卵囊，可持续 10~20d。

4. 卵囊、包囊和滋养体的抵抗力

卵囊的抵抗力很强，在常温下可以保持感染力 1~1.5 年；一般常用的消毒剂对卵囊没有影响；在土壤和尘埃中的卵囊能长期存活。包囊在冰冻或干燥的条件下不易生存，但在 4℃ 时尚能存活几十天。滋养体的抵抗力弱，生理盐水内几小时感染力消失，各种消毒剂都有将其杀死。

（四）致病作用

由于弓形虫侵入机体后，随淋巴、血液循环散布于全身多种器官和组织，并在细胞中寄生和繁殖，致使脏器和组织细胞遭到破坏，同时毒素作用，引起各脏器和组织水肿、出血灶、坏死灶及其他炎性变化。

（五）临床症状

猪发生弓形虫病时，仔猪症状较重。食欲减退，甚至最后废绝，精神萎靡。体温升高到 40℃ 以上，呈稽留热。出现便秘或下痢，有时粪便带血或有黏液。呼吸困难，常呈腹式呼吸或犬坐式呼吸，每分钟 60~85 次。有的病猪出现咳嗽和呕吐症状，流水样或黏液样鼻液。在耳翼、鼻端、下肢、股内侧、下腹部出现紫斑，严重的在耳尖发生干性坏死，出现发紫或发绀。淋巴结肿大，特别是体表淋巴结肿大，尤其腹股沟淋巴结肿大明显。怀孕母猪常发生流产或产死胎。感染发病的猪病程 2~8d，常有死亡发生；耐过的病猪常出现咳嗽，呼吸困难及后驱麻痹、运动障碍、癫痫样痉挛病等神经症状。

（六）病理变化

解剖病死猪发现全身性病变明显。肝脏肿大，硬度增加，表面可见散在的出血点与针尖大到粟粒大的灰白色或灰黄色坏死灶。胆囊黏膜表面有轻度出血和小的坏死灶。肺脏肿大呈暗红色带有光泽，间质增宽，肺表面有粟粒大或针尖大的出血点和灰色的病灶，切面流出多量混浊粉色带泡沫的液体。全身淋巴结肿大，尤其是肝、胃、肾等内脏淋巴最为显著，肿大可过正常的 2~3 倍，除充血、出血外，多数有粟粒大灰白和灰黄色坏死灶。心肌肿胀，质易碎。脾脏稍肿大，切面结构模糊，少数病例可在被膜下见到出血性梗死。肾脏变性，被膜下可见针尖大出血点。胃黏膜肿胀，潮红充血，胃底部充血或有出血及浅表溃疡。肠充血或卡他性炎。膀胱黏膜有小出血点。胸腔，腹腔及心包有渗出液，出现积水。

（七）诊断

猪的弓形虫病仅从流行病学、临床症状和病理变化方面很难作出确诊的依据，必须检查出病原体或特异性抗体方能确诊。

1. 病原检查

取可疑病猪或死后病猪的脏器，组织和体液制成涂片、压片或切片，用姬姆萨氏或瑞氏染色，检查有无虫体。也可以取病料研碎后加 10 倍生理盐水滤过，500r/min 离心 3min，取上清液再 1500r/min 离心 10min，取沉渣涂片、干燥、固定、染色后镜下观察有无虫体。

2. 动物试验

取可疑病料肺、肝、淋巴结等组织研碎加 10 倍生理盐水，静置后取上清液 0.5～1mL 接种小白鼠腹腔，接种后观察 10d，若小白鼠出现症状，可取其脏器、组织或体液制片镜检虫体。若接种后不发病，可用被接种小白鼠的肺、肝、淋巴结等组织按上法再接种三代来检查是否有虫体。

3. 血清学诊断

血清学诊断主要有染色试验（dye - test，DT）、间接血细胞凝集试验、酶联免疫吸附实验、补体结合试验和间接荧光抗体试验等方法诊断弓形虫病。

（八）治疗

目前尚无特效药，磺胺类药物是预防和控制弓形虫病首选药物，如磺胺嘧啶、磺胺六甲氧嘧啶、甲氧苄啶等，但注意首次使用剂量加倍，发病初期用药，早发现，早治疗能取得较好的疗效，如用药较晚，不能抑制虫体进入组织形成包囊，成为带虫者，感染源。

（九）预防

猪场平时做好弓形虫的预防和检测，加强饲料管理，防止被犬、猫、老鼠、鸟类的粪便污染。加强饲养管理，提高猪群的抗病能力。发现病猪要及时隔离治疗，场地要严格消毒。

三、附红细胞体病

猪附红细胞体病是由猪附红细胞体（又称红细胞孢子虫）寄生于细胞和血

浆中而引起的一种原虫病。本病主要引起猪高热、贫血、溶血性黄疸和全身皮肤发红，故又称红皮病。猪只感染后不仅影响生长发育，严重时可引起大批死亡，因此会给养猪业造成较大的经济损失。

（一）病原体

猪附红细胞体是一类微小的多形性病原体。直径 380 ~ 600nm，呈环形、球形、椭圆形、杆状、月牙状、逗点状和串珠状等不同形状。虫体自然颜色，红细胞呈橘黄色，虫体呈淡蓝色，中间的核为紫红色，由于虫体折光性很强，可以发出亮晶晶的光彩。虫体多数依附在红细胞表面，少数游离于血浆中。在镜下可见到虫体运动，如进退、屈伸、多方向转动，散布在血浆中的虫体常作自由运动。虫体一旦附着在红细胞上，则看不到运动。

对于附红细胞体的分类历来存在争议，有学者认为其应当属于寄生虫中的原虫，也有学者认为应属于立克次体，还有学者认为其应属于支原体。

（二）流行病学

猪附红细胞体病是 1950 年 Snliter 首次报道，我国 1972 年在江苏省首次发现，之后大部分省（自治区）都有过发生本病的报道。本病多发生于夏秋季节，在气温 20℃ 以上、湿度 70% 左右、天气恶劣的情况下，特别是雨后最多发生，常呈地方性流行。而气候寒冷的冬春季呈零星散发或者消失。

传播方式为经节肢动物和吸血昆虫传播，也可发生垂直传播。夏秋季节正是各类吸血昆虫活动和繁殖的高峰期，也是猪附红细胞体病多发生期。新生哺乳仔猪可经母猪的垂直传播感染本病。此外污染的针头、器械也可传播。也可经过伤口感染，比如注射、断尾、阉割等形成的伤口都可感染。

（三）临床症状

在自然条件下，猪附红细胞体病的潜伏期很长。但由于个体敏感性、感染的程度以及生理应激不同，个体也存在差异。感染动物在发病前几个月没有明显症状，一切表现正常。甚至有些感染动物可能自始至终不会表现任何症状。当健康猪被静脉注射感染猪附红细胞体时，在 3 ~ 7d 后在血液中会检测到病原体。

急性感染，往往在仔猪、架子猪和怀孕母猪中会发生。发病初期体温忽然升高，厌食，精神萎靡不振。病猪便秘或腹泻，有的甚至会排出血便和血尿，皮肤发红或出现苍白和黄疸。急性感染猪普遍表现为血糖急剧下降导致昏迷甚至死亡。有时病猪可能伴随发生呼吸困难、肠炎、胆色粪便、发绀、耳朵坏死等症状。

慢性的轻度猪附红细胞体感染症状表现为：贫血，轻度黄疸，仔猪亚健康；架子猪增重阻滞；母猪生殖性能下降。

对母猪影响是典型的流产，部分母猪产出死胎或者弱仔。发病猪厌食 1 ~ 3d，会发烧至 42℃，偶尔发生乳房和外阴水肿，常导致乳汁量下降和缺乏母性行为。相似的临床症状也可能在断乳母猪中发生，母猪不出现发情或者发情后屡配不孕，并发感染其他产病后导致症状加重，甚至造成死亡。

（四）病理变化

病死猪常全身皮肤黄染且有大小不等的紫色出血点或出血斑。四肢末梢、耳尖及腹下出现大面积紫红色斑块，有的患猪全身红紫。解剖中能看到血液稀薄如水样，凝固不良；全身肌肉色泽度变淡，脂肪有的出现黄染；全身淋巴结肿大，切面外翻，有液体渗出；脾肿大、质地柔软、有暗红色出血点，边缘有粟粒大的丘疹样梗死灶；肝肿大，呈土黄色或黄棕色，质脆、并有出血点或小点坏死灶；肾肿大，苍白；膀胱贫血，其壁有少量出血点；肺淤血水肿；心肌苍白松软，心外膜和心脏冠状沟脂肪出血黄染，有少量针尖大出血点，心包内有较多淡红色积液；脑充血并见轻度出血和水肿。

病理组织学变化，淋巴结和脾脏的网状细胞活化，有多量含铁血黄素；肝小叶中央静脉扩张和窦状隙充血，库氏细胞肿大，肝细胞出现颗粒变性和脂肪变性，肝小叶为中心性坏死，亦有肝细胞空泡变性，点状出血和坏死灶；脾脏充血、出血，淋巴滤泡消失和有纤维素增生。

（五）诊断

根据流行病学分析，临床症状和尸体剖检能作出初步诊断。

实验室诊断，从病猪耳静脉采血涂片，加等量生理盐水混合后，在 400 倍显微镜下检查有无附着在红细胞表面及血浆中游动的各种形态虫体，每当靠近红细胞时就停止运动。或是血液涂片经瑞氏或姬姆萨染色，油镜下检查有无虫体，感染红细胞常发生变形，呈菜花状、锯齿状等，且红细胞边缘附着有数量不等的虫体。还可采集猪血进行血清学检查，常采用间接血凝试验和酶联免疫吸附试验。也可采用 PCR 的诊断方法。

（六）防治

1. 治疗

选用抗原虫药贝尼尔（血虫净）、长效土霉素等进行治疗。

贝尼尔（血虫净）通过抑制病原体 DNA 的合成，阻断在体内的代谢而起到抑制病原的生长繁殖。用灭菌注射用水或生理盐水将血虫净溶解配制成 5% 的溶液，按 8mg/kg 体重深部肌注，间隔 48h 重复用药 1 次，连用 3 次。严重的还可配合使用盐酸多西环素，以提高疗效。

2. 预防

应加强饲养管理，做好基础免疫，并定期驱虫。加强科学的饲养管理，按免疫程序做好各种疾病的预防，加强仔猪的保健，提高猪只的抵抗力。在夏秋季节搞好内外环境的消毒，注意驱虫灭蚊蝇，防止猪群被昆虫叮咬，切断其传播媒介，可有效地防止该病的发生。猪场严禁饲养其他动物，以免造成动物之间相互传染。在进行仔猪断脐、剪尾、剪牙、打耳号、注射等工作时要严格消毒，防止污染的器械及注射用具等发生间接传播。

四、猪球虫病

猪球虫病是由猪的艾美属和等孢属球虫寄生于肠上皮细胞引起的一种原虫病。本病主要引起仔猪下痢、脱水、增重缓慢等，成年猪常为隐性感染或带虫者。

（一）病原体

猪球虫病的病原为孢子虫纲、真球虫目、艾美耳科。目前认为引起猪致病的球虫有艾美耳属 8 种和等孢属 1 种，其中猪等孢球虫致病力最强，蒂氏艾美耳球虫、粗糙艾美耳球虫和有刺艾美耳球虫致病力较强。

猪等孢属球虫的卵囊呈球形或亚球形，大小为（18.7 ~ 23.9）$\mu m \times$（16.9 ~ 20.7）μm，内含 2 个孢子囊，每个孢子囊内含 4 个子孢子。艾美耳属球虫的卵囊内有 4 个孢子囊，每个孢子囊内含 2 个子孢子。

（二）生活史

仔猪球虫卵的形态呈卵圆形、圆形或椭圆形。

猪球虫的生活史：和其他球虫一样，在宿主体内进行无性生殖（裂殖生殖）和有性生殖（配子生殖）两个世代繁殖，在外界环境中进行孢子生殖。

卵囊随猪粪便排出体外，在适宜温度和湿度下进行孢子生殖，经 1 ~ 2d 发育为孢子化卵囊，被猪吃入后释放出子孢子，子孢子游离出来，侵入肠壁，在上皮细胞内变成圆形滋养体。滋养体经裂殖生殖发育为裂殖体，每一个成熟的裂殖体内含有许多裂殖子。当宿主细胞破坏崩解时，裂殖子从成熟的裂殖体释出，侵入其他肠上皮细胞，在进行了 2 ~ 3 代裂殖生殖之后便开始转入配子生殖。大、小配子在肠上皮细胞结合为合子，最后形成卵囊。当卵囊成熟后，宿主细胞崩解，卵囊进入肠腔，随粪便排出。

发育时间　裂殖生殖的高峰期是在感染后第 4 天，卵囊见于感染后第 5 天，卵囊的体外孢子化时间为 3 ~ 5d。

（三）流行特点

该病主要发生在仔猪，以 7～21 日龄多见，一般多为数种混合感染，是仔猪腹泻的重要病因之一。

患病或带虫猪排出带有卵囊的粪便，在适宜的条件下发育为具有感染性的孢子化卵囊，仔猪食入后，就可发生感染。猪球虫病的发生常与气温和雨量的关系密切，通常多在温暖、潮湿的季节发生。

猪年龄越小越易感，临床症状也越重。成年猪常成为带虫者。

（四）症状和病理变化

发病仔猪主要症状是腹泻，持续 4～6d。病仔猪排出黄色或灰白色粪便，初期呈糊状，严重的会呈水样，造成脱水、逐渐消瘦和发育受阻。病仔猪一般均取良性经过，可自行耐过而逐渐康复，但感染虫体的数量多或有大肠杆菌、轮状病毒等混合感染时，往往造成死亡。成年猪多呈隐性感染，不表现明显的临床症状，成为带虫者。

（五）诊断

确诊需要在粪便中找到卵囊，采集病猪新鲜粪便，用饱和盐水漂浮法收集虫卵镜检，也可利用空肠或回肠涂片或压片查出内生性发育阶段的虫体。

（六）防治

磺胺类药物、氨丙啉等对猪球虫病有效，也可给仔猪口服百球清、杀球灵等。

预防本病的有效方法主要在于控制好环境卫生，避免仔猪接触到球虫卵囊。保持产房和幼龄猪舍清洁、干燥，饲槽和饮水器应定期消毒，防止粪便污染。尽量减少因断乳、突然改变饲料和运输产生的应激因素。

五、猪疥螨病

猪疥螨病是由疥螨科疥螨属的猪疥螨寄生于猪的皮肤内而引起的一种猪的皮肤病。主要以皮肤剧痒、皮肤炎症和高度传染性为特征，各种年龄和品种的猪都能感染的一种寄生虫病。

（一）病原体

猪疥螨呈龟形，虫体微黄，背面隆起，腹面扁平，大小为 0.2～0.5mm。虫体前端有一咀嚼式口器，呈蹄铁形。肢粗而短，第 3、4 对不突出体缘。雄虫的第1、2、4对肢末端有吸盘，第3对肢末端有刚毛。雌虫第1、2对肢端有吸盘，第3、4对肢有刚毛。吸盘柄长，不分节。虫体背面有细横纹、锥突、圆锥形鳞片和刚毛。肛门位于虫体后端的边缘上。

（二）生活史

疥螨属于不完全变态，发育过程包括虫卵、幼虫、若虫和成虫四个阶段。雄螨有1个若虫期，雌螨有2个若虫期。雌螨和雄螨交配后，雄螨不久死亡，雌螨在宿主的皮肤内挖掘隧道，以宿主皮肤组织和渗出淋巴液为营养液补充营养。雌螨在隧道中产卵，一生可产40~50个虫卵，产卵期为4~5周，产完卵后的寿命为4~5周。虫卵孵化出幼虫，其幼虫爬到皮肤表面，在毛间的皮肤上开凿小穴，在里面蜕化为若虫。幼虫有三对足，发育到若虫时有四对足。若虫外形与成虫相似，体形较小，生殖器官未发育成熟。若虫也钻入皮肤挖掘狭而浅的穴道，并在里面蜕化为成虫。整个发育周期为8~22d，平均15d。

螨虫在宿主体上遇到不利条件时可进入休眠状态，休眠期长达5~6个月，此时对各种理化因素的抵抗力强。离开宿主后可生存2~3周，并保持侵袭力。

（三）流行病学

猪疥螨的传播方式为通过患病猪和健康猪直接接触或通过被污染的物品及工作人员间接接触传播。发病季节为秋冬和早春，特别是阴暗、潮湿和拥挤的猪舍最易感染和流行。春末夏初，也有少数疥螨潜藏在不见阳光的皱褶处，成为带虫猪，入秋后，即可引起螨病的复发。对于饲养管理差、营养不良而瘦弱抵抗力低的猪和幼龄猪都易感染本病，影响其生长和发育，严重感染甚至造成死亡。

（四）主要症状和病理变化

猪疥螨通常多寄生于猪头部、眼窝、颊及耳部头部，后蔓延至背部、躯干两侧及后肢内侧。猪疥螨在猪的皮肤内寄生时，挖掘小穴和隧道及螨虫体表的刚毛，锥突和鳞片的机械作用直接刺激猪皮肤，同时螨虫分泌有毒物质刺激皮肤神经末梢，从而引起猪体皮肤发痒。当猪运动后皮温增高，痒觉更加剧烈。患猪靠在其他物体上蹭痒，使局部损伤、发炎，皮屑和被毛脱落，皮肤潮红，严重的流出渗出液和脓汁，干涸后形成痂皮。随着猪的继续不断蹭痒，痂皮脱落，再形成，再脱落，久而久之，皮肤增厚，粗糙变硬，失去弹性或形成皱褶和龟裂。动物表现烦躁不安，影响采食、休息和消化机能，致使猪体营养不良，逐渐消瘦，发育受阻和停滞，成为僵猪，甚至引起死亡。

（五）诊断

根据发病季节秋冬春初，阴暗潮湿环境和临床表现剧痒与皮肤炎症，即可做出初步诊断。确诊需要皮肤刮下物检查。选择患病部位皮肤与健康皮肤交界处，用外科凸刃小刀，在酒精灯上消毒，使刀刃与皮肤表面垂直，刮取皮屑，刮至皮肤稍微出血为止，收集刮下的皮屑。可将皮屑病料，涂在载玻片上，滴加50%甘油溶液镜检观察活螨；也可将刮取的皮屑病料，放入试管中，加入10%氢氧化钠溶液浸泡2h左右，待皮屑溶解后虫体暴露，弃去上层液，吸取沉渣镜检。

（六）治疗

将病猪和健康猪隔离，并对病猪的患病部位做好检查记录。将患部及周围3~4cm处的被毛剪去，用温肥皂水彻底洗刷除掉硬痂和污物然后再用2%来苏儿洗刷1次，擦干后涂药。对猪要反复用药才能治愈，可用双甲脒、敌百虫等。涂擦给药时，每次涂药面积不应超过体表面积的1/3，以免中毒。也可选用伊维菌素进行注射，但要注意疗程。

在治疗病猪的同时，要注意场地、用具及工作人员衣服和鞋的消毒，防止病原散布。经过治疗，确认治愈，方可解除隔离，混群饲养。

（七）预防

搞好猪舍内外卫生，禁止散放的畜禽、狗、猫进入猪舍，做好防鼠工作，工作人员及其他人员进出猪舍要进行消毒，猪舍内用具经常清毒。保持猪舍干燥，通风良好，光线充足。加强饲养，增强猪体抵抗力。引进动物要严格检查。猪舍和用具做好杀螨处理。

实操训练

实训一　消化道寄生虫病粪便检查法

（一）实训目的

掌握沉淀法、饱和盐水漂浮法检查虫卵，能识别常见蠕虫卵，根据虫卵判断感染的寄生虫种类。

（二）设备材料

1. 挂图

猪常见蠕虫卵形态图。

2. 标本

含有各种虫卵的标本片。

3. 器材

显微镜、实体显微镜、粗天平、粪盒（塑料袋）、粪筛、镊子、塑料杯、烧杯、三角瓶、离心管、漏斗、载片、盖片、移液管、污物桶、纱布等。

4. 粪检材料

猪的粪便材料。

（三）方法步骤

1. 粪便的采集、保存和寄送法

被检粪便应该是新鲜而未被污染的。新鲜粪样，最好从直肠直接采粪，可将食指或中指伸入直肠，钩取粪便。采取自然排除的粪便，需采取粪堆和粪球上部或中间未被污染的粪便。采取的粪便按头编号，采集用具应每采1份清洗1次，以免互相污染。

2. 沉淀检查法

该法的原理是虫卵比水重，可自然沉于水底，便于集中检查。沉淀法多用于吸虫病和棘头虫病的诊断。

（1）彻底洗净法　取粪便5～10g置于烧杯中，加10～20倍量水充分搅和，再用金属筛或纱布滤过于另一杯中。滤液静置20min后倾去上层液，再加上与沉淀物重新搅和，静置，如此反复水洗沉淀物多次，直至上层液透明为止。最后倾去上清液，用吸管吸取沉淀物滴于载玻片，加盖片镜检。

（2）离心机沉淀法　取粪便3g置于小杯中，加水10～15倍搅拌混合，然后将粪液用金属筛或纱布滤入离心管中，在电动离心机中以2500～3000r/min的速度离心沉淀1～2min。取出后倾去上清液，再加水搅和，离心沉淀。如此离心沉淀2～3次，最后倾去上层液，用吸管吸取沉淀物滴于载片上，加盖片镜检。

3. 漂浮法

该法的原理为应用相对密度较虫卵大的溶液作为检查用的漂浮液，使寄生虫卵、球虫卵囊等浮于液体表面，进行集中检查。漂浮法对大多数寄生虫，如某些线虫卵、绦虫卵和球虫卵囊等有很好的检出效果，对吸虫卵和棘头虫卵效果较差。

最常用的漂浮液是饱和盐水溶液，其制法是将食盐加入沸水中，直至不再溶解为止（1L 水中约加食盐 400g），用四层纱布或脱脂棉滤过后，冷却备用。但是用高浓度溶液时易使虫卵和卵囊变形，检查必须迅速，制片时补加 1 滴清水也可。

饱和盐水漂浮法：取 5 ~ 10g 粪便置于 100 ~ 200mL 烧杯中，加入少量漂浮液搅拌混合后，继续加入约 20 倍的漂浮液。然后将粪液用金属筛或纱布滤入另一杯中，舍去粪渣。静置滤液 30 ~ 40min，用直径约 0.5cm 的金属圈平着接触滤液面，提起后将黏着在金属圈上的液膜抖落于载玻片上，如此多次蘸取不同部位的液面后，加盖片镜检。

4. 识别蠕虫卵的方法和要点

鉴别虫卵主要依据虫卵的大小、形状、颜色、卵壳和内容物的典型特征来加以鉴别。

吸虫卵：多为卵圆形。卵壳数层，多数吸虫卵一端有小盖，被一个不明显的沟围绕着，有的吸虫乱卵还有结节、小刺、丝等突出物。

（四）实训报告

将粪便检查结果填入检查记录表中，并提出初步诊断意见。

实训二　弓形虫实验室检查

（一）实训目标

掌握弓形虫的实验室检查方法。

（二）仪器和材料

1. 仪器及器材

一次性注射器、离心管、离心机、载玻片、盖玻片、显微镜。

2. 材料

2% 柠檬酸钠生理盐水、姬姆萨染色液、詹纳斯绿染色液、瑞氏染色液、弓形虫的染色或制片标本。

3. IHA 血清检测试剂盒。

（三）方法与步骤

用消过毒的针头自耳静脉或颈静脉采集血液来检查。

（1）病原检查涂片检查　可将肝、肺、淋巴结等组织做涂片检查，其中以肺脏的涂片效果较好，因背景清晰，检出率较高；也可以将淋巴结研碎后加生理盐水过滤，取离心后的沉淀渣做涂片染色后进行显微镜检查。涂片标本自然干燥后，用甲醇固定，通过姬氏或瑞氏染色进行虫体检查。

（2）通常猪感染弓形虫后 3～5d 猪体抗体滴度就会升高。间接血凝试验是我国较广泛应用的一种血清学诊断方法。

间接血凝试验血清检测试剂盒应按试剂盒说明书操作。一般猪血清间接血凝凝集价为 1∶64 时判为阳性，猪感染弓形虫经过 1 周后会导致间接血凝抗体滴度显著升高，经过两三周后可达到高峰，但半年内间接血凝反应维持阳性。

（四）实训报告

根据实际操作情况写出操作过程及实验结果。

实训三　附红细胞体实验室诊断技术

（一）实训目标

1. 掌握猪附红细胞体病的流行特点、临床诊断方法。
2. 掌握猪附红细胞体实验室诊断方法。

（二）仪器和材料

1. 仪器

显微镜、吸管、酒精灯、纯水机、试管、载玻片、三角瓶、真空采血管、采血针、量筒、烧杯、染色缸、玻璃棒等。

2. 材料

革兰染色液、姬姆萨染色液、瑞氏染色液、氯化钠、磷酸氢二钾、甲醇、蒸馏水等。

（三）实验室诊断

1. 微生物诊断

（1）直接涂片检查　取生理盐水 1 滴于载玻片上，采病猪心尖血 1 滴置于生理盐水中，混合均匀后，盖上盖玻片，置于油镜下镜检。可见在红细胞表面黏附着环形、球形、逗点形、星形等多种形状的附红体，有少数也游离在血浆中，其大小 0.5～2.5μm。由于附红体黏附在红细胞表面，使红细胞的形状也发生变化，出现呈状、锯齿状等多种形状，有的红细胞破裂。

（2）瑞氏染色法　将自然干燥的血片用蜡笔于血膜两端各画一道横线，以防染色注液外溢。置血片于水平支架上，滴加瑞氏染液，并记其滴数，直至将血膜浸盖为止，待染 1～2min 后，滴加等量蒸馏水，轻轻吹动使之混匀，再染

4～10min，用蒸馏水冲洗，自然干燥或吸干后镜检。在 640 倍显微镜下观察，红细胞呈淡紫红色，附红细胞体呈淡蓝色。

（3）姬姆萨染色法　涂片用甲醇固定 1～2min。将血片直立于装有姬姆萨染液的染色缸中，染色 30～60min，取出用蒸馏水洗净，干燥后镜检。附红细胞体呈紫红色。

2. 免疫学诊断

用间接血凝试验进行免疫学诊断，此法诊断猪附红细胞体病具有方法简便、敏感性高、特异性强等优点。按试剂盒说明书要求操作。

（四）实训报告

根据实际操作情况写出操作过程及实验结果。

实训四　疥螨实验室诊断技术

（一）实训目的

掌握疥螨的实验室诊断中皮肤病料的采集方法和操作技术，认识疥螨的形态。

（二）器材和材料

5% 氢氧化钠溶液、60% 硫代硫酸钠溶液、煤油、含疥螨的病料。

（三）病料采集

在病猪皮肤患部与健康部交界处，先剪毛，用外科凸刃小刀，在酒精灯上消毒，使刀刃与皮肤表面垂直，反复刮取表皮，直到微微出血为止。将刮下的皮屑集中于培养皿或广口瓶中备检。刮取病料处用碘酒消毒。

（四）检查方法

1. 直接检查法

可将皮屑放于载玻片上，滴加煤油，覆以另一张载玻片，搓压玻片使病料散开，分开载玻片，镜检。如观察活螨，可用 10% 氢氧化钠溶液、液状石蜡或50% 甘油水溶液、液状滴于病料上。

2. 温水检查法

可将病料浸入盛有 40～45℃ 温水的培养皿中，置恒温箱 1～2h，取出后镜检。由于温热的作用。活螨从皮屑内爬出，集结成团，沉于水底部。

3. 加热检查法

将刮取到的干病料置于培养皿中，在酒精灯上加热至37~40℃，将培养皿放于黑色背景（黑纸、黑布、黑桌面）上，用放大镜检查，或将玻皿置于低倍显微镜下检查，发现移动的虫体可确诊。

4. 虫体浓集法

为了在较多的病料中检出其中较少的虫体，提高检出率，可用此种方法。将较多的病料置于试管中，加入10%氢氧化钠溶液。待皮屑溶解后虫体暴露，弃去上层液，吸了沉渣检查。需快速检查时，可将试管在酒精灯上煮数分钟，待其自然沉淀或在离心机中以2000r/min离心5min，弃去上层液，吸取沉渣检查，或向沉渣中加入60%硫代硫酸钠溶液，直立待虫体上浮，再取表层液检查。

（五）实训报告

根据实训结果，写一份关于疥螨的诊断和防治意见的报告。

项目思考

1. 猪常见寄生虫病有哪些？如何进行防治？
2. 制订一份猪场寄生虫病预防的防疫计划。

项目五 猪常见普通病

1. 熟练掌握常见普通病的诊断和防治的基本知识。
2. 了解当前国内外猪病流行和控制的最新动态。

1. 能对常见普通猪病进行临床诊断，并能够针对性的设计有效的防控方案。
2. 掌握常用的实验室诊断方法和常用的实践操作技能。

一、母猪产后泌乳障碍综合征

母猪产后泌乳障碍综合征（PPDS），指母猪在分娩后 2～3d 以内，以乳汁的生成和排出部分或全部停止为主要特征的一种综合征，常伴发乳腺炎、子宫炎，故又称乳腺炎、子宫炎、无乳综合征。该综合征除了引起母猪产后体温升高，采食量降低，乳房水肿，无乳或泌乳减少，乳汁稀薄如水，乳汁中带有凝乳絮片等症状外；还可以引起哺乳仔猪生长发育不良，易出现低血糖，腹泻，产房仔猪死亡率升高等症状，严重的甚至整窝仔猪死亡；部分母猪在仔猪断乳后不发情，断乳发情间隔延长（7d 以上），返情率升高，母猪利用率降低。母猪产后泌乳障碍综合征病因复杂，有关文献记载的有 30 多种，确切的发病机理还不太清楚，饲养管理不当及疾病等均会引起该病的发生，各种病因之间又存在相互影响，因此很难确定该病的具体发病原因。生产中，本病的发生具有一定的季节性，夏季的发病率明显高于秋、冬、春季。

（一）临床表现

1. 母猪

发生产后泌乳障碍综合征的母猪通常表现为体温基本正常或升高（39.5～41℃），精神萎靡，厌食或采食量降低，饮水减少，心跳和呼吸频率加快；常伴随发生便秘，粪便干结，呈黑褐色，严重者粪便呈小硬球状，偶见粪球外面有黄白色的黏液。

母猪乳房肿胀坚实，有热感，触诊时有痛感，无乳或仅能挤出少量稀薄的乳汁，严重的病例乳房肿胀，皮肤光亮，乳汁呈清水样，容易发生乳房坏疽，母猪拒绝给仔猪哺乳。

部分母猪还伴随有子宫内膜炎的症状，阴道常流出恶臭的黄白色的脓性分泌物，通常先浓稠后稀薄，在尾根部、会阴和阴门周围形成污秽不洁的痂垢。

母猪通常因采食量不佳，导致体况偏瘦；母猪在断乳后发情间隔延长，发情症状不明显，给配种带来一定的难度，返情率升高，下一胎产仔数和窝重降低。产后泌乳障碍综合征在母猪淘汰的原因中占了很高比例，约22%。

2. 仔猪

仔猪吸乳不足（包括初乳），缺乏营养，表现为饥饿，低血糖，仔猪常常不停地拱、吮乳头或追赶母猪。

仔猪瘦弱，抵抗力下降，腹泻率升高，皮肤苍白，逐渐消瘦而死亡，弱仔猪比例和死亡率升高，有的则因体弱无力，常被母猪踩死或压死，而个别存活下来的仔猪多数则生长缓慢，常形成僵猪。

（二）病因分析

1. 母猪因素

在后备母猪选育中将乳房发育不良的母猪留作种用，或选择泌乳性能差的母本所产后代留作后备母猪。母猪胎龄过高，年老体弱，泌乳能力降低。后备母猪在培育过程中过早配种，导致乳腺尚未发育成熟或发育不良。

2. 营养因素

（1）母猪营养体况　在母猪怀孕各阶段，母猪饲料配制和饲喂不科学，饲料太单一，适口性较差，造成母猪过肥或过瘦。

①母猪过肥：妊娠中后期，日粮供给量（采食量）过多或饲料能量水平过高，使母猪过肥，乳腺沉积过多脂肪，抑制了乳腺腺泡的发育。

②母猪过瘦：妊娠中后期或哺乳期营养供给不足，日粮供给量（采食量）

不足，造成母猪过瘦，同样抑制了乳腺腺泡的发育和乳汁分泌。

（2）霉菌毒素超标　给母猪供给发霉质劣的饲料，发霉饲料中麦角毒素和赤霉烯酮等毒素不仅会影响乳腺发育，而且会破坏饲料中的营养成分和损害母猪消化及生殖器官，造成母猪对营养吸收不良、繁殖和泌乳障碍。大量的临床实例显示哺乳母猪饲喂发霉变质饲料，会抑制母猪乳腺腺泡的发育和乳汁分泌，造成母猪群泌乳下降和仔猪腹泻。

（3）饲喂不恰当　长期饲喂营养不平衡的饲料，特别是低能低蛋白，或缺乏某些微量元素（如钙、硒不足）、维生素（如维生素 E 缺乏）、氨基酸（赖氨酸不足或不平衡）的日粮。外三元母猪对营养要求较高，通常 3 胎龄以上的高产母猪常出现营养元素负亏的现象，特别是维生素和微量元素缺乏。

饲料原料粉碎过粗或过细（过粗导致消化不良，过细导致胃溃疡及便秘等），同时也会影响母猪的采食量。突然变换饲料引起消化紊乱，造成母猪采食量下降，营养摄入不足。供水不足，母猪饮水量低，会降低母猪的采食量，诱发乳腺炎和便秘等。

3. 气候因素

哺乳母猪通常在 18～22℃的环境中可以充分发挥其良好的生产性能，当环境温度由 18℃升高到 28℃时，哺乳母猪的自由采食量下降 40%，泌乳量下降 25%。

母猪产后泌乳障碍夏季发病率较高的重要原因之一可能是夏季高温减少了下丘脑促甲状腺激素释放激素（TRH）的分泌，使垂体促甲状腺激素（TSH）分泌减少，甲状腺活性降低，甲状腺素（T_4）分泌减少。而甲状腺素分泌减少可直接影响垂体促性腺激素的分泌，进而影响母猪乳腺的发育，最终影响母猪产后的泌乳性能。

4. 小环境因素

狭小拥挤的产房，通风不良，光照不足，噪音干扰，氨气等有害气体浓度大，产床的清洗和消毒不到位等均可导致乳腺炎的发生，使乳腺腺泡和乳腺管炎性肿胀阻塞，造成乳汁潴留、反馈性抑制乳汁生成激素和排乳激素的释放，导致泌乳力下降。母猪躺卧处地面潮湿，卫生较差，致产道、乳头感染；临产时没有清洁消毒好乳房乳头，导致乳腺发炎。

5. 应激因素

（1）母猪怀孕后期（临产前 7d 左右）转入产床的环境变化（包括产房饲养员）、分娩时紧张（初产母猪初次分娩没经验）、分娩时间过长、体力消耗过大以致产后母猪体质虚弱，这些因素都会使母猪产后泌乳下降。

（2）母猪由于分娩应激，其代谢水平骤然下降，导致消化机能紊乱，常造成母猪厌食，机体抵抗力急剧下降，加之部分饲养员粗暴助产，消毒不严，夏秋季高温，产道受损的软组织易被细菌感染而发病（常见溶血性链球菌、大肠杆菌、金黄色葡萄球菌、化脓棒状杆菌等病原菌进入血液，大量繁殖产生毒素，引起一系列局部或全身性变化）。

（3）泌乳期间转栏、粗暴对待母猪、突然受惊、温差过大、分娩舍长时间过强的噪音干扰等。

（4）产前或泌乳期注射应激较大的疫苗或抗生素等。

6. 疾病因素

（1）临产或产后母猪便秘诱发产后泌乳障碍综合征　引起临产或产后母猪便秘的常见因素有运动不足；饮水不足；饲料中纤维供给不足或过高，缺乏青绿饲料；慢性胃肠疾病；某些传染病和热性病。母猪便秘表现为粪便干硬，食欲下降，泌乳不足。

（2）乳腺炎导致产后泌乳障碍综合征　急性乳腺炎表现为乳房肿胀，疼痛，母猪不让仔猪吮乳，可挤出少量淡黄黏稠乳汁；慢性者表现为乳房内硬块，因急性乳腺炎治疗不彻底致使乳房结缔组织增生，失去泌乳功能。母猪发生乳腺炎的常见因素有以下两点：

①因外伤感染细菌引发乳腺炎：仔猪咬伤乳头（主要是由于仔猪没剪犬牙或剪缘不齐）；猪舍地面或产栏粗糙不平，因摩擦损伤乳房；产栏漏缝边缘锐利，擦伤或夹断乳头。

②产后头几天采食过多，乳汁过多过浓，仔猪吮乳有限，乳汁滞留导致乳腺炎。

③因子宫炎症而继发乳房炎症。

（3）急性子宫内膜炎导致产后泌乳障碍综合征　引起急性子宫内膜炎常见因素有环境卫生差；胎衣滞留；死胎残留；消毒不严（在进行配种、助产时对母猪外阴、用具、助产员的手臂消毒不严）；粗暴助产导致产道损伤；配种前没有彻底清洁公母猪外阴，或公猪生殖器官炎症及精液带菌，通过交配感染。表现为母猪产后厌食或绝食，发热，阴道内流出炎性分泌物，母猪泌乳量减少等现象。

（4）繁殖障碍型传染病导致产后泌乳障碍综合征　母猪因感染猪繁殖与呼吸综合征病毒、伪狂犬病病毒、圆环病毒2型、日本乙型脑炎病毒、猪细小病毒、衣原体或猪瘟病毒等，产死胎、木乃伊胎，出现流产，早产或推迟分娩，产后发热和厌食等，也会引起子宫炎、乳腺炎和少乳或无乳。

（5）临产或哺乳期母猪腹泻　冬春季的病毒性腹泻也可诱导产后泌乳障碍综合征，母猪因采食发霉变质饲料，或因感染传染性胃肠炎、流行性腹泻等病毒时，引起患病母猪急性水样腹泻，呕吐，厌食，导致泌乳减少。

（6）产褥热（产后败血症）导致产后泌乳障碍综合征　母猪在分娩时感

染溶血性链球菌、金黄色葡萄球菌、大肠杆菌及绿脓杆菌等病原菌，病原菌侵入血液并大量增殖，产生大量内毒素，引起母猪产后厌食、高热、呼吸急促，外阴流出红褐色或咖啡色恶臭分泌物，致泌乳障碍，甚至出现内毒素中毒而死亡。

（7）严重的寄生虫感染　未对全群母猪进行定期彻底驱虫，个别母猪可能严重感染体内寄生虫（如蛔虫）和体外寄生虫（如螨虫）。寄生虫感染不仅吸取母猪的营养，而且严重干扰母猪休息，从而影响母猪的正常生产和泌乳。

7. 仔猪因素

母猪泌乳需要仔猪吮乳刺激，若因母猪产仔数较少，或因管理和疾病等因素哺乳仔猪死亡率较高，导致哺乳仔猪头数过少或一窝中弱仔较多，吮乳刺激不足，从而导致母猪泌乳减少。以上因素常对初产母猪影响较大，临床可常见部分乳头没有仔猪吸吮。第2胎以后这些未被吮吸的乳头发育不理想，而影响其以后的母猪整体泌乳性能。仔猪未断齿（或磨牙），或断齿后齿面不平整，咬伤母猪乳头，致乳房感染。母猪也因乳头疼痛反应而影响泌乳。

（三）防治措施

1. 预防措施

（1）加强母猪的选育工作　选留泌乳性能良好母猪所产的后代作为后备母猪；加强品种杂交改良，培育泌乳力高且抗应激的优良品种。

重视后备母猪的培育：防止早配，初配日龄应根据不同品种而定，本地品种6～7月龄，体重60～70kg；外来瘦肉型品种8～9月龄，体重110～120kg。后备母猪建议使用专用的后备母猪饲料，切忌使用肥猪饲料饲喂后备母猪。

保证猪场合理的胎龄结构，更新淘汰高胎龄老母猪；淘汰有泌乳功能障碍（如乳房、乳头发育不良）的母猪；淘汰对应激敏感的母猪。

（2）合理的营养及科学饲喂　母猪饲料的营养要全价且平衡，在母猪妊娠的不同阶段提供与其生产相匹配的营养浓度和饲喂量。确保饲料的新鲜度，绝不能饲喂发霉变质的饲料。

妊娠母猪营养水平按照"前低后高"的原则，在妊娠的84d内尽量让母猪的膘情保持在2.5～3.5分比较合适（即在母猪转身时隐隐约约能看见肋骨为好），根据不同母猪的膘情提供不同的饲喂量。此阶段切忌过肥，否则乳腺部位脂肪沉积过多将会影响乳腺发育和恢复，同时也会降低产后母猪的采食量（此阶段采食量与产后采食量呈负相关），导致产后泌乳减少。

在妊娠85～107d，是胎儿的快速生长发育期，若前期母猪的膘情正常的话，此阶段就要让其采食量最大化，逐渐达到中等偏肥的体况，这为产后泌乳提供足够的营养储备；但也要按体况供料，防止母猪过肥而增加便秘发生率和难产率。

在妊娠108d至分娩阶段，应逐渐减少母猪的饲喂量，到分娩当天只饲喂500g/头，为正常顺利分娩做好准备。若在此阶段母猪有便秘情况，可在饲料中适当添加麸皮等缓泻。

母猪分娩后，逐渐恢复其采食量，通常在分娩后的5~7d内恢复到正常的采食量。按平均产10头仔猪计算，母猪的基础饲喂量为2.5~3.0kg/d，每增加1头仔猪母猪平均增加0.5kg饲喂量。断乳前3d，每天减少0.25~0.50kg饲喂量，以防止因断乳后乳汁分泌过多，乳汁蓄积于乳房而发炎。

夏季妊娠母猪饲喂策略：①利用早晚天气较凉爽时饲喂，晚上加喂饲料，或采用自由采食方法（可提高母猪采食量约11%）。②提高日粮的营养浓度。在饲料中添加3%油脂提高能量浓度，使用优质鱼粉提高粗蛋白质的吸收利用率。③在妊娠末期和哺乳母猪料中添加0.5%~1.0%的碳酸氢钠（小苏打），可提高母猪产后头10d的采食量，有促进母猪泌乳及提高断乳窝重的作用。④以水拌料代替干粉料喂饲可以增加母猪的采食量，水与料的比例一般为1.5:1左右。⑤控制分娩舍内小环境气候，注意防暑降温，预防发生热应激。以保证母猪摄入充足的营养和产后正常的泌乳量。

（3）供给母猪充足清洁的饮水 母猪的乳水中约90%都是水，充足清洁的饮水是母猪正常泌乳的基础。母猪需水量很大，每采食1kg饲料，需饮水2~5L水，泌乳高峰期每天采食量可达5~7kg，每天饮水量可达15~25L。

炎热夏季饮水量更多，这要求饮水器每分钟出水量达2.5~3L。饮水量与水温有较大关系，母猪饮水的供水管应避免暴晒于太阳光下，夏季的饮水温度最好在15~20℃较适宜，当饮水温度超过30℃时，饮水量将显著减少从而使采食量和泌乳量也显著下降。还要注意饮水器位置、角度，水质良好，不能有异味等。

（4）防止母猪便秘 母猪便秘是引起泌乳减少的重要原因，为防止母猪便秘，可在产前母猪饲料中投放硫酸镁2~3g/kg；当发现母猪排出干硬球状或圆粒状粪便时，每头母猪每天饲喂人工盐50g，或硫酸镁30g。有条件的猪场可适当加喂青绿饲料，如番薯藤、苜蓿草等；或适当增加麸皮的用量。提供充足的清洁饮水；适当增加母猪的运动量等。

（5）加强对繁殖障碍性传染病的防控 针对猪场危害较大的传染病，制定科学合理的免疫防疫程序，特别是猪蓝耳病、猪伪狂犬病、猪瘟、猪细小病毒感染、猪乙型脑炎、猪圆环病毒2型感染等常见病毒性疾病，并选择良好的疫苗进行正确的免疫。

定期对这些重要疫病的免疫情况进行检测，通常2~3次/年；对检测结果不符合要求的，需找到原因并及时调整免疫策略等。以防止母猪因感染此类传染病而诱导产后泌乳障碍综合征的发生。

（6）给母猪提供一个舒适的分娩环境　做好产房的防暑降温工作，根据猪场实际情况，可通过水帘降温、负压通风、滴水降温等措施来缓解夏季母猪的热应激。

搞好猪场绿化，舍间空地可种花草，舍间和场四周种树，可降低猪舍环境温度，清新空气，值得推荐的树种是桉树，桉树还有减少猪场蚊虫的作用。

产床设计合理，大小合适；平整无毛刺，防止因摩擦损伤乳房。分娩前做好产房的卫生和消毒等准备工作，母猪上产床前做好体表的清洗和消毒工作。产房避免强烈噪音干扰（如电焊产生的噪音等），减少产房人员的流动，光线不宜过强，有合适的温度和湿度。

（7）预防母猪分娩后感染　在预产期前 1～2d 肌肉注射长效土霉素 10～15mL/头，或在饲料中添加广谱抗生素，最好分餐饲喂；以防产后继发细菌感染。

对产前厌食，或临产时发热，或怀孕期间外阴有炎性分泌物的母猪，在开始分娩时给母猪输液。输液以抗菌消炎、补充能量为主，输液时需要注意不同药品的配伍禁忌、不同药品的输液先后顺序及速度等。

针对产程较长，炎症较为严重的母猪，在分娩结束后立即注射美洛昔康，如有需要，可在 24h 后再注射 1 次。配合抗生素可显著降低产后母猪的炎症反应。

2. 治疗措施

母猪产后泌乳障碍综合征的防控主要靠预防，治疗措施只能减轻产后泌乳障碍综合征的症状和损失，很难根治，而且费工耗时。

（1）激素治疗　肌肉注射催产素，可使乳腺腺泡周围的肌上皮细胞和平滑肌细胞收缩，有利于乳汁排出。催产素还可以促进子宫平滑肌的收缩，有利于排出胎衣和恶露，加速子宫的复旧过程。母猪产后肌肉或静脉注射催产素 20～30IU，每天 1 次，连用 3～4d，对治疗产后泌乳障碍综合征有一定的效果。但对营养不良和器质性障碍引起的泌乳障碍无效；不建议长期使用激素类药物。

（2）子宫内膜炎的治疗

①抗生素治疗：具体做法是氧氟沙星 1.2g、地塞米松 25mg、0.5%甲硝唑注射液 100mL 子宫内灌入，隔日 1 次，连用 3～5 次。或氟苯尼考 1g、0.5%甲硝唑注射液 100mL 子宫内灌入，隔日 1 次，连用 3～5 次。每次用药的第 2 天肌肉注射苯甲酸雌二醇 5mg，用药后 5～6h 肌肉注射催产素注射液 10～30IU，可促进子宫内的液体排出。此法需要严格的卫生措施，确保最终将输入子宫的液体全部排出，否则将会留有后患。

②碘溶液子宫灌注：卢革碘液（即复方碘溶液）：碘 25g、碘化钾 50g，加

蒸馏水 500mL 溶解，配成 5% 的溶液。取 5% 的碘溶液 20mL 加蒸馏水 500 ~ 600mL，配制成 37 ~ 38℃的子宫灌注液，每次灌入 100mL。其机理是碘具有较强的杀菌作用，能活化子宫，使子宫的渗出加强，起到子宫自净的作用，促进子宫恢复。子宫灌注后肌肉注射苯甲酸雌二醇注射液 3 ~ 5mg，用药后 5 ~ 6h 肌肉注射催产素注射液 10 ~ 30IU，促进子宫颈口开放和子宫收缩，排出液体。

（3）产后母猪乳腺炎的治疗　产后母猪患乳腺炎可以采用普鲁卡因青霉素乳房基底部封闭疗法。具体做法：用 8 号或 9 号的长针头沿患病乳房的基底部平行于乳房的基部刺入 8 ~ 10cm，注射青霉素 320 万 IU 和 5mL 普鲁卡因的悬混液，每天 1 ~ 2 次，连用3 ~ 5d。或用 10% 氧氟沙星注射液 15 ~ 20mL，肌肉注射，每天 1 ~ 2 次，连用3 ~ 5d。也可采用头孢哌酮钠、林可霉素等药物乳房基底部注射或肌肉注射来治疗乳腺炎。对乳房红肿的病例可以用硫酸镁溶液热敷并结合鱼石脂外用，对症治疗，消肿止痛。同时减少精料和多汁料的喂量。

（4）中医疗法　产后母猪无乳综合征可以采用中医疗法，以补中益气、补血养血、通乳、消食健胃为治疗原则。常用的方剂有：

①蒲公英、王不留行、地锦草、忍冬藤各 120g，芦根 160g，黄酒为引，水煎服。蒲公英有清热解毒、消肿散结、利尿通淋的功效；王不留行可活血通经，下乳消肿；地锦草可治疗湿热黄疸，乳汁不通；忍冬藤可清热解毒，疏风通络，主治温病发热，疮痈肿毒，热毒血痢，风湿热痹；芦根可清热生津，除烦，止呕，利尿，用于热病烦渴，胃热呕吐，肺热咳嗽，肺痈吐脓，热淋涩痛。

②黄芪 30g，白芷 15g，当归 25g，木通、茴香各 30g，水煎取汁加黄酒少许，分 2 次服用。

以上组方中遵循传统中医理论，以辨证论治方法对母猪产后泌乳障碍综合征进行治疗，而针对机能紊乱失调、细菌感染症状则采用激素及抗生素治疗，起到标本兼治的作用，达到有效控制本病目的。

二、母猪繁殖障碍性疾病

母猪繁殖障碍又称繁殖障碍综合征（SMEDI），是指母猪在繁殖过程中，包括配种、妊娠和分娩等环节，由于各种因素造成母猪不发情或发情异常、不能受孕或受孕率低，妊娠母猪发生流产、早产及产死胎、木乃伊胎、畸形胎、弱仔等。母猪繁殖障碍使母猪较长时间处于空怀状态，猪群繁殖力低下，严重影响猪场的经济效益。引起母猪繁殖障碍的原因主要有两类：一类是非传染性因素，另一类是传染性疾病因素。传染性因素在传染病中有介绍，此处只重点介绍非传染性因素引起的母猪繁殖障碍。

（一）非传染性因素引起的母猪繁殖障碍

母猪繁殖障碍的原因错综复杂，其中的非传染性因素很容易被忽略。非传染性因素引起的母猪繁殖障碍主要有后备母猪不发情或初情期迟缓、母猪断乳后不发情或发情迟缓、屡配不孕、隐性（安静）发情、卵巢及子宫疾病等。

1. 非传染性因素引起的母猪繁殖障碍类型及原因

（1）后备母猪不发情或初情期迟缓

①环境因素：主要指环境温度、湿度等因素的影响。在热应激条件下，母猪的内分泌机能失调，某些卵巢机能减退，进而导致后备母猪初情期迟缓。一般认为，母猪受到持续性热应激后，会间接影响卵巢机能，严重时会诱发卵巢囊肿。我国南方地区母猪经常在 6~9 月份表现发情较差，高温高湿环境对后备母猪发情具有较大的不利影响。

②卵巢发育不全：长期营养不良、慢性疾病、寄生虫病等，容易造成母猪卵巢发育不全，导致卵巢不能产生正常的卵泡或卵泡发育不充分，卵泡上皮细胞不能分泌足够的性激素，从而引起母猪不能正常发情。

③饲养管理不当：后备母猪在培育期间营养水平不合理，造成体况过瘦或过肥。体况过瘦，体蛋白和体脂储存不足，后备母猪生殖机能发育受阻或不能发挥正常的内分泌机能，从而引起不发情或发情迟缓；体况过肥也可抑制生殖机能，从而引起母猪不发情。据调查，后备母猪在培育期间与肥育猪饲养管理错位十分普遍，即过分追求生长速度，用肥育猪料或种猪料代替后备母猪专用料，导致有些后备母猪虽然体况正常，但因饲料中缺乏维生素 A、维生素 D、维生素 E、叶酸、生物素等及钙、磷等矿物元素，导致生殖器官和繁殖机能发育不良，造成后备母猪不发情或发情迟缓。饲喂霉变饲料会引起生殖机能紊乱，从而不利于后备母猪的正常发情。发情档案不完善也造成对异常发情母猪的处理不及时。另外，公猪刺激不够、高密度饲养和单体栏限位饲养等都会影响后备母猪的正常发情。

④安静发情：个别青年母猪达到性成熟和体成熟后，体内卵巢发育及卵泡发育是正常的，能够排卵，但是缺乏发情症状或在公猪存在时不表现静立反射，这种现象叫安静发情。这种情况与品种有一定关系，外来瘦肉型品种及后躯发育特别丰满的后备母猪发生较多。

（2）母猪断乳后不发情或发情迟缓

①胎次：正常情况下，85%~90% 的经产母猪在断乳后 7d 内表现发情，只有 60%~70% 的初产母猪在首次分娩断乳后第 1 周发情。主要原因可能是初产母猪身体仍在发育中，按体重没有完全达到体成熟；初产母猪在第 1 胎哺乳过程中体储消耗过多，使子宫恢复过程延长，从而延迟发情。

②营养因素：引起断乳母猪不发情的最常见因素是能量摄入不足。母猪断乳后因脂肪储存不足往往会导致断乳后发情时间推迟，甚至不再表现发情。母猪妊娠期摄入高能量会减少哺乳期的能量摄入，导致繁殖性能降低。相反，如果母猪过肥，卵巢内会沉积脂肪，卵泡上皮发生脂肪变性，同样会导致经产母猪不能正常发情。

③管理因素：母猪配种过早，可造成妊娠期营养不良，尤其是哺乳期承载着泌乳和自身生长的双重生理负担，往往容易导致体重下降过大，如果哺乳期过长，则对母猪的影响更大。规模化猪场饲养的瘦肉型引进猪种，其发情症状本来就不明显，如果配种人员对母猪的发情鉴定和配种技术掌握得不够娴熟或工作疏忽大意，就不能及时发现母猪发情，从而出现假不发情现象。另外，饲养密度过大，导致母猪应激及相互咬斗，增大了肢蹄病和乳房疾病的发生率，营养吸收效果变差而影响母猪发情。

④环境因素：当环境温度低于5℃或高于25℃时，母猪内源性激素分泌会出现紊乱，卵巢机能会受到抑制，从而导致卵泡发育受阻，造成母猪推迟发情或不发情。在夏季，持续高温还会降低母猪采食量，导致营养不良，推迟发情。母猪在天气严寒，尤其是营养不良的情况下也容易停止发情。此外，光照时间与强度对母猪发情也有一定影响。通过对800头母猪进行长光照（光照16h、黑暗8h）和短光照（光照8h、黑暗16h）试验研究发现，短光照组母猪产仔后发情推迟。因此，对于断乳母猪每天要保证足够的光照。

⑤产科疾病：诸如胎衣不下、子宫炎症、难产等引起子宫复旧延迟的疾病都可使产后乏情期延长。

（3）屡配不孕

①配种21d前后再发情的母猪：属于正常性周期天数范围内的再发情，说明其卵巢功能正常。在这种情况下，发生配种后不受胎的原因有3种。

a. 受精发生障碍。如因子宫炎或子宫内分泌物阻碍精子的运动和生存，精子不能到达受精部位；输卵管炎或水肿、蓄脓症以及卵巢粘连等，均可引起输卵管闭锁，不能受精。

b. 受精卵死亡。因在发情早期或晚期输精，或使用保存时间过长的精液，或在公猪热应激体温升高后配种，导致受精卵早期死亡。

c. 胚胎在配种后12d内死亡。在子宫内游浮的胚胎常因子宫乳组成的异常或者遭受高温、咬架、转栏、运输或采食过量浓度的饲料或霉变饲料等应激影响着床而迅速死亡。

②配种25d后再发情的母猪：由于配种时或产后生殖器官感染，胚胎发生死亡并被吸收，子宫内胚胎全部消失，母猪可再发情。若是胚胎骨骼形成后死亡，可引起干尸化，长期停滞在子宫内，可引起母猪不发情。

③公猪原因：公猪精液的质量影响受胎率，应对公猪精液的质量进行检查，特别在炎热的夏季，精液质量会降低。公猪的饲养管理不到位和营养不良也会影响精液质量。

④其他方面的原因：细菌感染造成的产科疾病、母猪激素分泌失调及饲养管理不到位等因素都可造成屡配不孕。

（4）隐性发情　隐性发情又称安静发情，引起安静发情的原因是体内有关激素分泌失调。例如，雌激素分泌不足，发情外表征状就不明显；催乳素（PRL）分泌不足，促使黄体早期萎缩退化，导致黄体酮分泌不足，降低下丘脑对雌激素的敏感性，同样造成隐性发情。

（5）卵巢及子宫疾病

①卵巢囊肿：主要是由于饲料中营养物质如维生素、微量元素缺乏；体内激素分泌异常，特别是促黄体素分泌不足，同时继发子宫内膜炎、胎衣不下、卵巢周围炎等。主要表现为母猪发情规律反常，无规律地频繁发情而屡配不孕。

②子宫内膜炎：主要是由于母猪配种或接产时消毒不够严格、猪舍的环境卫生状况差及母猪发生难产、胎衣不下等，细菌侵入子宫导致发病。子宫内膜炎可分为急性和慢性。急性多发生于母猪产后或流产后，表现为高热、阴道内流出灰白色分泌物、恶臭。慢性子宫内膜炎持续时间长，症状不是很明显，阴道内流出少量分泌物，容易造成母猪发情不正常或屡配不孕。

2. 非传染性因素引起的母猪繁殖障碍的防治

（1）后备母猪不发情或初情期迟缓的防治

①合理饲养：

a. 70～120 日龄，按生长猪的方式进行饲养，促进消化系统和骨骼的发育；

b. 120 日龄后适当限饲，主要限制饲料的能量和采食量（日喂约 2.5kg/头），但应添加维生素、矿物质等，控制增重速度，调控其 8 月龄左右体重达120～130kg、背膘厚 16～18mm 进入初配，有效促进生殖器官发育和繁殖机能的完善，因此，最好饲喂后备猪专用饲粮。有条件的猪场，6 月龄后每天宜投喂一定量的青绿饲料。只有膘情合适，营养全面，后备母猪才能正常发情。对于后备母猪不发情或发情迟缓，刘自逵等指出饲粮中添加生殖营养素能完善生殖内分泌机能，使母猪的生殖轴系能正常发挥作用。在每吨饲料中添加有机硒或纳米硒生殖营养素 750g，对促进后备母猪发情、改善配种受胎率效果显著。梁明振等在后备母猪饲粮中添加与生殖相关的营养成分锌、硒和维生素 E，加快了其初情期的到来。

②加强疾病防控和驱虫工作：首先要把好引种关，应到已开展疾病监测工作的正规种猪场引种。其次，搞好猪舍环境卫生，尤其在后备母猪发情期更须

搞好栏舍卫生，以减少子宫内膜炎的发生。再次，针对种猪群的具体情况定期拟定详细的保健方案，严格执行兽医的治疗方案。在适应期和配种前各1周，选用伊维菌素等广谱驱虫药，彻底驱除后备母猪体内、体表的寄生虫。

③建立发情档案并用公猪适时刺激：对已发情的母猪，要及时建立发情档案；对不发情的母猪，则要做到早发现、早处理。要求所有饲养种猪的人员都要有高度的责任心，并且要熟练掌握发情鉴定与配种技术，做好详细记录。后备母猪初情期一般出现在170～190日龄，所以在170日龄左右要有计划地进行公猪诱情，每天接触公猪2次，每次10～15min。

④分群圈养，适当并群调群换圈：后备母猪宜采用小群圈养，每群4～6头，平均每头占圈舍面积应不少于2.5m²。禁止后备母猪单体栏限位饲养，也尽量避免大群饲养。同时，为促进后备母猪发情，达到6月龄后可多次并群后再分群，或同时换圈，或不并群调群而单独换圈，从而改变环境条件，刺激后备母猪发情。

⑤改善饲养环境、加强运动：为后备母猪生长发育提供清洁舒适的环境，有利于促进其发情，全面提高其繁殖性能。保证猪舍温度适宜，即夏季做好防暑降温工作、冬季搞好防寒保暖，加强通风管理，保持猪舍干燥卫生，适当增加光照时间。应设母猪运动场，将后备母猪赶到运动场逍遥活动；180日龄以上的，可以隔栏放入1头公猪适当诱情。

⑥药物诱导发情：不发情后备母猪可内服中草药"催情散"，20～50g/d，连服3～5d；孕马血清促性腺激素（PMSG）：根据体重肌肉注射800～1000IU，必要时隔1d再注射1次，但剂量应比第1次适当增加。

（2）母猪断乳后不发情或发情迟缓的防治

①加强对母猪的管理：哺乳期的母猪，必须喂给高能量高蛋白质全价饲粮，采取尽量采食，让其吃饱喝足，减少体重损失，达到断乳后尽快发情。断乳后母猪要根据体况合圈，体况差不多的合在一起，比较瘦弱的母猪要单独饲养，继续喂给哺乳期饲粮，每头每天投喂量不低于4kg，以促进母猪早发情。

②发情母猪刺激：选一些刚断乳的母猪与久不发情的母猪放在一栏，发情母猪追逐爬跨不发情的母猪，刺激其性中枢活动增强，可诱导发情。

③激素催情：根据正确的诊断结果，合理使用激素催情。对初产母猪，断乳后当天肌肉注射孕马血清促性腺激素1000IU。经产母猪断乳21～23d后仍不发情时，根据膘情和体重，肌注PMSG 1000～1500IU，同时注射人绒毛膜促性腺激素（HCG）500IU。

（3）屡配不孕的防治　配种当日肌肉注射黄体酮30～40mg或雌激素6～8mg。平时应加强公、母猪的饲养管理，合理使用公猪，控制好环境温度，适时配种，加强人工授精技术培训，尽可能避免各种应激，预防子宫炎等生殖器官疾病。

（4）卵巢及子宫疾病的防治

①卵巢囊肿：平时加强饲养管理，注意补充维生素及微量元素；在分娩后注射 PMSG 对此病有一定的预防作用。卵巢囊肿的治疗，可以使用促黄体制剂，如促黄体素释放激素（LHRH）或 HCG 等，引起黄体化，在卵巢上形成黄体组织而痊愈。用 LHRH 100～300μg，一次肌肉注射。另外，用垂体前叶促性腺激素或者黄体酮肌肉注射，也能获得良好的受胎效果。

②子宫内膜炎：在母猪分娩前后应对产房、用具以及猪体进行清理消毒。母猪发生难产时，助产人员的手臂要彻底清洗消毒后才可进行操作，术后可注射抗生素预防生殖道感染。对于子宫内膜炎的治疗主要是应用抗菌消炎药物，防止感染扩散，清除子宫腔内渗出物并促进子宫收缩。采用"中草药水剂清宫、中草药粉剂拌料、肌注复方左旋氧氟沙星"中西医结合的方法治疗猪子宫内膜炎，效果显著，其疗效明显优于用传统西药治疗。其中，中草药水剂主要成分为淫羊藿、益母草、红花等，中草药粉剂主要成分为地黄、水牛角、黄连等。

（二）传染性疾病因素引起的母猪繁殖障碍的预防

1. 重视引种检疫

引种后要隔离观察检疫，以防带毒种猪进入猪场。引进种猪应来自非疫区，在引种时认真了解供种单位的免疫程序和疫情，引种后隔离观察 45d 以上，进行相关的抗原监测，结果显示阴性、临床观察无症状出现，并接种相关疫苗产生免疫力后，才可入场饲养。

2. 建立严格的消毒制度，搞好环境卫生

消毒可及时将病猪和带毒猪排出体外的病原微生物杀灭，从而切断其传播途径，使环境得到净化。猪舍和环境平时每周消毒 1～2 次，并经常更换消毒药或交叉使用。母猪产房最好实施"全进全出"式管理，批次之间空舍 1 周左右，对猪舍地面、墙壁、猪栏和用具进行彻底清洗消毒。对粪尿、病死猪应进行无害化处理，消灭鼠、蝇、蚊等传播媒介，严防狗、猫、飞鸟等其他动物进入栏舍。

3. 制定合理的免疫程序

应根据疾病流行情况，结合本场实际，参考猪群平均抗体水平、疫苗产生抗体时间和免疫期，制定合理的免疫程序，实行有计划、有步骤的程序化免疫接种。种猪应每半年进行 1 次疫病检测，每季度进行 1 次免疫抗体检测，重点监测猪瘟、口蹄疫、伪狂犬病、蓝耳病、圆环病毒病等。

4. 坚持自繁自养，加强饲养管理

有条件的猪场应尽量采取自繁自养和全进全出模式，采取封闭式饲养管理制度。在饲养过程中应尽量减少各种应激因素的影响，加强饲养管理、饲料营养和环境调控，提高猪群的整体免疫力。

随着养猪业集约化程度的不断提高，母猪繁殖障碍已成为制约养猪生产效率的瓶颈。其原因错综复杂，既有非传染性因素，也有传染性疾病因素。只有从饲养管理、饲料营养、环境控制、疾病防制等多方面采取综合性技术措施才能使母猪繁殖障碍得到有效控制，提高母猪的繁殖力，增加养猪生产的经济效益。

三、母猪子宫内膜炎

母猪子宫内膜炎是猪繁殖障碍病中的主要疾病之一，病因极为复杂，国内外研究表明本病的病原涉及多种病原微生物。此病多发于产后，部分未配种的后备母猪也可能发生，患猪若得不到及时有效地治疗，往往会转为隐性或慢性感染，泌乳量减少、无乳或乳汁质量差，不愿给仔猪哺乳，致使哺乳仔猪拉稀，发育不良，发情周期紊乱，屡配不孕，产仔少，产死胎，乳猪发生黄白痢等疾病，如果发展成顽固性子宫炎后，则会增加生产母猪淘汰率，母猪容易继发感染其他疾病，而加大猪场的损失。

（一）病因

本病的病因比较复杂，大体可以归结为原发的细菌感染、母猪患病继发细菌感染、公猪患病引发母猪感染，以及饲养过程中不严格执行操作规程等几个方面。

1. 细菌感染

病原菌感染如大肠埃希菌、链球菌和绿脓杆菌是引起母猪子宫内膜炎的主要原因，但引起子宫内膜炎的病原菌很多，还涉及化脓棒状杆菌、沙门菌、葡萄球菌、克雷伯菌、奇异变形杆菌、假单胞菌、嗜水气单胞菌、枸橼酸杆菌及支原体等，还有病原性真菌，如念珠菌、放线菌和毛霉菌等引起的感染。

2. 母猪因素

母猪本身患有疾病，如猪瘟、细小病毒病、伪狂犬病、乙型脑炎、猪繁殖与呼吸综合征、病毒性腹泻、结核病、布鲁菌病和滴虫等容易继发感染子宫内膜炎。母猪在分娩、难产、产褥期中抵抗力下降，抗病能力削弱，如果内外环境中存在病原，也易引发本病。另外，正常子宫内含有大量的有益菌群，同时也存在一些内源性病原菌，在正常情况下，内源性病原菌不能大量繁殖，一旦受到应激或饲粮缺乏某些维生素时，机体抵抗力下降，内源性病原菌大量生长

繁殖，毒力增强，从而引起子宫内膜炎。妊娠母猪重胎期（即妊娠后 80 ~ 100d）不吃料或少吃料，妊娠母猪从日粮中获得钙离子少，而钙离子是子宫收缩的原动力，故妊娠母猪在炎热的夏天出现不同程度的生产不正常现象，特别初产母猪更加明显，这也是引起子宫内膜炎的原因。

3. 公猪因素

公猪生殖器疾患，精液有炎性分泌物或配稀释液过程污染病原菌等，通过交配或授精均可能感染母猪而引发子宫内膜炎。

4. 饲养管理不当及不合理操作

饲养管理不当，在饲料配比中油饼比例过高，饲喂发霉变质含有毒素原料，青精料比例不当，饲喂酒糟、豆渣催乳等导致营养失衡等，使母猪体质下降，非特异性免疫力下降，也容易受到致病菌的感染而引发本病。猪舍环境不清洁，场地消毒不严，流产及死胎的胎衣、胎儿处理不当污染环境，也可能造成外源性的感染。配种、人工授精、阴道检查时未对公、母猪生殖道，外部消毒以及器械、操作人员手臂未进行消毒或消毒不严格；输精操作不熟练损伤产道；输精频率过高，导致机械损伤和感染。子宫收缩乏力及难产、胎衣不下、恶露蓄积或死胎未排发生腐烂而引起子宫内膜炎。阴道脱、子宫脱等造成母猪产道损伤而引起感染。

（二）症状

母猪子宫内膜炎大体可以分为急性子宫内膜炎、慢性子宫内膜炎和隐性子宫内膜炎三类，其中以慢性子宫内膜炎多见。

1. 急性子宫内膜炎

病猪精神不振，食欲减少或不食，体温升高，鼻盘干燥，不时见拱背努责，频频排尿，阴门不时流出灰黄色或灰白色、污秽有腥臭味分泌物，有的夹有胎衣碎片，卧下时更明显，哺乳母猪泌乳量减少，不愿给仔猪哺乳。

2. 慢性子宫内膜炎

慢性子宫内膜炎较为多见，病猪有轻度全身反应，症状明显，精神沉郁，体温升高，食欲减少或不食，饮欲增加，鼻镜干燥，尿少赤黄。主要在种母猪尾根、阴门周围有恶臭味的黏稠分泌物，干后形成薄痂，颜色为淡灰色、白色、黄色、暗灰色等，站立时不见黏液流出，卧地时流量较多，种母猪逐渐消瘦。哺乳母猪拒绝给仔猪哺乳，或泌乳量减少、无乳，或乳汁质量差，致使哺乳仔猪拉稀，发育不良；或发情周期紊乱，屡配不孕；或产仔少，产死胎；有的病猪进行性消瘦，继发感染败血症者可能以死亡告终。

（1）慢性卡他性子宫内膜炎 母猪一般无全身症状，体温有时略有升高。食欲及泌乳量下降，发情周期不正常，有时虽正常但屡配不孕，冲洗子宫时回流液略有浑浊，似淘米水或清鼻液。

（2）慢性卡他化脓性子宫内膜炎　母猪有轻度的全身反应，逐渐消瘦，发情周期不正常，从阴门流出灰色或黄褐色稀薄脓液，其尾根、阴门、飞节上带黏有阴道排出物并形成干痂。

（3）慢性化脓性子宫内膜炎　常从阴门排出脓性分泌物，有臭味，卧下时较多，呈灰色黄褐色、灰白色不等，阴门周围皮肤及尾根上黏附有脓性分泌物，干后形成薄痂，冲洗子宫时，回流液浑浊，像稀面糊状，有时呈黄色脓液。

3. 隐性子宫内膜炎

病猪一般无明显的全身症状。食欲时好时差，发情周期不正常且无规律，屡配不孕，冲洗子宫时回流出略浑浊似清鼻样的液体。

（三）预防措施

饲养管理是控制规模化猪场疾病的关键因素，疫苗效力的充分发挥也需以良好的饲养管理和卫生条件作为保障。因此要预防母猪子宫内膜炎，需要让猪在舒适的环境中生长，用高品质的饲料，保证充足的营养，以增强群体抵抗环境应激和疾病的能力，与此同时，规模化猪场还必须在生产中做好早期断乳、隔离多点式生产、全进全出、环境控制以及严格的生物安全措施。在母猪生产过程中执行严格的安全消毒操作，避免外来因素造成母猪感染发病。除此之外，应根据当地疫情制定好免疫程序，尤其要做好猪繁殖障碍性疾病的免疫工作。

1. 科学饲养

科学规范化饲养母猪，做到日粮全价的同时，根据空怀、妊娠、哺乳等不同时期、不同阶段合理搭配饲料，青精料比例恰当，供给充足、洁净饮水，可以有效地保证母猪健康，提高母猪的非特异性免疫力，这些都是疾病有效控制的基础。另外，加强运动也是保证母猪健康，预防母猪子宫内膜炎的有效手段。

2. 加强管理

（1）提供清洁的生长环境并建立有效可行的消毒制度　猪舍内保持安静、干燥、清洁，通风良好，冬暖夏凉。定期或不定期对圈舍清扫清洗后，选用有效的消毒剂（高锰酸钾、百毒杀等均可）进行高压喷洒消毒，圈舍外及道路场地定期用氢氧化钠或过氧乙酸喷洒消毒，尽可能有效消除致病因子。猪场门口设消毒池，池中消毒液要保证确实有效，并及时更换；工作人员需经洗澡并喷雾消毒后方可进入，尽可能避免外来人员进入场区，以防引入致病因子。

（2）严格生产管理制度　对公猪和母猪应严格选择，保证公猪和母猪品质优良。精液应进行有效的检验，以保证安全可靠。应该加强人工输精员兽医卫生规范的培训，提高无菌操作观念，人工授精应由技术良好、经验丰富、有责任心的兽医人员操作，减少人为因素造成子宫内膜炎。把好配种消毒关，输精管、注射器均需高温消毒备用，严格一猪一管或使用一次性输精管，输精前用1g/L高锰酸钾溶液清洗消毒术者手部及母猪外阴部。对于本交，配种前用1g/L高锰酸钾溶液对公猪下腹和尿囊、母猪后躯和外阴进行清洗消毒。公猪阴茎有炎症时应停止配种。时刻保持产栏清洁卫生，定期消毒，特别是发情、产仔后消毒尤为重要。母猪进产房当天应冲洗消毒，产前母猪体表特别是后躯、乳房、臀部及阴部应先用肥皂水清洗，然后用0.1%来苏尔或万分之一新洁尔灭进行严格、彻底的消毒。接产、助产要由有经验的兽医进行，术者应剪短指甲，助产器械、手臂也应严格消毒。

（3）建立产后检查制度　检查胎儿、胎衣是否排除干净，有残留要及时采取措施。产后继续加强分娩母猪后躯、特别是外阴周围和地板消毒，产后第5d内观察记录生殖道分泌物及恶露等排出性状。产后10d内若分泌物异常，应及时采取有效的治疗措施。产后半月左右定期检查子宫及子宫体的恢复情况。以上制度和措施是保证母猪产后30～35d断乳后1周正常发情配种的关键。

（4）预防性用药　初产母猪为预防胎衣不下或难产，在母猪产前2周内肌肉注射亚硒酸钠—维生素E注射液或在饲料中添加适量成品亚硒酸钠—维生素E粉。体质较差母猪临产前1个月至产后1个月内饲料中适当加喂抗贫血药，每周1次以增强种母猪抵抗力。

对流产、产死胎、木乃伊、经助产和产后胎衣不下的母猪，用生理盐水100mL稀释林可霉素和新霉素各2g及缩宫素40万U直接宫内投药或投放中成药。产后常规注射1～2次缩宫素，有利于污物及污液的排除。分娩完毕24h后，再注射氯前列烯醇1～2次，以进一步清除污物、污液。母猪正常分娩胎衣排空后用1g/L高锰酸钾500mL冲洗一次即可。对流产、木乃伊、经过助产的母猪、产程过长的母猪、非正常预产期内生产母猪和产后长时间胎衣不下的母猪，先用2%碘酊、5%来苏儿各等份冲洗子宫1次，再投入青霉素160万U，土霉素1g，氟甲砜霉素1g，葡萄糖20g，溶入20～30mL水后注入子宫，间隔2～3d再重复一次。

（5）及时淘汰老弱病残母猪及精液品质差的公猪　生产价值低的老弱病残母猪应当坚决淘汰，以免祸及其他优质母猪。严格检查公猪精液，对死精或无精等生产效率低的公猪也应及时淘汰。

3. 免疫接种

根据当地疫情制定免疫程序。对母猪进行相关疾病，如猪瘟、细小病毒、伪狂犬病毒、猪繁殖与呼吸综合征病毒、乙型脑炎病毒等疫苗的免疫注射。还可以根据本场或本地区猪子宫内膜炎发病的具体情况考虑针对性的使用一些自家细菌灭活苗来预防本病。

（四）治疗措施

对于母猪子宫内膜炎应及时发现，早期治疗才能取得良好的效果。子宫内膜炎的病因复杂，引发因素众多，但是病原菌感染是引起母猪子宫内膜炎的主要因素，而且引起子宫内膜炎的病原菌种类繁多，对药物的敏感性又各不相同，因此病原菌的分离鉴定及药敏试验是治疗子宫内膜炎的必要手段。对于不同类型的子宫内膜炎也需要根据实际情况因地制宜地采取针对性的治疗措施。在治疗手段方面，通常采用子宫冲洗、宫内投药及注射药物，冲洗子宫可用0.2%百菌消溶液500～1000mL，用灌肠器或一次性输精器反复冲洗；宫内投药可以先冲洗子宫，同时肌注缩宫素50IU，2～3h后投药，对于症状轻微的可以不冲洗子宫直接投药；注射药物治疗时，应根据感染情况选择敏感药物进行治疗，以取得较好的效果。

四、母猪生产瘫痪

母猪生产瘫痪包括产前瘫痪和产后瘫痪，是母猪分娩前、分娩后发生的，以四肢肌肉松弛、低血钙为主要特征的疾病。

（一）病因

母猪产后瘫痪是猪养殖产业中十分严重的疾病，引起猪出现母猪产后瘫痪的致病因素有很多，但最主要的原因有以下几点：①粗饲料在日粮中的比例较高或日粮中钙磷含量不足，母猪产仔前后"挪用"骨骼中的钙和磷，时间一长就会导致母猪体内钙磷缺乏。特别是高产母猪，更容易发生该病。产仔20d后，母猪泌乳量达到高峰时，病情大多趋于严重。②精料中谷类、豆类饲料比例过大。这些饲料中的磷大多以植酸磷形式存在，不易被猪利用，而且会妨碍猪对钙的吸收，过量饲喂易使猪体内钙磷严重不足，导致瘫痪。③中毒性因素引起猪后躯瘫痪。如饲料品质不良、长期饲喂或一次大量采食发霉变质的饲料、饲料加工调制方法不当、对部分含有毒有害物质的饲料，如棉籽饼、菜籽饼、马铃薯等未作去毒处理，或饲喂方法不合理等均可造成中毒，引起猪后躯瘫痪。

（二）症状

1. 产前瘫痪

病猪为2～3胎的高产母猪，整个发病过程一般不超过12～48h。病初母猪卧地，食欲减少或废食，胃肠蠕动及排粪排尿减少；精神沉郁，轻度不安；不愿走动，后肢交替踏脚，后驱摇摆，强行起立后，步态不稳，四肢肌肉震颤，终至不能站立。大多数病例局部检查无任何病理变化，开始时鼻镜稍干燥，四肢及身体末端发凉，皮温降低，有时出汗，呼吸变慢，体温正常或稍低，脉搏无明显变化。初期症状发生后 1~2d，母猪即出现瘫痪症状；后肢不能站立，虽然挣扎但仍站立困难，由于挣扎用力，母猪全身出汗，颈部、四肢较明显，肌肉颤抖。不久，以出现意识抑制和知觉丧失为典型特征。

2. 产后瘫痪

母猪产后 2~5d（最长 15d）出现精神萎靡，个别母猪有可能出现兴奋症状，一切反射变弱甚至消失。食欲正常，2~3d 后，食欲减退或废绝，粪便干硬而少，呈算盘珠状，之后停止排粪、排尿。多数患病母猪出现喜饮清水，拱地、啃墙、食粪等异嗜癖，泌乳减少，后驱无力，站立不稳或不能站立；常卧地不愿行走，后半身麻痹，典型病例常有昏睡，瞳孔散大，眼睛对光反射微弱或消失，针刺皮肤反应不明显，经常瘫卧不动，不愿喂乳。大多数母猪在产后 2~5d 内出现腰部麻痹、瘫痪症状，体温大多数正常。

（三）诊断

根据临床症状诊断产前瘫痪和产后瘫痪。

（四）治疗

1. 产前瘫痪

（1）预防为主　在饲料中拌入骨粉、乳酸钙、石粉，维生素 A、维生素 D$_3$ 或用动物骨烘干，粉碎后加入日粮中，饲喂量 20~50g/d。

（2）清除直肠内蓄粪　用硫酸钠或硫酸镁盐类缓泻剂或用温肥皂水灌肠。

（3）对症治疗　①静脉注射 10% 葡萄糖酸钙 200~500mL。1 次/d，3d 为 1 个疗程。②静脉注射 5% 氯化钙 200~400mL。但必须加于 5% 的生理盐水 1000~1500mL，缓慢注射，在 60~90min 内注射完。1 次/d，3d 为 1 个疗程。③症状严重时，可以有维丁胶性钙 10~30mL 肌肉注射每 2d 为 1 次，7d 为 1 个疗程。④对症治疗继发病。

2. 产后瘫痪

（1）静脉给药　①静脉注射 10% 葡萄糖酸钙 200~500mL。1 次/d，15d 为 1 个疗程。也可以静脉注射 10% 水杨酸钠 50~80mL。②5% 氯化钙 200~400mL。但必须加于 5% 的生理盐水 1000~1500mL，缓慢静脉注射，在 60~90min 内注射完。1 次/d，15d 为 1 个疗程。

（2）肌肉注射给药　症状严重时，可用维丁胶性钙 10~30mL 肌肉注射每

2d 为 1 次，7d 为 1 个疗程。

（3）饲料　给予易消化的青绿饲料，特别应补给乳酸钙、骨粉、石粉或富含钙、磷的矿物质添加剂，30~80g/d，混饲，或用鸡蛋壳 3~6 个粉碎，加热，白酒少量，混合 1 次饲喂。

（4）对仔猪进行人工哺乳或寄养。

（5）根据不同母猪出现的临床症状，结合实际对症治疗。

（五）护理

1. 产前瘫痪

（1）保持圈舍内空气清新、清洁卫生、干燥，温度适宜。做好夏季防暑、冬季保暖工作。

（2）单圈或单栏喂养，避免发生争食打架、拥挤碰撞等。但要经常驱赶，促其站立和运动。

（3）防止追打、惊吓和在光滑地面上运动。

2. 产后瘫痪

（1）给患畜厚铺清洁、干燥和柔软的垫草，勤翻身。能勉强站立时，应使其适当站立、运动。

（2）给予易于消化的青绿饲料，特别应补给乳酸钙、骨粉、石粉或富含钙、磷的矿物质添加剂，日量为 30~80g，混饲。

（3）患畜能行走时，每天应适当慢赶运动，并逐日增加运动时间和运动量。

（4）勤用刷子或粗布等擦拭母猪皮肤，以促进血液循环和神经机能恢复。

（六）预防

（1）妊娠母猪平时加强饲养管理，多运动、勤让母猪走动，以增强猪体质。

（2）妊娠或哺乳期母猪，要使用专用饲料，适时调整日粮配方，增加维生素 A、维生素 D 和钙、磷比例，增强光照。

（3）加强妊娠前、后期，妊娠期，分娩哺乳期母猪的饲养管理。

（4）哺乳期勤用刷子或粗布等擦拭母猪皮肤，以促进血液循环和神经机能恢复。

（5）妊娠母猪出现分娩预兆时，根据分娩母猪的总体体质充分做好产前准备。制定合理可行的接产方法，可有效避免骨盆骨折、髋关节脱位、后躯神经麻痹、后肢关节韧带和肌肉断裂及腰部扭伤。

（6）强化免疫接种，严格执行免疫程序。

（7）以上预防措施对于防止母猪生产瘫痪的发生有较好的效果。

五、母猪产后阴道、子宫脱出

规模场集中养殖中时有发生，个别母猪因治疗不及时而带来了一定的经济损失。临床上，简单的复位手术后因饲养条件、设施和管理水平不到位易复发。外科手术可有效地解决能繁母猪阴道、子宫脱出。

（一）病因

一般多发生于产后数小时，母猪营养不良，运动不足，过度消瘦及老龄经产，使子宫、阴道松弛无力；如胎儿过大，胎膜积水，使子宫过度扩张，引起子宫迟缓及子宫阔韧带松弛收缩不全，产后仍努责，可导致子宫脱出；难产时，产道干燥，子宫紧裹着胎儿而急速拉出，使子宫内压突然降低，腹压相对增高，子宫随胎儿内翻或脱出。

（二）临床症状及诊断

由于阴道不全脱或全脱的现象能够被直接观察和检查，所以能够根据其脱出程度的不同而做出诊断。

1. 阴道、子宫不全脱

有时可见繁殖母猪阴门外出现鸡蛋大或拳头大的红色球状物，站立后脱出物又回缩，这种为阴道、子宫不全脱。若不及时治疗，随着时间的延长，脱出部位逐渐增大，可发展为阴道、子宫全脱出。

2. 阴道全脱和部分子宫脱出不能回纳

不论站立还是卧地，脱出部分都不能自复。在阴道下壁前端可见到尿道外口，有时还伴发直肠脱出。若不及时治疗，常因脱出过久而发生淤血、水肿、损伤、发炎或坏死而死亡。

3. 手术复位

（1）保定　将患病母猪置于前低后高的地方，采取五柱站立保定，若不能站立时，采用横卧保定，捆扎尾巴并拉向身体一侧，将后躯尽可能垫高或用绳抬高，使腹腔器官向前移，减少骨盆腔内的压力，以便于整复。

（2）麻醉　用1%～2%的普鲁卡因5～10mL作第一、二尾椎间或腰椎间隙硬膜外腔麻醉，用药量总量不得超过3mg/kg，以防止努责；先用温生理盐水冲洗未脱出的阴道及子宫的周围污物，再用0.1%高锰酸钾或0.05%～0.1%新洁尔灭或0.01%百毒杀清洗消毒，子宫上的干痂和坏死组织必须完全去除，并涂以碘甘油，以免粘连，黏膜有伤口时须缝合并涂布碘甘油和阿莫西林。

（3）整复阴道与部分子宫　先从子宫基部开始整复，术者修剪指甲，洗净消毒手指、手掌和手臂并涂抹润滑油后手指并拢，趁患病母猪不努责时压迫靠近阴门的子宫壁，轻柔缓慢地向前将其脱出的子宫或阴道一部分一部分推进阴门内，助手协助在阴门外紧紧顶压固定以防推入部分再次脱出来，这样依次将阴道壁、子宫送入骨盆腔，术者再将手握成拳头尽量伸入把它推至腹腔，完全复位，待患病母猪不努责时慢慢地将手抽出，最后在子宫内放置阿莫西林粉2~5g（视母猪的大小而定）同时皮下注射促进子宫收缩的缩宫素。整复完后，用三棱弯针穿双线，围绕阴门括约肌部分作口袋状缝合，缝合后将线收紧，留一小指头空隙，以便尿液排出，在外阴户处做二针结节缝合。

（4）利用酒精的强烈刺激造成周围组织发炎、肿胀而压迫阴门阻止再脱，即在阴门旁上下选择四点，各点分别注射70%的酒精0.1~0.2mL。

（5）最后在外阴部再撒上阿莫西林粉或头孢噻呋钠消炎药2~5g。

（6）手术后输液强心　患病母猪在手术复位后要及时给予补液5%~10%葡萄糖氯化钠溶液1000mL静脉注射，同时加入消炎抗生素阿莫西林10g左右；皮下或肌肉注射催产素50IU及0.1%肾上腺素0.5~1mL，可以降低死亡率。

（7）中兽药疗法　气虚型，患病母猪消瘦，精神委顿，嗜卧少动，口色清白，小便频数清长，脉虚弱者，以升阳为主，兼顾行血，用补中益气汤加减。（党参30g、炙升麻30g、陈皮30g、柴胡24g、炙黄芪60g、当归30g、川芎24g、甘草15g、生姜15g、大枣100g）

4. 注意事项

保定患病母猪时一定要采取前低后高的姿势，这样才能很好将脱出的子宫和阴道壁整复到位。

在尿道口处0.5~1cm处进针，缝针必须穿过阴道体，这样缝线才不易脱落。不能扎伤了尿道口，要有一定距离，便于患病母猪排出尿液。缝线必须扎紧打死结，以免线脱落，避免子宫、阴道再次脱出，不利于患病母猪的康复。

手术时间选择在上午11点前和下午2点后进行。要避免在中午猪血液循环旺盛时进行，否则易造成手术后愈后不良和死亡。

5. 手术后管理

手术后将患病母猪单圈饲养，并保持圈舍清洁、干燥和安静，以免污染伤口和损伤手术部位。在饮食上只喂六七成饱，并喂服3~5d的消炎药与补中益气汤。不添加粗纤维含量高的饲料，以免发生便秘进而努责。如果患病母猪在手术后有便秘现象，则在饲料中应添加健胃通便的药物如大黄苏打片等。

六、种公猪性欲低下

种公猪在养猪生产体系中占有着重要的地位，种公猪养殖的最终目的就是为了配种，配种是养猪生产管理中的关键环节。科学养殖种公猪，是实现多胎高产的有效措施。但是，由于疏于管理、内分泌紊乱、生殖器官发育异常等不良因素引起的性欲低下，甚至无性欲、弱精、死精等种公猪繁殖障碍性疾病，在很大程度上影响了种公猪的养殖效益。

（一）原因分析

导致种公猪性欲低下或无性欲的原因很多，汇总起来与管理、环境、营养、疾病等因素有着很大的关系。

1. 饲养管理

种公猪体重过肥或过胖，都会导致对仔猪反应迟钝，出现拒绝配种；种公猪运动不足，没有性欲，同样会出现拒绝配种；种公猪使用过度，尤其是新公猪刚配种期间，频繁配种，周频率在 2～3 次，都可导致厌配问题，影响配种质量，甚至失去种用价值。

2. 环境因素

环境因素很大程度上关系着种公猪的种用价值，各种不良应激的出现都在很大程度上影响着种公猪的配种效率。比如夏季高温时节，种公猪降温不及时，导致睾丸受热太高，精子活力降低，性欲降低。严重的，可由中暑而诱发死亡。

3. 营养因素

饲料中营养搭配不合理，是影响种公猪配种效益的关键因素。像能量饲料、蛋白饲料搭配不合理或者是比例含量低，达不到种公猪配种要求，必将影响精子活力，导致种公猪精神萎靡不振。此外，日粮中缺硒，可导致种公猪贫血，导致精子生成受阻。碘元素的缺乏，也将降低甲状腺的机能，导致种公猪性欲降低，影响配种效力。

4. 疾病因素

各种疾病也会引起种公猪不适、性欲降低。

（二）防治措施

1. 饲喂全价日粮

饲喂全价日粮，根据不同日龄阶段，科学配比日粮，可减少性欲低的问题。根据养殖经验，每天可用蛋白质 360g、总氨基酸 18.1g 的日粮，可维持种公猪更好的性欲，获得较好的精液品质。此外，有研究证实，日粮中适量配比维生素 A、维生素 E 及锌、碘、硒。锰等，对于提升精液品质效果会更好。出现性欲低下时，日粮中酒糟含量超标的，应该立即停止使用。

2. 适量增加运动

适量运动，可有效增强体质，减少肥胖症，增加性欲，提升精液品质。一般情况下，每天坚持种公猪舍外运动时间在 1~2h，可达到基本的配种要求。

3. 防暑降温

夏季高温时节，提前做好防暑降温。除常规技术手段外，建议将毛巾用冷水浸湿，附在睾丸上面，2 次/d，15min/次，防暑降温效果明显。

4. 建立科学的配种制度

2 岁内的种公猪每天配种不超过 1 次，若连续配种 2~3d，应该停配 1d。2 岁以上的成年种公猪，每天配种不应超过 2 次，而且 2 次之间至少要间隔 4~6h。

5. 药物治疗

皮下或肌肉注射甲睾酮 30~50mg/d，隔天 1 次，连续 3~5 次。中药治疗：种公猪过于肥胖者，宜减喂精料，加强运动，每日用淫羊藿 50g、阳起石 20g，混合研磨分 2 次内服，经过 7~10d 的治疗，可达到增强性欲的目的。种公猪性欲低，身体偏瘦肾虚症状的，应以补肾健脾为主，使用中药剂——党参、牡蛎、白术、淫羊藿各 12g，配合使用黄芪、远志、枸杞、菟丝子、肉桂各 9g，混合煎汁后，2 次内服。种公猪因阴囊炎、睾丸炎不能配种的，可首先就阴囊病变部位进行冷敷，然后配合青霉素注射，可起到康复治疗的效果。总之，任何诱发种公猪不育的病症，都应该及早诊治，做好一切可防控措施。

七、公猪尿结石

公猪尿结石是指公猪尿路不通、得尿困难的一种病症。

（一）病因

主要为湿热内蕴，熏蒸肾、膀胱及尿道，化为结石，造成尿路不畅而成其患。尿路感染或膀胱麻痹也会引起尿闭。

（二）症状

病猪体温正常，病初时腰部稍硬，尿量逐渐减少，尿频淋漓，排尿困难。病重时拱背蹲腰，排尿痛苦，屡做排尿姿势而不见尿排出，后腿张开，不停踏步，不断摆尾，最后可因膀胱破裂或尿毒症而死亡。

尿路感染（尿道炎、膀胱炎、肾盂肾炎）引起的尿闭，多为突然发生。

夏秋季多发，尿液浑浊。膀胱麻痹和膀胱括约肌痉挛引起的尿闭，见排尿大力，外触膀胱充满尿液。因结石引起的尿闭，表现排尿淋漓不畅，或时断时续，痛苦难忍，尿中有时带血，如果结石在阴茎的中下段，用手从包皮处往上探摸，可触到坚硬的结石。

（三）治疗

如果结石细小，尿道不完全阻塞，可用清湿热、利水道中药方剂煎水内服，促使结石排出。如果结石较大，则应施行手术取石，并结合内服中、西药剂。

1. 中药治疗

（1）方剂一　金钱草120g、瞿麦60g、通草60g、大黄40g、龙草30g、细辛20g、丁香30g，研末或水煎取汁，根据猪只大小，将上剂量分2~3次混饲服。此法适用于尿道结石不全阻塞，尿液尚能淋漓排出者。

（2）方剂二　取鲜金钱草100g、鲜车前草100g、海金沙50g，煎水待冷灌服。灌药后驱赶猪走动，待其排出尿液。

2. 手术治疗

初中期只要仔细触摸就能确诊结石位置、切开皮肌、尿道，取出结石块，刀口稍比结石块大，能取出结石就可。取石后若尿液没有排出，说明仍有结石块，继续诊断切取；若尿通，则不必缝合刀口，手术后每天早、晚肌内注射青霉素，连续2~3d即可。后期若尿道（阴茎）变紫，则需果断切除阴茎（尿道），将尿道口改至肛门下方。连续3~6d肌内注射青霉素。若膀胱破裂（腹围突然缩小，进食后又绝食），条件许可时，可立即进行膀胱修补手术：先将膀胱裂口边缘剪齐再缝合，排去腹腔内一部分尿液及全部血凝块；膀胱内注入青霉素和链霉素。逐层缝合皮肤后3~6d内每天肌内注射青霉素。也可试用保守疗法，即在割去结石后，行腹腔穿刺排除腹腔尿液，站立保定，穿刺部位在肚脐侧3cm处（海门穴），用注射针头垂直刺入腹腔1~2cm，连续排尿4~7d，开始数日排出尿液较多，以后逐渐减量，至无尿液流出为止。为预防感染，每天注射青霉素，连续3~4d，一般6~8d可治愈。只要能尽早取出尿道结石，使尿路畅通，同时又能排除腹腔尿液，破裂的膀胱即可自愈，而不需要做一般条件下难以完成的膀胱修补手术。

手术治疗公猪尿道结石的方法是膀胱造瘘术：左侧卧位横卧保定。自髋结节向右腹下做横线，距腹中线5~10cm处，作为切口位置。术部洗净，常规消毒。用手术刀（或大挑花阉割刀）依次横向切开皮肤、肌肉、腹膜，切口长3~5cm,使充满尿液的膀胱暴露（如膀胱已破裂，则先排尿，用生理盐水冲洗腹腔后，两手指伸入腹腔寻找膀胱，将其拉出腹外，手术整理裂口后进行缝合）。用手指轻轻移动充尿的膀胱。选择无粗血管处，用手术刀猛刺膀胱壁一下，形成一个和腹壁切口方向一致的创口，随手用钳子夹住创口边缘，向外轻拉。按压腹部，排完尿液。然后再用手术刀拉长切口到2~4cm。腹壁切口消毒后，用三棱缝合针由外向内一次性穿过腹壁、膀胱壁，由膀胱切口内向外拔出，使膀胱壁切口边缘与皮肤切口边缘等对齐缝合在一起，连续缝合形成一个新的排尿口。术后一般不用特殊护理。

3. 中西结合疗法

因为膀胱括约肌的痉挛性收缩而引起的公猪尿闭，用氯丙嗪或普鲁卡因百会穴或尾根穴注射，早、晚各 1 次，一般 2~3 次即可好转。若穴位注射后 14~24h无效，则应重新认真诊断，可以怀疑是尿结石，确诊后进行手术治疗。

八、睾丸炎

环境的恶化以及养殖技术落后等原因导致种公猪经常会发生睾丸炎。而睾丸和附睾是紧密相连的，所以睾丸炎和附睾炎经常相继发生，使得种公猪不能正常地提供精液供养猪市场的需求。

患猪临床症状主要表现为一侧或两侧睾丸肿大，阴囊皮肤红肿，触摸有温热感，体温升高，严重者表现出食欲减退，后肢运动障碍等症状。

（一）病因

种猪睾丸炎的发病原因通常情况有两个：第一，由外物直接损伤；第二，泌尿生殖道的化脓感染。这两方面是现阶段种猪睾丸炎的直接发病原因。

1. 外伤

外物损伤一般情况下包括咬伤、踢伤、坚硬物刺伤等，这些外部因素有些时候是难以避免的，非常难以预防。外物损伤情况不是特别严重的时候，只需要对受伤部位进行消炎，注意不要进行二次伤害就行了。这些外部伤害有些时候可能会导致睾丸受到严重伤害，这就难以治愈了。这一情况发生的原因可能有以下几个方面：第一，猪圈在设计方面有问题，或者说猪圈在日常的清理管理工作做得不到位。因此应该在养殖过程中时刻保证种公猪的圈舍是相对安全的，不能有坚硬物存在猪圈内；第二，种公猪本来就性情暴躁，经常会发生撕咬的情况，所以不注意的情况下就会造成种公猪睾丸炎的发生。

2. 泌尿生殖系统的感染

泌尿生殖道的化脓感染是种公猪睾丸炎的主要杀手，它主要是由两方面造成。首先是外部环境，由于对圈舍的日常清理和消毒工作做得不到位，导致圈舍有大量细菌存在，这时候就会导致泌尿生殖系统发生感染，由此而引发种公猪睾丸炎的发病。其次就是各种传染病的出现，这是无法避免的，因为在养殖过程中难免会碰上各种传染病，这个时候泌尿生殖系统也会发生感染，睾丸炎也会出现。

（二）防治措施

种公猪的睾丸炎的治疗措施可以分为预防和治疗两个方面，这两个方面都是非常重要的。预防可以起到控制睾丸炎的发生，而治疗则是针对已经发病的种公猪进行治疗。

1. 预防措施

由外伤、布氏杆菌、放线菌等传染性疾病引起或由阴囊损伤引起的睾丸炎，采取相应的方法进行治疗。睾丸炎通常表现为睾丸肿大、发热、充血等，会影响精子生成，造成精子数量下降、活力降低等，严重时无精或死精。对公猪睾丸炎应每日观察，一旦发现睾丸肿大立即查找病因。可采用抗生素注射，内服消炎药物，及时冷敷和局部封闭等治疗。

睾丸炎的发病有两个原因。首先来说外部原因，主要是外伤引起的睾丸炎和外部环境中的细菌导致的睾丸炎。所以，要想做到预防必须从这两个方面着手。外伤从理论上说是可以减少的，防止阴囊受伤。养猪专业户在猪圈的设计上要特别注意，种公猪是性情比较暴躁的群体，圈舍内严禁有坚硬物出现，这可以在一定程度上减少外伤的发生。同时有些种公猪的脾气比较暴躁，要将它们分开来进行饲养，可以有效地减少种公猪之间的互相咬伤。另外就是圈舍的环境状况了，不注意圈舍的日常清理和消毒工作必然会导致圈舍内存在大量细菌，这是导致种公猪发生睾丸炎的重要原因之一，所以做好圈舍的日常清洁和消毒工作可以有效地降低种公猪睾丸炎的发病率。若是继发性的，应及时治疗原发病，初期可用冷敷，外涂西药膏剂消炎。

2. 治疗措施

种公猪睾丸炎的主要症状就是睾丸炎症导致睾丸肿胀、发红等。气滞血瘀、淤血阻滞等是最主要的睾丸炎并发症，针对这一情况主要是进行消炎处理，让睾丸炎的症状减轻。睾丸炎会影响种公猪的正常生活，对它们的成长以及精液的排放都有很大的威胁。行气活血，消炎化瘀是对睾丸炎最好的治疗措施。在治疗过程中要注意其他并发症的出现和睾丸炎的加重，如果不能将睾丸炎及时治好，极有可能造成睾丸的切除。由于睾丸肿胀，很容易造成二次伤害，在治疗过程中要用绷带将其拖住，避免造成二次伤害。消毒、消炎配合后期治疗对于种公猪睾丸炎的治疗是非常有效的。防止睾丸外伤，发现睾丸肿胀可外涂鱼石脂软膏或注射青霉素 20 万 ~40 万 U 进行消炎。

现阶段我们国家对于猪肉市场的需求是非常巨大的，而种公猪与猪肉市场的关系又是非常密切的，种公猪的正常生长对我国猪肉市场的平衡来讲非常重要。种公猪睾丸炎会严重影响其精液质量，对于猪的繁殖来说非常重要。所以，做好种公猪睾丸炎的治疗工作在现阶段也是比较重要的。

九、仔猪营养性贫血

仔猪营养性贫血是一种营养代谢性疾病，是由于仔猪所需要的某些营养性物质缺乏或者不足，而引起的造血系统紊乱导致的严重性贫血。此病多发生在一月龄以内的仔猪，冬春季节多发，对仔猪的生长发育影响很大。贫血严重的，持续时间长的可以引起机体免疫性反应降低，诱发疾病等，死亡率可达10%～15%，也会造成严重的经济损失。尤其是优种仔猪，生长发育快，易发病。

（一）引起仔猪营养性贫血的病因

引起仔猪营养性贫血的原因很多，也比较复杂，最根本的原因是仔猪体内缺乏铁、铜、钴等营养物质。

1. 饲料营养不全面

由于没有用全价饲料饲养母猪，特别是饲料中缺少生成红细胞的原料铁、铜、钴等，仔猪在母猪体内生成血红蛋白和肌红蛋白的能力减弱，或者母猪乳汁不佳。仔猪出生以后，血红蛋白的含量就低，具有较高的贫血率和死亡率。

2. 母乳中铁的含量不足

仔猪在母体内储存的铁、铜是很有限的，例如铁的含量只有45～50mg，只能用来维持出生以后10～12d的生长发育用量。仔猪出生以后，生长发育很快，对铁、铜等的需要量增多，使铁从肝脏释放供给生长发育所需，这样身体的储存量就会逐渐减少，4周龄的时候一般储存量就只有7mg了，有的仔猪甚至降到1mg。母猪乳汁中铁的含量也不多，仅能满足一周龄仔猪所需1/7左右的铁的用量，这样，随着日龄的增长，血红蛋白就出现了一个生理性降低，不足的部分只能从乳汁、补料或者掘土中获得。

3. 规模化养殖，不能从外界获取铁、铜等

现在养猪多为规模化养殖，即使是中小型的养殖场也是圈养，地面多为水泥，母猪和仔猪就不能和土壤接触，特别是与红土（富含氧化亚铁）隔绝，不能从土壤中获取所需要的铁、铜等。

4. 饲养管理不当

很多养殖户饲养管理粗放，环境卫生条件差，消毒措施不到位，仔猪的补料质量差，都会导致仔猪消化系统紊乱，引起疾病，影响微量元素的吸收利用。

5. 微量元素之间的拮抗

仔猪补料中碳酸钙和锰的含量过多，对铁的吸收就具有拮抗作用；饲料中的磷酸、植酸、鞣酸、草酸等都可以和铁结合，阻碍铁的吸收，日粮中这些物

质的含量过高，就会促进营养性贫血的发生。

（二）治疗措施

对于仔猪营养性贫血的治疗主要采取补给铁、铜等造血原料，并采取适当的方法辅助治疗。

1. 补给铁、铜等血红蛋白原料

（1）精确称取硫酸亚铁2.5g、硫酸铜1g、氯化钴2.5g，用1000mL的沸水将这些原料溶解，溶解过程中可以适当加几滴盐酸，增加溶解度，然后过滤，取滤液作为补料。给仔猪治疗的方法可以采用在母猪乳头上涂擦滤液，也可以用滴管滴在仔猪的口腔内，还可以每天投服，按照每1kg体重0.25mL的用量，连用7~14d。

（2）用硫酸亚铁和硫酸铜为原料配制成浓度为0.1%的混合水溶液，然后过滤，把滤液给仔猪饮用。

（3）用葡萄糖亚铁溶液治疗，溶液的浓度为每毫升含50mg Fe（OH）$_2$，治疗用量为2~4mL，每天肌肉注射一次，连用7d，疗效显著。

2. 其他的辅助疗法

（1）维生素 B_{12} 注射液0.1~0.3mg，每天进行一次肌肉注射，7d 1个疗程；也可以用健康动物的肝脏制成肝块或者肝粉，饲喂患病猪，每次1~3g，每天饲喂2~3次。

（2）用生长刺激剂辅助治疗，用健壮马、牛、羊的抗凝血给患病猪进行皮下或者肌肉注射，可以改进营养性贫血和继发性营养不良的状况。治疗可按每公斤仔猪体重用量：哺乳仔猪为2~3mL，两月龄以上的猪为1~2mL，3~5d一次，2~3次为1个疗程；或者每次2mL，隔日一次，4~6次为1个疗程。必要的时候，可以隔5~6d再用1个疗程。

（3）中草药疗法　用何首乌30g，加红糖适量，研成粉末，分成4次，混在饲料中饲喂，每天1次；苍术、陈皮、松针叶、建曲、麦芽、龙胆草各60g，黄柏30g，研成粉末，每次服用5~10g，每天3次。

（三）预防措施

对于仔猪营养性贫血的预防主要是抓好妊娠母猪和初生仔猪的饲养管理工作，尤其是要根据妊娠母猪的特点对此病进行预防。

1. 母猪预防

在母猪的妊娠期要精心管理饲养，饲料不仅要营养丰富，蛋白质、矿物质和维生素的含量要适宜，而且饲料的种类要多样，多汁饲料和青绿饲料必不可少。

2. 仔猪预防

对于仔猪，要让其有足够的光照时间和适宜的运动量。仔猪出生 2~5d 内，注射补铁剂，常用的补铁剂为葡聚糖铁钴注射液，用量为 2mL，深部肌肉注射，隔周再注射一次，可以有效地预防仔猪营养性贫血。全舍饲的圈舍最好设置红土槽，里面放入红土、泥炭土等，以方便仔猪采食，补充铁质。

十、仔猪低血糖症

仔猪低血糖症是仔猪出生后，最初几天因饥饿致体内储备的糖原耗竭，而引起血糖显著降低的一种营养代谢病，亦称乳猪病。本病仅发生于 1 周龄以内的新生仔猪，且多于出生后最初 3d 发病，死亡率较高，可占仔猪的 25%。本病的特征是血糖水平明显低下，血液非蛋白氮含量明显增多。本病的发生，主要依母猪产后泌乳质量水平、外界环境、气候条件而有不同。

（一）发病原因

仔猪生后吮乳不足，致机体饥饿是引起发病的主要原因。见于下列情况：母猪无乳或乳量不足，母猪营养不良、乳质低劣，乳中含糖量低下，或初乳过浓，乳蛋白、乳脂肪含量过高，妨碍消化吸收；母猪患病，特别是罹患子宫炎—乳腺炎—无乳综合征或发热及其他疾病，致泌乳障碍，造成产后乳量不足或无乳，以致仔猪饥饿。

仔猪吮乳不足，仔猪先天性衰弱，生活力低下而不能充分吮乳；窝仔数量过多，母猪乳头不足，致有的仔猪抢不到乳头而吃不到母乳；人工哺乳不定时、不定量，仔猪因吃不饱而饥饿。

（二）临床症状

仔猪最初可见有精神不活泼，软弱无力，不愿吮乳，离群伏卧或钻入垫草呈嗜睡状，皮肤苍白，湿冷，被毛蓬乱，体温低下。个别仔猪低声嘶叫，四肢软弱乏力，对外界刺激淡漠，耳尖、尾根以及四肢木端皮肤顾冷并发绀。肌肉震颤，姿势异常，运动失调，小猪歪腿站立或躺卧不起。

最后多出现神经症状，表现为痉挛或惊厥，空嚼，流涎，肌肉颤抖，眼球震颤，角弓反张或四肢呈游泳样划动。感觉迟钝或完全丧失，心跳缓慢，体温多降至常温以下，皮肤厥冷。最终陷于昏迷状态，衰竭死亡。

血液学变化可见血糖明显减低，非蛋白氮明显增高。

（三）防治方法

补糖，临床多应用 5%~10% 葡萄糖液 15~20mL，腹腔内注入，每 4~6h

一次，直至症状缓解并能自行吮乳为止。也可灌服 20% 糖水，每次 10~20mL，每 2~3h 一次。

十一、僵猪

僵猪也称作仔猪生长发育障碍综合征，是养猪生产中容易发生的一种疾病。病猪临床上主要特征是精神状况较好，食欲、饮欲基本正常，但体型相比于同窝仔猪要明显偏小，或者是在青年期及其以后的生长速度非常缓慢。

（一）病因分析

1. 胎僵

胎僵指近亲繁殖引起后代品种退化，生长发育停滞；种猪的年龄过大，体质降低，精子或卵子畸形率较高，或种猪过早进行交配，发育未完全成熟；种猪自身发育不良，基因突变，隐性遗传等。遗传导致先天性发育不良，产生僵猪。

2. 乳僵

乳僵指妊娠期间母猪营养不足，日粮中含微量元素或维生素不足导致胎儿发育不良，影响后天生长；母猪个别乳头发育不良或发生乳腺炎、损伤，母猪乳头泌乳量不均匀，个别新生仔猪哺乳不足；母猪产仔过多，超过母猪的乳头数，使个别乳猪吃不到母乳，缺乏营养，生长发育停滞等。

3. 食僵

食僵指仔猪断乳后，日粮品质不良，营养不足；长期吃发霉变质饲料，损伤胃肠和慢性中毒；仔猪群养时，若料槽槽位不足，强者多食，弱者少食，弱的仔猪吃不到足够的饲料，而长期处于饥饿状态，久而久之，就形成僵猪。

4. 创僵

创僵指仔猪被母猪踩伤或咬伤、压伤，或互相打架、挤压，虽然看不到外伤或外伤已治愈，但内脏或其他器官受到损伤，功能受损，营养不能完全吸收而导致僵猪。

5. 病僵

病僵指仔猪曾患过某些传染病和寄生虫病，如慢性胃肠炎、圆环病毒病、蛔虫病等，虽经治愈不彻底或者自愈耐过后，往往生长发育不良，形成僵猪。

（二）临床症状

僵猪在临床上的主要特征为能够正常采食，但停止增重。病猪主要表现出机体明显瘦弱，被毛稀疏、蓬乱，色泽从黑变黄赤或者从白变黄，明显怕冷，精神沉郁，长期伏卧，步态不稳等。另外，根据不同因素形成的僵猪，还会在临床症状上存在一定差异。

（三）防治措施

1. 加强母猪饲养管理

母猪处于不同繁殖阶段都要补充相应的营养，确保胎儿能够吸收足够的营养。一般来说，母猪配种前要求短时间内采取优势饲养，配种后要注意加强保胎，尤其是妊娠中后期要注意适当提高喂料量，并提高饲料蛋白质水平，确保母猪和胎儿获取足够的营养。母猪分娩后要在饲料中添加适量的麦麸、小虾以及小鱼等，促使泌乳量提高。另外，母猪产前还必须注意对母体、产房等进行严格消毒，同时加强分娩护理。如果母猪泌乳量较少或者无乳，有需要时可立即使用催乳药进行治疗，以确保后代仔猪生长发育正常。

2. 加强仔猪饲养管理

仔猪产出后要及时吮食足够的初乳，以确保机体免疫能力提高。同时，要及时根据仔猪体质强弱固定乳头吮乳，一般体质较弱的要求固定在前 2～3 排乳头，能够有效确保整窝仔猪健康发育。仔猪从 5～7 日龄开始饲喂少量的品质优良且容易消化的饲料，然后逐渐增加喂料量，从而促使仔猪断乳后体重有所升高。

3. 对症治疗

对于已经形成的僵猪，要及时聚集在一起，立即采取治疗。首先要改善饲养环境，要求圈舍冬暖夏凉，确保干燥、卫生、清洁，经常更换垫草，饲喂营养全面、均衡的日粮，每天还要补饲适量的青绿、多汁饲料。对于寄生虫病形成的僵猪，要针对寄生虫的种类选用相应的驱虫药和驱虫程序进行驱虫。对于大肚型的僵猪，可肌肉注射适量的维生素 B_1；对于小肚型僵猪，可在饲料中添加 2.5% 的磷酸钙；对于皮肤干燥的僵猪，可肌肉注射适量的维生素 A 及维生素 D 注射液。

十二、疝

疝是腹腔脏器从自然孔或腹肌、膈肌破裂孔脱到解剖腔、皮下或胸腔而形成的疾病，是家畜一种常见的外科病。疝可以根据发生的解剖部位不同，分为脐疝、腹股沟阴囊疝、腹壁疝、会阴疝等；根据疝内容物的活动性不同，又可以将疝分为可复性疝和不可复性疝。在规模化的养猪场最常见的是仔猪的脐疝和阴囊腹股沟疝。腹壁疝主要发生于成年猪的外伤性损伤和小母猪去势不当，一般的猪场很少自然发生。

（一）诊断

脐疝诊断比较容易，可见脐部有明显的局限性球形突起，触诊质地柔软，也有的紧张，但缺乏红、肿、热、痛等炎性反应。饱食或挣扎嘶叫的情况下可见疝囊增大，听诊可见肠蠕动音。若疝内容物与脐孔周围组织粘连难以压回腹腔时，应当注意与脐部脓肿相鉴别。脐部脓肿也表现局限性肿胀，触之热痛，坚实或有波动感，脐部穿刺排出脓液与脐疝完全不同。阴囊腹股沟疝多见于仔猪，刚出生的仔猪不明显，随年龄的增长日见明显，猪阴囊疝通常为可复性阴囊疝，其主要表现为患猪一侧或两侧阴囊膨大，皮肤紧张，触诊内容物柔软、不痛。一侧阴囊膨大，是单侧阴囊腹股沟疝；如果两侧的阴囊膨大，则是双侧阴囊腹股沟疝。如果将两后肢提起使猪头部朝下，用手慢慢揉阴囊内容物，内容物可还纳腹腔，放开仔猪后，内容物很快又被挤压入阴囊内。阴囊腹股沟疝诊断时应当同阴囊积水、睾丸炎与附睾炎区别。前者质地柔软，无热、痛等炎性反应；后两者触诊稍硬，在急性炎性期有热痛反应。

（二）治疗

猪场的产房和保育舍都有网床，有必要治疗的患猪都可在网床上饲养，卫生条件较好，所以治疗方法选择开放式手术治疗。患有腹股沟疝的猪不能留种用，因此可将睾丸同时摘除。

1. 手术器械

手术器械包括手术刀、止血钳、缝针、丝线、镊子。

2. 药品

药品包括酒精棉球、碘酊棉球、青霉素粉剂、链霉素粉。

3. 手术过程

（1）阴囊腹股沟疝 术前禁食，将患猪左侧卧保定，猪背侧置一个小板凳，术者坐在小凳上，左脚踩猪的肩部。对于较大的猪，可由助手蹲在猪的腹侧方向，用一只手握住猪的左前肢和右后肢辅助保定。术者用左手将阴囊向后挤压使之紧张，手术切口定位在阴囊壁上紧张的部位中间，与纵轴平行，大小到刚好挤出睾丸为止。右手拿镊子夹碘酊棉球消毒，分别沿两侧预切口消毒，消毒时由中心向外周逐步扩大，不能重复，也不留空隙，再用酒精棉球由中心向外消毒 2~3 次，方法同碘酊消毒。

术者左手按摩患侧阴囊，使内容物还纳回腹腔，将阴囊向后挤压使之紧张，用右手全握式持手术刀，沿预切口分别切开阴囊皮肤和深、浅筋膜，但是要控制切开的力度，防止切开总鞘膜。钝性分离鞘膜，将睾丸挤到鞘膜远心端，用止血钳在精索远端垂直于精索夹住睾丸、附睾及鞘膜，但是不能夹住肠管。从远端开始绕精索的长轴顺时针或者逆时针旋转，同时将内容物向腹腔挤，防止夹住肠管，逐渐的将疝内容物挤到腹腔，精索紧张并有一定的力度，再用缝针将精索连同外层的总鞘膜从根部做一道贯穿结扎缝合，防止肠管再次脱入阴囊内。再将精索从结扎处下方 0.5cm 处切断。如果是单侧的阴囊腹股沟疝，另一侧按照普通去势的方法处理。如果是两侧的阴囊腹股沟疝，另一侧按照上述方法处理，最后在切口处及腹腔撒上青霉素粉 160 万 IU、链霉素 100 万 IU，创口不缝合，以便及时排除创液。

（2）脐疝　术前禁食，患猪仰卧保定，助手两只手分别握住仔猪的两前肢和两后肢，术者将手术部位定位在疝囊的基部，菱形切开，公猪尽可能避开阴茎和包皮，手术切口周围消毒，必要时先剪去背毛，消毒时术者右手拿镊子夹碘酊棉球消毒，由中心向外周旋转连续擦拭，范围逐步扩大，不留空隙，尽可能彻底，再用酒精棉球由里向外擦 2~3 次脱碘，方法同碘酊消毒。切开皮肤时先将内容物还纳到腹腔，小的疝孔可以用手指压住，然后沿疝囊的基部切开，对于发生粘连的疝要防止切到肠管。切开皮肤和筋膜后，先检查疝轮的大小和疝囊内的脏器，如果没有发生粘连，可直接将内容物还纳至腹腔，缝合疝轮前先将疝轮光滑面做轻微切除，造成新鲜创面，再将疝轮做荷包缝合，然后剪去多余疝囊皮肤；如果有粘连，应先在疝囊上小心作一小切口，伸入手指进行钝性分离，尽量减少对肠管的刺激，如能完全分离，则按上述方法继续处理，如不易分离，可将肠管与发生粘连的腹膜一起送入腹腔内后直接用间断内翻缝合法缝合；在创面及腹腔撒上 160 万 IU 青霉素和 100 万 IU 的链霉素粉剂，最后将皮肤结节缝合。封闭腹腔前撒青霉素粉、涂链霉素粉于各层防止术后感染，效果比肌肉注射效果好。

4. 术后管理

术后仔猪在网床上饲养，限制其剧烈活动，限制采食过多，防止腹压升高，密切观察仔猪的精神状态和伤口愈合情况，术后 2~3d 仔猪不宜饱喂，可饮喂适量红糖水。同时为防止同栏猪群的攻击，致缝合口开裂，术后最好单栏饲养。如果为防止术后感染，可在术后 2~3d，每天注射抗生素 1 次，效果更佳。

5. 手术注意事项

（1）在手术前最好禁食禁水 10~20h，减小腹压，有利于手术操作时将疝内容物还纳。

（2）猪对疼痛性耐受性强，可以不做麻醉，但是要做好保定工作，防止手术过程中病猪猛烈挣扎造成不必要的伤害。

（3）做腹股沟疝的手术时不能切开总鞘膜，捻转时防止总鞘膜夹住肠管；结扎缝合总鞘膜和精索时尽量靠近鞘膜的根。

（三）预防

首先应当着重从淘汰有隐性遗传基因的种猪入手净化猪群，无论是阴囊腹股沟疝还是脐疝都有遗传性，一般来说，留作种用的仔猪，不能有腹股沟阴囊疝。严格地说，为了增加安全系数，一窝中有一头患病的，其他仔猪最好不留作种用，在配种时，搞好选种、选配，防止近亲交配引发的腹股沟阴囊疝，如一窝仔猪中出现一两头腹股沟阴囊疝病例，为了防止下一胎类似现象发生，在母猪发情配种时，最好更换原配公猪。有人认为脐疝是一种不完全显性的单因子异常，而现在遗传学家普遍认为脐疝是一种隐性遗传病。平时做好饲养管理工作，做好断脐工作，可以大大降低脐疝的发生率，正确的断脐方法是轻扶脐带，将脐带内血液挤向仔猪后固定脐带近端，在距腹壁 6～7cm 处剪断并涂上碘酊，同时搞好圈舍卫生。减少应激的发生，防止避免人为因素造成疝的发生。

实操训练

实训　母猪子宫冲洗技术

（一）实训目标

1. 掌握诊断母猪子宫内膜炎的方法。
2. 掌握排出母猪阴道或子宫内的炎性分泌物，促进黏膜修复，尽快恢复生殖机能的方法。

（二）材料与用具

材料与用具包括子宫洗涤用的输液瓶（或连接长胶管的盐水瓶、长胶管与漏斗也可）或小动物灌肠器（末端接以带漏斗的长胶管），洗净消毒。冲洗溶液为微温生理盐水、5%～10%葡萄糖溶液、0.1%或0.5%高锰酸钾溶液等。还可用抗生素及磺胺类制剂。

（三）操作步骤

首先充分洗净外阴部，术者手及手臂常规消毒。然后术者手握输液瓶或漏斗所连接的长胶管，徐徐插入子宫颈口，再缓慢导入子宫内，提高输液瓶或漏斗，药液可通过导流入子宫内，待输液瓶或漏斗中的冲洗液快流完时，迅速把输液瓶或漏斗放低，借虹吸作用使子宫内液体自行排出。如此反复冲洗 2～3 次，直至流出的液体与注入的液体颜色基本一致为止。

阴道的冲洗，把导管的一端插入阴道内，提高漏斗，冲洗液即可流入，借病畜努责冲洗液可自行排出，如此反复洗至冲洗液透明为止。阴道或子宫冲洗后，可放入抗生素或其他抗菌消炎药物。

（四）注意事项

1. 操作认真，防止粗暴，特别是插入导管时更须谨慎，预防子宫壁穿孔。同时严格遵守消毒规则。

2. 患有子宫积脓或子宫积水的病例，应先将子宫内积液排出之后再进行冲洗。

3. 不得应用强刺激性或腐蚀性的药液冲洗。

4. 注入子宫内的冲洗药液，尽量充分排出，必要时可通过直肠按摩子宫促使排出。

（五）实训报告

根据操作情况完成实训报告。

项目思考

1. 简述母猪产后泌乳障碍综合征的综合防治措施。
2. 简述母猪繁殖障碍性疾病的综合性防治措施。
3. 分析母猪子宫内膜炎的发病原因及治疗方法。
4. 简述母猪生产瘫痪的治疗方案。
5. 阐述母猪产后子宫阴道脱出的治疗措施。
6. 简述种公猪普通繁殖障碍性疾病防治措施。
7. 简述仔猪腹股沟阴囊疝和脐疝手术过程。
8. 简述仔猪低血糖症的治疗方案。

项目六 猪其他疾病

1. 熟练掌握猪只在生产过程中因为营养代谢等原因引起的疾病的诊断与防治的基本知识。

2. 重点掌握这类疾病的诊断要点及防治措施。

3. 了解目前这些疫病流行、防控的最新动态。

1. 能对各种常见其他疾病进行鉴别诊断，针对性地设计出科学、有效的防控方案。

2. 掌握猪只在各个生长阶段容易发生的营养性疾病有哪些，可以设计出合理的防控方案。

一、猪霉菌毒素中毒综合征

霉菌毒素是真菌的次级代谢产物，可以降低猪只的生产性能和改变他们原有的代谢。猪采食被霉菌毒素污染的饲料而引发的状态称为霉菌毒素中毒，主要表现为生产发育迟缓、配种繁殖障碍、抗病力降低、死亡等。其中，对猪危害最大的有黄曲霉毒素、赤霉毒素等。

（一）病因

1. 黄曲霉毒素中毒

黄曲霉菌常寄生于作物种子中，如花生、玉米、小麦、黄豆、棉籽饼等，当温度及湿度适宜时，迅速生长繁殖病产生毒素，特别是在梅雨季节收获谷物、仓储运输以及饲料加工时更易产生霉菌毒素。

黄曲霉毒素（AFT）的一般特性：黄曲霉毒素是一组由黄曲霉、寄生曲霉、特异曲霉等多种真菌产生的次级代谢产物，具有相似的化学结构和理化性质，其基本结构为双呋喃环和香豆素。根据紫外线照射下发出的荧光颜色不同，黄曲霉毒素主要可以分为两类：蓝色荧光的 B 类和绿色荧光的 G 类，B 类包括 B1、B2、B2α，G 类包括 G1、G2；还包括一些衍生物如黄曲霉毒素 M1、M2、P 1、Q、H1、GM、毒醇等。其中，黄曲霉毒素 B1（AFB1）被认为是毒性最强、危害最大、分布最广的一种。动物体内黄曲霉毒素主要通过肝脏的羟化、脱甲基、环氧化反应来降解，因此黄曲霉毒素主要影响动物的肝功能，引起肝脏肿大、病变甚至癌变，同时，动物食入被污染的饲料后，黄曲霉毒素在肝脏、肾脏和肌肉组织中蓄积，降低动物免疫力，引发一系列疾病，从而降低动物的生产性能，甚至通过食物链的传递进入人体，使人产生急性或慢性中毒的症状，影响人体健康。

黄曲霉毒素降解的方法：黄曲霉毒素的传统去毒方法有物理法和化学法。物理法又包括加热法、辐射法、溶剂萃取法、吸附剂法等。物理方法的应用较多，但其缺点是不能真正去除黄曲霉毒素。化学法是根据黄曲霉毒素易被强碱和氧化剂分解的原理来解毒，因而可以分为碱处理法和氧化法。碱处理法一般使用氢氧化钠或氨等处理，氧化法一般使用次氯酸钠、臭氧、过氧化氢、氯气处理，但都存在破坏饲料口感、有残留、效果不稳定等问题。微生物方法降解黄曲霉毒素是利用微生物产生的代谢产物或微生物分泌的蛋白酶分解破坏黄曲霉毒素分子的毒性基团或分子结构，产生无毒无害的降解产物的过程。与传统的物理法和化学法相比，微生物法降解黄曲霉毒素具有安全、高效、环保，降解产物无毒无害，不破坏营养物质成分，不影响饲料口感等优点，而且微生物生长迅速、可大量繁殖、易培养、可大规模生产，因此用微生物方法降解黄曲霉毒素将会越来越流行。

2. 赤霉菌毒素中毒

连续的阴雨天气会导致广大农户种植的大麦、小麦、燕麦、玉米等禾本科植物感染赤霉菌，在适宜的温度条件下，大量繁殖病产生毒素，猪只采食了感染此菌的茎叶或种子后，引起中毒。

赤霉菌毒素是一种霉菌毒素，在适当的温度和湿度条件下，它可产生于田间作物，也可产生于储存过程中，给养猪生产造成比较严重的危害。在很多地方，经调查以后常常会出现：在某年的年夏、秋季节，相应的地区可能会出现多年不见的阴雨天，致使农户种植的大麦、小麦、玉米出现赤霉病，而这些产物又是进行猪只的主要饲料。同时农民新收的大麦、小麦、玉米等未能及时晒干，含水量高，易发霉。猪在使用含有霉变的大麦、小麦、玉米等原料与浓缩饲料或预混料配合的饲料饲喂后就出现症状。在出现疾病流行区域，不分品种、性别、年龄的猪均可发病，但一般多发生于 2～5 月龄的体格比较强壮的猪。

（二）临诊症状

1. 黄曲霉毒素中毒

黄曲霉毒素中毒后，根据猪只自身的特点及中毒剂量的多少，中毒症状会有所不同，临床症状表现为急性症状、亚急性症状、慢性症状。

（1）急性症状　多发生于采食了被黄曲霉毒素污染的饲料 5～10d，体质良好的 80～110d 内的育肥猪群，有的在正常活动中突然死亡，有的出现口吐白色或黄色泡沫，有时出现神经症状，间歇性抽搐，角弓反张，多发生于体格健壮和食欲旺盛的断乳猪只。

（2）亚急性症状　育成猪伴有呕吐、食欲减退或废绝、体温升高（40～41.5℃），后肢表现软弱无力，步态摇摆，黏膜苍白，粪便干燥且带有红色黏液，组织脏器大面积出血，有的猪垂头偎依圈墙壁不动且间歇性发出呻吟声。中毒仔猪表现食欲减退或废绝，体质消瘦，最后因呼吸系统障碍而死亡。

（3）慢性症状　病猪在采食发霉饲料后 5～15d 出现症状，育成猪表现精神萎靡不振，垂头弓背、走路僵硬，厌食，喜欢啃砖渣、泥土、被粪尿污染的垫草等，表现明显异食癖病症；体质逐渐消瘦，因病症的持续加重、出现昏迷、全身颤抖、乱窜乱跳等神经症状；繁育母猪的繁殖能力明显下降，怀孕母猪表现为流产、死胎或产弱仔，种公猪产精液质量降低、精子活动能力显著下降、性欲明显减退。正常，不喜欢接触其他猪只，出现拱背等症状。其中有部分猪只表现兴奋不安，黏膜稍微带有黄色。

2. 赤霉菌素中毒

对处于不同生长阶段的猪只，由于饲料中含有的毒素水平有所不同，所表现出的中毒症状也存在差异。育肥母猪发生中毒时，临床上主要表现发情症状，即外阴部明显肿胀，乳腺增生，排尿非常困难，甚至出现部分子宫脱出。由于外阴部水肿，且局部发痒，导致病猪不断蹭圈舍的墙壁，从而造成局部出血。尤其是日龄较小的仔猪表现的中毒症状非常明显，而日龄较大的幼龄猪表现出的症状相对较轻。公猪中毒时，临床表现出性欲减退、睾丸萎缩，或呈雌性化。对于青年母猪来说，1~6月龄即性成熟前发生中毒表现乳头、乳腺肿大，外阴红肿，较小的生长猪还会发生阴道、直肠脱垂；性成熟后发生中毒，发情周期异常。成年母猪中毒时，临床上表现无法受孕，流产，胎儿被吸收和胎儿干尸化，且有黄体的作用还有可能导致假孕的发生。对于妊娠母猪一般妊娠后50~70d发生中毒，会导致流产、早产的发生，之后容易假孕。对于泌乳期母猪，通常低浓度的毒素不会影响其正常生产，但会引起断乳到下次配种的间隔时间延长；但高浓度的毒素能够导致其泌乳量减少，严重时甚至造成无乳。单端孢霉烯及其一些衍生物中毒：猪发生单端孢霉烯中毒时，临床上的表现存在很大差异。病猪通常呕吐和拒食，腹泻，消化不良，或者伴有胃、心、膀胱、肾、肺和肠的出血性损害。之所以能够引起出血，是由于该毒素与维生素K具有拮抗作用，导致机体缺少凝血酶原，从而延长凝血时间。有些单端孢霉烯族化合物还能够对皮肤产生毒性作用，导致皮肤瘙痒、红肿。

（三）病理变化

1. 黄曲霉毒素中毒

（1）急性病理变化　主要呈现贫血及出血病变，胸腹腔有大量出血，大腿前及肩胛下的皮下肌肉有明显的出血点，肾脏肿胀且呈土黄色、肝脏明显肿大、有弥漫性出血斑，肝脏邻近浆膜层有瘀斑状或针尖状出血点，胆囊扩大，心脏内外膜常见有出血斑点。

（2）亚急性及慢性病理变化　主要表现为肝脏变性、坏死。肝胆管增生质地变硬、肝脏组织细胞发生黄色脂肪变性，肝表面呈现白色点状或坏死病灶，肾脏肿大且呈苍白色，心内膜可见出血斑点，胸腹腔积液，结肠浆膜呈胶样浸润，可见全身周围淋巴结明显充血、水肿。

剖检病变可见病死猪胸腹腔和心包积液呈棕红色或者黄色，部分积液中混杂少量的纤维素；肝脏呈苍白色或者土黄色，略微肿大，边缘钝圆，质地坚硬，表面突出有灰黄色的米粒或者绿豆大小的坏死灶；胆囊发生皱缩，胆汁变得浓稠，呈墨绿色或者黄绿色的胶状；腹水过多。急性死亡的病猪，胃内含有大量食糜，胃黏膜特别是大弯底部发生明显充血，整个小肠都含有血性食糜，呈煤焦油状，颜色从红到黑深浅不同，部分混杂游离的血块，肠黏膜发生脱落，肠壁明显变薄。对于小肠严重充气的病猪，肠腔内伴有严重出血。全身淋巴结呈黄色，发生水肿，且切面多汁。脑膜发生轻度充血、水肿，并存在少量出血点，部分脑血管严重怒张。心冠脂肪呈胶冻样。肺脏表面凹凸不平，间质有所增宽，出现斑块状实质性病变，呈小叶性肺炎。肾脏呈淡黄色，膀胱内积聚有浓茶样的尿液。

2. 赤霉菌毒素中毒

病猪的主要病理变化是皮下存在出血斑点，皮下脂肪可能会发生黄染。部分猪只的口腔黏膜，可见出血、脱水，喉头会厌软骨出血并发生黄染，气管出血，且里面存在黏液。胸腔内有少量黄色液体存在，心脏表面存在出血斑，心包积有少量的黄色液体。肺脏发生充血、水肿，且存在坏死灶。脾脏变软肿大，边缘存在大量的小梗死灶。肝脏质地变脆，较硬，且存在不同大小的白色坏死灶。肾脏外观水肿，表面存在出血点，切面明显外翻。胆囊明显萎缩，色泽较淡，胆汁排出减少，胆囊黏膜出血，且内壁水肿。胃底部黏膜有严重的充血和出血，存在大量的溃疡灶和坏死斑点，且黏膜非常容易脱落。十二指肠出血，直肠黏膜和盲肠黏膜都发生水肿、出血，而肠系膜淋巴结出现充血。膀胱黏膜发生轻微出血，排出的尿液呈黄色黏稠状油样。总的来说，在多个器官都可以见到全身的广泛性的充血、出血变化。

（四）诊断

根据病史、饲料样品检查、临床症状、病理变化等可做出初步诊断，确诊及鉴别诊断需做真菌分离培养。

（1）赤霉菌毒素中毒的实验室检验　取玉米霉变处的霉菌接种于有青霉素、链霉素的沙保氏葡萄糖琼脂培养基，37℃培养1d，结果在培养基上形成白色棉毛状、中心呈淡黄色的菌落。挑取培养物涂片、乳酸石碳酸棉蓝染色、镜检，可见有明显的菌丝和孢子，菌丝分隔，大分生孢子呈镰刀状，有横隔，两端较尖，着生于分生孢子柄顶，成丝。小分生孢子为单细胞，圆柱形。取所用玉米100g放于具塞三角瓶中，加丙酮250mL进行抽提，每天振摇3~4次，每次加热10~20min，连续抽提2d，过滤，将滤液水浴加热，使有机溶剂挥发，剩余的油状物供检验用。取一定数量的健康家兔，每只胸部剃毛，直径约5cm，一侧分别涂抹抽提的油状物，每次2mL左右，1日1次，连用2~3d。另一侧涂抹玉米油作对照。结果涂抹抽提物1d后，两只兔皮肤开始发红、肿胀、体温升高。当经过一段时间后，可以见到皮肤肿胀明显，部分区域的皮肤开始出现坏死结痂，体温比正常兔高2℃左右，作为对照的家兔均未见明显变化。取心血、肝脏渗出物接种于普通琼脂培养基和猪血琼脂培养基，未培养出细菌。也可通过免疫酶联吸附实验进行检验。

（2）黄曲霉毒素中毒的检验　首先根据生猪的临床表现，同时检测采食的饲料是否新鲜，饲料中黄曲霉毒素中毒后主要通过临床症状、病理剖检变化、实验室检查等多种方法进行诊断确诊，也可以通过饲料中的黄曲霉毒素含量高低结合临床症状可以确诊。通过实验室检测设备检测猪的日粮是否发生霉变，再根据实际情况进行综合诊断。

常见的实验室检测诊断的方法 包括薄层色谱法、高效液相色谱法、免疫荧光分光光度法、竞争性酶联免疫吸附法、黄曲霉毒素免疫亲和柱——荧光光度计法、黄曲霉毒素免疫亲和柱——高效液相色谱法、微柱筛选法、液相色谱仪/质谱仪连用检测法等。目前液相色谱法与质谱法连用的检测方法在黄曲霉毒素测定方面得到了比较广泛的应用。

该病要注意同猪钩端螺旋体病、猪胃溃疡等进行区别。猪钩端螺旋体病是一种传染病，病猪头颈乃至全身发生水肿，工作人员进入圈舍就能够闻到腥臭味。尿液初期呈黄后，后期呈茶色或者红色，在 2～3 月的流行期间会同时出现急性、亚急性和慢性黄疸以及流产等多种类型。猪胃溃疡，病猪表现出精神较差，食欲减退，体重减轻，贫血，体表皮肤苍白，往往伴有呕吐、腹痛，排出黑色的煤焦油样粪便，但体温基本正常或者略微偏低，剖检能够看到胃部出现溃疡。

（五）防治

（1）黄曲霉毒素的防治 目前无特效解毒药，以预防为主。主要是对症治疗，病猪发生急性中毒时可建议先进行催吐，即按每千克体重皮下注射 0.5mg 藜芦碱，一次即可；然后进行洗胃，即通过胃导管将一定剂量的 0.1% 高锰酸钾溶液导入胃内进行洗胃；之后进行解毒，可按每千克体重使用由 5mL 10% 葡萄糖注射液、0.24mg 地塞米松注射液和 10mg 维生素 C 注射液组成的混合溶液，采用静脉注射或三角肌注射，每天 1 次，连续使用 3～4d。另外，若病猪的肝脏发生损伤，可按每千克体重肌肉注射或静脉注射 4mg 葡萄糖醛酸内酯注射液；如果病猪骚动不安，可按每千克体重肌肉注射 2mg 盐酸氯丙嗪注射液；如果呼吸困难，可按每千克体重肌肉注射 5mg 氨茶碱注射液。以上药物每天使用 1 次，当症状消失后即可停止使用。病猪发生慢性中毒时，立即停止饲喂发生霉变的饲料，改成饲喂新鲜且没有发生霉变的全价饲料，增加鲜嫩青饲料的喂量，并在饲料中添加一定量的霉素吸附剂；配合在饮水中添加适量的葡萄糖、电解质多维，促使体内残留的毒素尽快排出，连续使用 10d 左右。

此外还要加强饲养管理，防止饲料加工原料发生霉变，在饲料中添加脱霉剂等。

主要的防控措施如下：防止饲喂发霉变质的饲料。做好饲料、原料及半成品的存放管理，严禁玉米、大豆等加工饲料原料乱堆乱放，注意防潮、通风、防鼠、严格控制储存的温度、湿度，尤其是在夏季炎热的季节，最易因潮湿、高温等因素导致饲料霉变。养殖场要依据饲养数量制定饲料的储存量，防止饲料原料过多积压，而超过保质期，发生发霉变质，降低饲料质量。轻度霉变而无变质的饲料及原料（粉碎），多次连续用水浸泡，反复冲洗，直到浸泡液呈无色为止。

部分饲养条件较好的养殖场，要定期抽查饲料样品，送实验室进行霉菌毒素测定。

发生黄曲霉毒素中毒严重的季节（夏季、秋季），建议在饲料中添加脱霉剂，能有效降低饲料霉变的概率。另外可以通过调整饲料配比中硒、维生素 E 的含量，能有效减弱黄曲霉毒素进入到动物机体后对机体产生的毒性。

（2）赤霉菌毒素的防治　赤霉菌毒素中毒发病快、死亡率高，应尽早诊治，治疗越早越好。用药集中不能间断，重症者剂量加倍。甘草绿豆汤有解毒作用，药用活性炭可吸附有毒物质，减缓肠道对有毒物质的吸收，硫酸钠可通过致泻加速毒物的排出，鞣质蛋白对胃肠黏膜起保护作用，可降低毒物吸收速度。中西药结合治疗可有效地控制病情，提高治愈率。

二、猪异嗜癖

猪异食癖是一种应急综合征，主要表现为患病猪只因环境、营养、内分泌、遗传等多种因素改变所引起的舔食、啃咬异常东西的症状。该病一般在秋季高发，多见于 24～40kg 的小猪，产后前期或怀孕初期的母猪也较易患病。猪一旦发生异食癖，日渐消瘦，皮毛粗乱无光泽，小猪生长缓慢，甚至停滞，成为僵猪。

（一）病因

多种因素可以导致猪只异食癖的发生，单一的因素可以导致异食癖的发生，主要原因如下。

1. 饲养管理因素

猪群饲养密度过大、猪圈、饲槽及猪群活动的空间狭小、饲料与饮水不足、同一圈舍猪只体格大小强弱悬殊、猪只新并群后，相互之间偶尔会出现打斗、争夺位次等原因可诱发异食癖。饲养管理因素是造成猪异食癖的重要因素，但同时也是可以实现最大控制效果的主要因素。

2. 环境因素

若猪舍饲养环境太差，地面不平，猪患异食癖的可能性较大，且冬春季节的发病率高于其他季节。若猪舍内温度过高或过低，通风不良及有害气体的蓄积，猪舍光照过强，容易因光照而引发不良气体的积聚，进而导致猪出现焦躁状态，猪生活环境单调，受到主人或其他的惊吓、猪之间相互串群；天气的异常变化或短时间内天气的不规律变化，猪圈潮湿，不良环境因等因素均会给猪造成不适感或休息不好，以及这些因素的共同作用，均能引发啃咬等异食癖的发生。

3. 疾病因素

一些疾病也会增加猪患异食癖的概率。例如，猪有虱子、虻、蚊、疥癣等体外寄生虫时，可能会引起猪皮肤刺激发生摩擦而烦躁不安，导致肋部、耳后等处出现渗出物，进而引发其他猪产生吸引作用而相互咬尾，由此可造成相互伤害。同样，若猪体内含有较多的寄生虫，特别是猪蛔虫，可能会增加猪的攻击性。此外，猪体内激素分泌异常也会引发异食癖，若猪只的尾部受到了损伤，会导致猪只相互之间发生咬尾现象。同时存在上述两种因素，导致猪发生异食癖的可能性更大。

4. 营养因素

供应充足的营养和食物，是保证猪只正常生长的必要条件。当饲料的营养水平较低，无法满足猪生长发育所需的营养时，可能会增加咬尾。此外，若饲料中缺乏微量营养元素，如钾、钠、镁、铁、钙、磷、维生素等营养物质时，也能造成异食癖，导致咬尾。

5. 品种因素

在同一猪圈内，若饲养不同品种的猪，或引进其他外来猪，或同一个品种间体重差异过大，因品种及生活特点差异，相互矛盾，相互争雄而发生撕咬。个体之间差异大，在占有睡觉面积和抢食中，常出现以大欺小现象。

6. 猪的天性

猪天性好动，尤其小猪喜好咬尾玩耍。此外，猪爱模仿，若圈内一只猪发生异食癖，那么圈内其他猪相继模仿，从而引发大群发生异食癖。同时，因相互撕咬导致的流血、破皮等外伤，又激发了猪的撕咬兴趣。

（二）临诊症状

临诊症状主要表现为咬尾、咬耳、咬肋及吸吮肚脐，粪便、尿液等，偶尔伴有拱地、跳栏等症状。母猪患有异食癖，影响其正常生产能力和猪仔健康，会出现母猪食仔猪及胎衣等现象。仔猪也会相互啃咬耳朵或尾巴，引起外伤。幼龄猪受外部刺激后，采食量明显下降，攻击性可能增强，被咬猪的生长发育会受到影响，被咬部位出现红肿，甚至发炎，造成继发感染，假如不及时治疗则会并发败血症，致使猪只死亡。总的来说，主要是以消化不良为最初表现，后出现味觉异常。具体表现如下。

1. 相互撕咬

异食癖病猪对外部刺激敏感，目光凶狠，烦躁不安，最终发生相互撕咬，这是一种较为恶劣的表现形式。起初仅有几头猪相互咬尾、咬耳，逐渐有多头猪参与进来，导致外伤，进而对血液产生异嗜，产生异食癖，危害逐渐扩大。常见被咬猪出现被毛脱落及尾部皮肤外伤的现象，严重时可继发感染，引起脓肿和骨髓炎，若不及时处理，可并发败血症导致死亡。

2. 仔猪及母猪

幼猪被毛一般松乱无光泽，经常相互攻击，追咬；喜啃咬食槽壁或墙壁，喜食石灰、泥土或带有咸味的异物，如粪、尿等。仔猪一般先出现便秘现象，随病程发展，出现腹泻，或腹泻、便秘交替出现。由于营养摄入不足，仔猪出现贫血，生长发育迟缓，逐渐消瘦，甚至停止发育。异食癖怀孕母猪一般会发生流产，哺乳母猪泌乳减少，甚至出现食胎衣、仔猪等恶癖。

3. 并发症

猪一旦发生异食癖，不但会表现出上述症状，往往还会并发慢性消化不良等肠胃病、寄生虫病及软骨症等多种疾病。病初，猪只一般食欲减退或消化不良，随着病程发展，病猪味觉出现异常，异食症状随之显现，严重影响了猪的生长发育。若不及时治疗，猪发育迟缓，甚至停滞，形成所谓的"僵猪"。严重者可继发感染，最终衰竭死亡。

（三）诊断

通常情况下根据临床症状、病史、治疗性诊断、实验室检查、饲料成分分析等多方面进行分析才能确诊。

（四）防治

通过查出病因并根据病因进行相应的防控，主要方法如下。

1. 加强饲养管理，营造良好的生活环境

（1）合理布控猪舍 一般猪的饲养密度应根据圈舍大小而定，原则上一定要保证不影响猪的正常饮水采食行为和生长发育。饲养密度不宜过大，不可拥挤，仔猪平均每头占饲养面积 $0.3 \sim 0.5 m^2$；中猪平均每头占 $0.6 \sim 0.7 m^2$；肥育猪平均每头占 $0.8 \sim 1.0 m^2$。夏季密度稍低一些，冬季密度可适当稍高一些。此外，同一圈舍猪只个体差异不宜太大，体重应尽量接近。

（2）单独饲养有恶癖的猪 一旦发现有撕咬恶癖的猪只，一定要及时隔离，单独饲养，以避免其他猪效仿。为控制撕咬，可在猪全身及鼻端部位喷雾白酒，其含酒精50%以上为宜；还可用焦油涂抹在猪尾上，每天 $3 \sim 5$ 次，连续涂擦2d即可获得不错的控制效果。同时，被咬伤的猪也应及时隔离，用高锰酸钾液清洗伤口后，再用碘酒涂抹在患处以防止伤口感染，对于已经感染的猪只，可用抗生素进行治疗。

（3）避免应激 注意保持饲料饮水清洁卫生，不饲喂变质发霉的饲料；避免饮食不均及抢食争斗，保证水槽及饲槽设施充足；定时定量饲喂，避免猪只过饱或过饥；防止贼风侵袭、潮湿、粪便异味、空气污浊等因素造成的应激，

调控好圈舍内温度及湿度，加强猪舍通风。

（4）均衡饲料　使用营养均衡的配合饲料并选用优质饲料原料，以满足猪的营养需要；可在饲料中增加白糖、碎陈皮、大蒜等调味消食剂来改善猪的异食癖。此外，还应适度增加食盐用量。

2. 断尾和转移注意力

仔猪及时断尾是控制仔猪异食癖的一种有效措施，即对仔猪及时进行断尾。分散猪只注意力为转移猪只关注的焦点，应将旧轮胎、皮球、链条或青绿饲料投放在猪圈中，以分散猪只注意力，从而减少异食癖的发生。

3. 对症治疗

当猪只已经出现了异食癖的时候，可以采取以下的措施来防治异食癖的发生，及时挽回损失。具体的方法是在对症用药的前提下进行的。

（1）慢性胃肠疾病　慢性胃肠病的治疗主要以清除胃肠内有害物质、抑菌消炎为原则，并结合强心、补液等措施。

（2）寄生虫病　应及时驱虫，常用的驱虫药有左旋咪唑、伊维菌素和敌百虫等。

（3）咬伤　对被咬伤的猪，应及时进行外部消毒，并辅以抗生素治疗。

（4）吃煤渣、泥土　及时补充铁、锰、锌、镁等多种微量元素。

（5）食粪　应喂服或肌肉注 B 族维生素，每天 1 次，每次 500～1 500mL，连用 3～4d。

（6）吃石灰　应在饲料中添加熟石灰、骨粉等以增加钙和磷的摄入量，也可加喂维生素，或直接注射磷、钙制剂。

（7）吃砖块、饮尿　应在其饲料中添加 0.5%～0.8% 的食盐。

（8）吃垫草　可在其饲料中添加兽用复合维素添加剂，用量按说明书。

（9）吃胎衣、仔猪　对于吃胎儿和胎衣的母猪应加强日常护理，还可用 100～300g 小鱼或河虾煮汤饮服，每天 1 次，连服数日。

三、维生素缺乏症

（一）维生素 A 缺乏症

维生素 A 缺乏症是体内维生素 A 或胡萝卜素长期摄入不足或吸收障碍所引起的一种慢性营养缺乏症，以夜盲、干眼症、角膜角化、生长缓慢、繁殖机能障碍及脑和脊髓受压迫为特征，仔猪及育肥猪易发，成年猪少发。

1. 病因

原发性的病因主要由以下因素所造成，最主要的原因还是维生素 A 供应不足，具体表现如下。

（1）饲料中维生素 A 原或维生素 A 含量不足　植物中的维生素 A 主要以维生素 A 原（即胡萝卜素）的形式存在。如含维生素 A 原的青绿饲料、黄色玉米、胡萝卜、南瓜等供应不足，或长期饲喂含维生素 A 缺乏的饲料，如棉籽饼、亚麻籽饼、甜菜渣、萝卜等，可导致维生素 A 的缺乏。

（2）饲料调制储存不当　饲料在高温、潮湿环境中储存或储存时间过长，使维生素 A 被氧化破坏造成缺乏。

（3）饲料中其他成分的影响　饲料中磷酸盐、亚硝酸盐和硝酸盐含量过多，将加快维生素 A 和维生素 A 原分解破坏，并影响维生素 A 的转化和吸收，磷酸盐含量过多还可影响维生素 A 在体内的储存。饲料中脂肪和蛋白质含量不足和缺乏时会引起维生素 A 的吸收下降，饲料中维生素 E、维生素 C 缺乏、可导致维生素 A 破坏增加，进而导致维生素 A 缺乏。饲料中其他脂溶性维生素过多时，也容易引起维生素 A 的缺乏。由于妊娠、泌乳、生长过快等原因，使机体对维生素 A 的需要量增加，如果添加量不足，将造成维生素 A 缺乏。

（4）由于其他因素所导致的维生素 A 的缺乏　胃肠疾病及肝脏疾病如肝功能紊乱等，也不利于胡萝卜素的转化和维生素 A 的储存。胆汁有利于脂溶性维生素的溶解和吸收，还可促进维生素 A 原转化为维生素 A，由于慢性消化不良和肝胆疾病，引起胆汁生成减少和排泄障碍，影响维生素 A 的吸收等，可继发造成维生素 A 缺乏。

内源性病因主要是机体对维生素吸收、转化和利用障碍。妊娠或哺乳期的母猪和生长发育快的仔猪，对维生素 A 的需求增加，而正常饮食中不足以提供足够量的维生素 A，长期腹泻或患热性病时，维生素 A 的排出及消耗增多，也会继发该病。

外源性病因，如饲养管理、应激因素、缺乏运动、阳光照射不足等在某些条件下可诱发该病。

2. 临床症状

猪只处于不同的发育阶段，其临床症状表现会有所不同。病猪表现比较典型的病状是皮肤角质层的变化，皮肤变得比以前更粗糙、增厚、角化、皮屑增多，有脂溢性皮炎，部分与墙壁长期摩擦的症状比较接近；被毛粗乱而无光泽，耳尖干枯；干眼症，视力受到明显的影响，主要是因为视网膜角质层受到了一定程度的损伤，甚至角膜角化呈云雾状，严重者角膜溃疡、失明；听觉迟钝；消化器官及呼吸器官黏膜常有不同程度的炎症发生，因为其表皮角化受到影响，出现咳嗽、消化不良，腹泻、生长发育缓慢或仔猪生长发育停滞等呼吸道及消化道症状。

若长时期发病，处于重症的猪只主要表现为走路摇晃不稳、共济失调，随后失控，盲目运动，转圈、最终后肢往往麻痹甚至瘫痪。还有的猪表现为行走僵直、脊柱前凸、痉挛和极度不安。后期发生夜盲症。

仔猪由于母乳或饲料中缺乏维生素A表现往往突然发病，步行不稳，倒地尖叫，角弓反张，四肢抽搐或呈游泳的姿势，有的呈转圈运动。

成年猪呈现极度兴奋，撞墙，转圈，后驱摇摆，共济失调，有的往往表现癫痫样发作。

母猪发病时，有的妊娠母猪引起流产、早产和死胎，或产出的仔猪瞎眼或畸形（眼过小）、全身性水肿、体质衰弱，生活力不强，很容易患病和死亡。

种公猪若发生此病，除了表现部分其他猪只的症状外，最主要对生产的影响表现为性欲减弱，容易形成死精或者精子畸形，导致精液品质降低。睾丸缩小退化，精液质量差。

3. 病理变化

（1）发生了维生素A缺乏症的猪只，主要的剖检病变　骨的发育不良，长骨变短，颜面骨变形，颅骨、脊椎骨、视神经孔周围骨骼生长失调。被毛脱落，皮肤角化层厚，皮脂溢出，皮炎。生殖系统和泌尿系统的变化表现为黏膜上皮细胞变为复层鳞状上皮，眼结膜干燥，角膜软化甚至穿孔，神经变性坏死，如视神经乳头水肿，视网膜变性。怀孕母猪胎盘变性，公猪睾丸退化缩小，精液品质不良。除此之外的其他器官变化不明显。

（2）主要生理指标的改变　血浆、肝脏维生素A正常值为0.88mmol/L（25μg/dL），临界值为0.25～0.28μmol/L（7～8μg/dL），低于0.18μmol/L（5μg/dL），表现临床异常。肝脏维生素A和胡萝卜素正常含量分别为60μg/g和44μg/g以上，临界值分别为2μg/g和0.5μg/g。另外，脑髓液压力升高。

4. 诊断

据临床症状、饲养管理状况、病理变化和病史及维生素A治疗效果等可做出初步诊断，确诊须借助实验室进行血液、肝脏、维生素A和胡萝卜素含量测定等方法进行确诊。比如：对发病猪只日常所喂饲料进行营养成分的分析测定。用氧弹式热量计测定饲料热能为1.8Mcal/kg；用宛氏半微量定氮法测定粗蛋白含量为5.8g/kg；用薄层色谱法分析法测定饲料中胡萝卜素含量为0.8mg/kg。以上述检测结果为主要依据，参考流行病学、临床特征、饲料营养分析，可初步诊断为维生素A缺乏症。

在进行鉴别诊断时，要注意李氏杆菌病、猪伪狂犬病及食盐中毒相区别。

（1）猪李氏杆菌病　该病是由于感染李氏杆菌而引起，往往呈散发，通常表现出脑膜脑炎症状，但成年猪症状较轻。仔猪往往发生败血症，皮肤呈蓝紫色，呼吸困难，伴有腹泻。病猪表现出神经症状时，其脑脊髓液明显增多，略微浑浊，存在较多的细胞，脑干明显变软，存在小化脓灶，脑血管周围浸润有较多的中性粒细胞，同时肝脏存在小坏死灶。

（2）猪伪狂犬病 该病是由于猪只感染伪狂犬病病毒而引起。妊娠母猪发病后，往往会出现流产，或者产出死胎、木乃伊胎以及没有生活能力的仔猪，这类仔猪出生后，一般经过很短的时间，猪只就可能会发生死亡。哺乳仔猪感染该病后，主要表现出现呼吸困难，呕吐、下痢，具有区别于其他疾病的特征性的神经症状，初期比较兴奋，后期发生麻痹。但维生素 A 缺乏症会导致病猪主要出现运动性共济失调的神经症状。在进行鉴别诊断的时候，尤其要注意两种神经症状之间的区别。

（3）猪食盐中毒 主要表现出食欲不振，但饮欲增强，病猪多半会表现出间歇性的癫痫样神经症状，呈现颈肌抽搐，张口呼吸，持续咀嚼，大量流涎，呈犬坐姿势，皮肤黏膜发绀，每次发作持续几分钟之后又间隔一段时间，在间歇期一般不会出现任何异常，通常 1d 内会出现无数次的反复发作。另外，体温在发作时会有所升高，但通常在 39.5℃ 以内，而间歇期又恢复正常。发病末期，病猪后躯麻痹，只能够卧地不起，往往陷入昏迷而发生死亡。

5. 防治

从总体上说，防治措施包括饲喂富含维生素 A 的饲料，添加胡萝卜素，内服鱼肝油等，也可肌肉注射维生素 A，每日 1 次，连用 5d。在饲料上采取综合防治措施，都能起到比较好的效果。治疗方案有如下三种，①鱼肝油 10 ～ 15mL，拌料饲喂，或用精制鱼肝油 5 ～ 10mL，分数次肌内注射，连用 5 ～ 6d；对未开食的乳猪分 2 次/d 灌服鱼肝油 2 ～ 5mL，连用 6 ～ 10d。②维生素 A 及维生素 D 合剂 1 ～ 2mL，分 2 次/d 肌内注射，连用 6 ～ 10d。③南瓜 30 份，胡萝卜 20 份，茶叶 1 份，共捣碎烂，每次 200 ～ 300g 混饲。

对于不同年龄段的猪，可采用不同的方法：母猪乳汁中维生素 A 的含量与饲料中胡萝卜素的供给有密切关系，供给愈多乳中含量愈高。因此，要经常给泌乳的母猪添喂些胡萝卜、黄心地瓜以及南瓜等，以提高饲料中胡萝卜素的供给水平，增加乳汁中维生素 A 的含量。这样，不但可以有效地预防维生素 A 缺乏症的发生，而且对幼猪的生长发育也十分有利。如果幼猪可自由采食，可把胡萝卜、黄心地瓜、南瓜等煮熟后捣烂，加黄玉米稀饭，让其自由采食；如果幼猪患维生素 A 缺乏症，可把煮熟的鸡蛋黄捣碎，加温开水可用乳汁进行调和，让其自由饮用或人工灌服，连续数天即可见效。也可胡萝卜 150g，韭菜 120g，1 次混入饲料中喂服，每天 1 次；南瓜 30 份，胡萝卜 20 份，茶叶 1 份，共捣碎烂，每次 200 ～ 300g 混饲；苍术 25g，菊花 20g，研末，分 2 次拌料喂服，每天 1 剂；动物肝（鸡、兔、羊、牛、猪的较好）50 ～ 100g，鸡蛋 1 ～ 2 个，共同捣碎、调匀，1 次混入饲料中喂服。患病猪用精制鱼肝油 5 ～ 10mL，分点皮下注射；或维生素 A 注射液 2.5 ～ 5.0 个国际单位，肌肉注射，每天 1 次，连用5 ～ 10d;或维生素 A、维生素 D 注射液，母猪 2 ～ 5mL，仔猪 0.5 ～

1.0mL，肌肉注射；也可用普通鱼肝油，母猪 10～20mL，1 次内服，仔猪 2～3mL 滴入口腔内，每天 1 次，连用数天。另外，对眼部、呼吸道和消化道的炎症可进行对症治疗。

（二）B 族维生素缺乏症

B 族维生素是一组多种水溶性维生素，包括维生素 B_1、维生素 B_2、维生素 B_6、维生素 B_{12}、叶酸、泛酸等。猪只长时间摄入不足，可致缺乏。

1. 病因

B 族维生素在青绿饲料、酵母、麸皮、米糠及发芽的种子中含量最高。如果动物的饲料来源单一，长时间饲喂可造成 B 族维生素的不足或缺乏。动物患有慢性胃肠道疾病，长期腹泻或患有高热等消耗性疾病，维生素 B 族吸收减少，消耗增加；长期、大量应用抗生素等能抑制 B 族维生素合成的药物；妊娠、哺乳期母畜，仔猪代谢旺盛，B 族维生素需求增加；仔猪由于初乳、母乳中 B 族维生素含量不足或缺乏等均可造成 B 族维生素缺乏症。

2. 发病机理、临床症状及病理变化

缺乏不同的 B 族维生素，其发病机理、临诊症状及主要的病理变化有所不同。

（1）维生素 B_1（硫胺素）缺乏　主要是参与糖代谢过程中 α-酮酸的氧化脱羧反应。正常情况下，神经组织所需的能量主要靠糖氧化供给，当缺乏时，碳水化合物代谢不完全，造成丙酮酸和乳酸在神经组织的堆积，同时能量供应减少，以至于影响神经组织及心肌的代谢和机能，从而出现多发性神经炎。在临床上病猪主要表现为易于疲劳，心跳加快，食欲不振，呕吐，腹泻，生长不良，皮肤和黏膜发绀，呼吸困难，急剧消瘦，突然死亡。有人认为维生素 B_1 能抑制胆碱酯酶，减少乙酰胆碱的水解，而乙酰胆碱有增加胃肠蠕动和腺体分泌的作用，能促进消化。当维生素 B_1 缺乏时，则胆碱酯酶活性增强，乙酰胆碱迅速被水解，使其量比正常低，出现消化不良、食欲不振等症状。故临床上常用维生素 B_1 作为治疗神经炎、心肌炎、消化不良、食欲不振的辅助药。

（2）维生素 B_2（核黄素）缺乏　维生素 B_2 是许多氧化还原酶辅基的成分，当维生素 B_2 缺乏时会影响辅基的合成，使体内生物氧化以致新陈代谢发生障碍。猪的临床表现是发病初期生长缓慢，消化扰乱，呕吐，白内障，皮肤粗干而变薄，继而发生红斑疹及鳞屑性皮炎，局部脱毛，溃疡，脓肿等。这些变化主要见于鼻和耳后，背中线及其附近，腹股沟区，腹部及蹄冠等处。母猪还可引起繁殖及泌乳性能不良。

（3）维生素 B_3（泛酸）缺乏　泛酸是合成辅酶 A 的原料，在脂肪、碳水化合物和蛋白质的合成代谢中都有很重要的作用。当泛酸不足时，病猪食欲减

退甚至废绝，生长不良，腹泻，咳嗽，脱毛，运动失调或呈鹅步。特征的剖检病变在肠道，表现为结肠水肿、充血和发炎。结肠的组织学检查显示变性、淋巴细胞浸润和固有层充血，神经组织中见有外周神经、脊根神经节，背根神经和脊髓神经变性。母猪表现泌乳和繁殖性能降低。

（4）维生素 B_5（烟酸）缺乏　病猪食欲下降，严重腹泻；皮屑增多性皮炎，呈污秽黄色；后肢瘫痪；胃、十二指肠出血，大肠溃疡。平衡失调，四肢麻痹，脊髓的脊突，腰段腹角扩大，灰质软化。

（5）维生素 B_6（吡哆醇）缺乏　维生素 B_6 与氨基酸的代谢有密切的关系，缺乏时影响蛋白质代谢，特别是蛋白质的合成。病猪表现为生长缓慢，腹痛，出现严重的红细胞血红蛋白过少性贫血，抽搐，运动失调以及肝脂肪浸润，在癫痫型，抽搐之前，猪常表现为激动及神经质。组织学检查见臂神经、坐骨神经及外周神经脱髓鞘。

（6）维生素 B_7（生物素）缺乏　生物素是许多羧化酶的辅酶，缺乏时病猪表现为毛发过量脱落，皮肤坏死和溃疡，眼周围有分泌物，口黏膜炎症，后腿痉挛，蹄横向开裂，角质横向龟裂，仔猪个体变小。

（7）维生素 B_{12} 缺乏　维生素 B_{12} 参与体内许多代谢，其中最重要的是核酸和蛋白质生物合成，促进红细胞的发育和成熟。维生素 B_{12} 缺乏时可引起严重的贫血，还影响组织的代谢，如肠道上皮的改变和神经系统的损害。病猪厌食，生长缓慢，母猪产仔数减少，仔猪初生重变小，过敏，被毛粗乱，皮肤黏膜苍白。

3. 诊断

根据饲料中 B 族维生素的含量，结合临床症状可作出初步诊断，确诊需检测血液中 B 族维生素的含量。

4. 防治

为防止出现 B 族维生素缺乏症，每日饲料应多样化，经常饲喂青绿饲料，增加户外活动。对于已经出现 B 族维生素缺乏症状的猪，要使用复合维生素 B 注射液进行肌肉注射或皮下注射，剂量为 0.06~0.12mL/kg，一般 3d 就可以看见明显的疗效，严重者可以每天注射 2 次。

（三）维生素 D 缺乏

维生素 D 的缺乏常常与钙磷代谢障碍并发，引起动物发生佝偻病及软骨病。主要引起生长发育迟缓、消化紊乱、异食癖、软骨钙化不全、跛行等症状。

1. 病因

动物体内维生素 D 主要来源于饲料和体内合成。干草和其他植物以及酵母含有麦角固醇，经日光或紫外线照射后，可转变为维生素 D_2。生长的牧草、谷物及谷物副产品中含维生素 D_2 较少，但日光下晾晒的干草，每千克可含 150 ~ 3000U。干草是家畜冬季舍饲期间维生素 D_2 的主要来源。动物体内合成的 7 - 脱氢胆固醇，分布于皮下等组织中，在紫外线或日光照射下，可转变为维生素 D_3。维生素 D 在肝脏经肝细胞线粒体中 25 - 羟化酶的作用，形成 25 - 羟钙化醇，转运到肾脏后再经肾小管上皮细胞线粒体中 L - 羟化酶的作用，生成 1，25 - 二羟钙化醇。1，25 - 羟钙化醇是具有生物活性的维生素 D 的衍生物，能促进小肠上皮细胞刷状缘中钙结合蛋白的合成，并能提高依赖于钙的三磷酸腺苷酶的活性，推动钙泵，从而促进钙、磷在小肠的吸收；促进骨盐溶解，加速骨骼钙化；促进肾小管对钙、磷的回收。维生素 D 在体内转变为 1，25 - 二羟钙化醇的过程，一方面受肝脏转变 25 - 羟钙化醇的负反馈调节，另一方面受血钙和血磷水平、甲状旁腺素及降钙素的调节。家畜长期饲喂劣质干草，饲料中维生素 D_2 含量不足，或冬季舍饲期间光照不足，可引起维生素 D 缺乏，致使肠吸收钙、磷减少，血钙、血磷含量降低，骨中钙、磷沉积不足，乃至骨盐溶解，最后导致成骨作用障碍。在幼畜表现为佝偻病，成年动物发生骨软病。

2. 症状

不同年龄段的猪只，维生素 D 缺乏，可能表现出不同的症状，但都会表现钙的缺乏，从而引起一系列疾病的发生。幼龄动物主要表现为佝偻病，成年动物表现为骨软症。

先天性佝偻病，在幼畜出生后呈现体质衰弱、不能站立、吮乳困难以及骨的变形等症状。

后天性佝偻病的症状是逐渐出现的，病初食欲减退、消化不良、精神不振、逐渐消瘦、生长停滞、常常卧地不愿站立、起立时动作缓慢、站立后四肢震颤、频频更换负重、运步强拘或跛行、触压四肢关节往往有疼痛表现。随后出现异嗜，病畜喜舔墙壁、食槽、砖瓦或泥沙，并常摄食褥草、煤渣、粪水等，因而消化机能更陷于紊乱，往往呈现肠音沉衰、肚腹胀满、便秘下痢交替等症状。在此时期，病畜由于血钙低，往往出现神经症状，幼猪、幼驹多见，有时突然倒地，发生全身或部分肌肉的强直性或阵发性痉挛。与此同时，由于肌肉及韧带的紧张力降低，使腹肌松弛而现肚腹膨大，四肢肌肉和韧带松弛而现球节过度背屈等。

由于血钙降低、神经兴奋性增强而引起搐搦性痉挛，以及由于代谢障碍而引起的消化不良、贫血、异嗜等症状。日久出现贫血，往往由于衰竭或并发症褥疮、败血症、骨折、肺炎等而死亡。

成年动物表现为骨软病。病初出现以异嗜为主的消化机能紊乱，随后出现运动障碍，腰腿僵硬，拱背站立，运动强拘，一肢或数肢跛行或各肢交替出现跛行，经常卧地不愿起立。随病情进一步发展，出现骨骼肿胀变形，四肢肿大疼痛，尾椎移位变软，肋骨与肋软骨结合部肿胀，发生骨折，肌腱附着部撕脱，额骨穿刺阳性。血清钙含量无明显变化，动物血清磷含量显著降低，血清碱性磷酸酶水平显著升高。

3. 治疗与预防

（1）治疗　因维生素D的缺乏，常常引起动物缺钙，因此，在防治时，多以补钙为主。在查明病因的基础上，调整日粮组成，供给富含维生素D的饲料，如夏季增喂青绿词料，冬季提供优质干草和矿物性补料。增加舍外运动及阳光照射时间等。治疗一般用维生素D制剂。内服鱼肝油，猪、羊10～30mL，驹、犊牛10～15mL，仔猪、羔羊5～10mL，鸡1～2mL，其他动物多少不等。浓鱼肝油每千克体重0.4～0.6mL，内服。维生素D_2胶性钙注射液，马、牛2.5万～10万U，猪、羊0.5万～2万U，犬0.25万～0.5万U，肌肉或皮下注射。维生素D_3注射液，按每千克体重0.15万～0.3万U，肌肉注射。维生素A、维生素D复合注射液，猪、驹、犊牛2～4mL，仔猪、羔羊0.5～1.0mL，肌肉注射；或按每千克体重275μg剂量，一次性肌肉注射，可保持动物在3～6个月内不至于引起维生素D缺乏症。

（2）预防　维生素D主要来自动物性食物，以肝脏、鱼、蛋黄、牛乳等含量最高，一般谷类粮食中不含维生素D，单靠从食物中获得足够的维生素D是不容易的，平时需注意维生素D的补充。动物应有足够的阳光照射（禽舍中安装紫外灯，从10日龄开始，每天照射10min，亦可防止维生素D缺乏），并饲喂经太阳晒制的青干草。配合日粮应含有充足的维生素D，同时要注意日粮中的钙、磷平衡。对患有胃肠、肝脏、肾脏疾病，影响维生素D吸收和代谢的动物应及时治疗。

4. 若维生素D过量，也可引起动物出现中毒

（1）临床症状　主要表现厌食、腹泻、呼吸困难、呕吐、体质虚弱、多尿等症状。奶牛表现食欲下降，先多尿后无尿，粪便干燥，产乳量下降。

（2）病理变化　肺、肾水肿，肝脾充血，胃肠有局灶性的白色粗糙区域；镜检可见软组织广泛性的钙化，肾小管基底膜钙化，伴有广泛性肾小管破坏；脾脏大面积的梗死。

（3）诊断　根据病史和临床表现，结合实验室测定结果综合分析。

（4）防治　中毒动物应及时治疗，催吐、缓泄可用泼尼松龙，剂量为每千克体重2～6mg，每日2次；也可用呋塞米，每千克体重2～4.5mg，每日3次；或皮下注射降钙素，4～6U/kg，每3h1次。

（四）维生素 E 缺乏

维生素 E 缺乏症是指缺乏硒、维生素 E，或二者同时缺乏或不足所致的营养代谢障碍综合征。

1. 病因

维生素 E 广泛存在于动、植物性饲料中，其化学性质很不稳定，易受许多因素的作用而被氧化破坏，进而会导致猪群食用饲料中维生素 E 缺乏。饲料中含有了大量的霉变鱼粉、脂类等，则可使不饱和脂肪酸的含量增多，进而导致大量的过氧化物产生，从而间接导致猪体内对维生素 E 需求量的大增，诱发疾病的产生。在我国大面积的土壤中，除了被物质氧化导致维生素 E 及亚硒酸钠缺乏之外，土壤内硒含量低，直接使农作物硒含量降低。长期饲喂含大量不饱和脂肪酸，如亚油酸、花生四烯等或酸败的脂肪类，如陈旧、变质的动、植物油或鱼肝油以及霉变的饲料，腐败的鱼粉等，导致体内不饱和脂肪酸增多。饲料中含大量维生素 E 的拮抗物质，可引起相对性缺乏症。日粮组成中，含硫氨基酸，如甲硫氨酸、胱氨酸、半胱氨酸或微量元素硒缺乏，可促进发病。母乳量不足或乳中维生素 E 含量低下，以及断乳过早是引起仔猪发病的主要原因。

2. 维生素 E 对猪只的作用

（1）提高机体免疫力　维生素 E 的抗氧化作用可提高机体的免疫功能，维生素 E 能防止动物体内产生过量的自由基损害生物膜，从而确保免疫细胞发挥正常生理功能，增强体液免疫和细胞免疫能力。同时可降低前列腺素（PG）的产生，通过刺激辅酶 Q 的合成，增强网状肉皮细胞中的吞噬细胞的吞噬能力，提高细胞免疫功能和嗜中性白细胞吞噬金黄色葡萄球菌及大肠杆菌的能力。维生素 E 能增强母猪体液免疫反应系统，促使分泌到初乳或常乳的免疫球蛋白数量增加，有助于仔猪从母体获得较多抗体。

（2）维生素 E 能提高种猪的繁殖性能　维生素 E 与种猪的性机能密切相关，它通过垂体前叶分泌促性腺激素，调节性机能，增强卵巢机能，使卵泡增加黄体细胞。当母猪缺乏维生素 E 时卵巢机能下降，性周期异常，母猪不发情，不排卵，不能受精，出现胚胎发育异常或死胎。妊娠母猪日粮中维生素 E 含 0.78IU/kg，硒 0.04mg/kg 可提高产仔数，并可降低仔猪断乳死亡率，肌肉注射也有同样效果。

（3）维生素 E 可增强抗病能力　维生素 E 能搞高经产母猪和初生仔猪对肠道疾病的抵抗力。在母猪日粮中添加维生素 E，母猪免疫力增强，同时经口接种的仔猪产生的免疫球蛋白数量增多，因此仔猪对外界病原体，特别是对肠道微生物的抵抗力提高，从而减少仔猪断乳前的损失。

（4）维生素 E 与硒有协同作用　硒是谷胱甘肽过氧化物酶的一种组成成

分，硒的生理功能是以谷胱甘肽酶的形式发挥抗氧化作用。维生素 E 主要阻止不饱和脂肪酸被氧化成水合过氧化物，而谷胱甘肽过氧化物酶则是将已产生的水合物迅速分解成醇和水，所以维生素 E 是防止过氧化物生成的第一道防线，而含硒的谷胱甘肽过氧化物酶是第二道防线，它们有非常强的协同作用。

3. 临诊症状

临床上主要表现为白肌病、仔猪营养性肝坏死、桑葚心和仔猪水肿病。

维生素 E 缺乏会使体内不饱和脂肪酸过度氧化，细胞膜和溶酶体膜受损伤，释放出各种溶酶体酶，如葡萄糖醛酸酶、组织蛋白酶等，导致器官组织发生变性等退行性病变，表现为血管机能障碍，如孔隙增大、通透性增强等；血液渗透，进而导致渗出性素质的发生；神经机能失调，主要表现为抽搐、痉挛、麻痹，繁殖机能障碍，公猪睾丸变性、萎缩，精子生成障碍，出现死精等；母猪卵巢萎缩、性周期异常、生殖系统发育异常、不发情、不排卵、不受孕以及内分泌机能障碍等，临床上母猪受胎率下降，出现胚胎死亡、流产；仔猪主要呈现肌营养不良，肝脏变性、坏死，桑葚心以及胃溃疡等病变，表现为食欲减退，呕吐，腹泻，不愿活动，喜躺卧，步态强拘或跛行，后躯肌肉萎缩，呈轻瘫或瘫痪状，耳后、背腰、会阴部出现瘀血；仔猪精神不振，喜卧，行走时步态强拘，站立困难，常呈前腿跪下或犬坐姿势，病程继续发展，则四肢麻痹；心跳、呼吸快而弱，心律不齐，肺部常出现湿啰音；下痢，尿中出现各种管型，血红蛋白尿，尿胆素增高。

（1）白肌病 一般多发生于 20 日龄左右的仔猪，成猪少发。患病仔猪一般营养良好，身体健壮而突然发病；体温一般无变化，食欲减退，精神沉郁，呼吸急促，常突然死亡。病程稍长者，可见后肢强硬，弓背，行走摇晃，肌肉发抖，步幅短而痛苦状；有时两前肢跪地移动，后躯麻痹。部分仔猪出现转圈运动或头向侧转，最后呼吸困难，心脏衰竭而死。死后剖检变化：骨骼肌和心肌有特征变化，骨骼肌特别是后躯臀部和股部肌肉色淡，呈灰白色条纹，膈肌呈放射状条纹；切面粗糙不平，有坏死灶；心包积水，心肌色淡，尤以左心肌变性最为明显。营养性肝坏死：花肝；表面凹凸，再生的肝小叶可突起。

（2）桑葚心 病猪常无先兆突然死亡。有的病猪精神沉郁，黏膜紫绀，躺卧，强迫运动时常立即死亡；体温无变化，心跳加快，心律失常。有的病猪，两腿间的皮肤可出现形状和大小不一的紫红色斑点，甚至全身出现斑点。死后剖检变化：尸体营养良好，各体腔均充满大量液体，并含纤维蛋白块；肝脏增大呈斑驳状，切面呈槟榔样红黄相间；心外膜及心内膜常呈线状出血，沿肌纤维方向扩散；肺水肿，肺间质增宽，呈胶冻状。

（3）猪肝脏坏死 急性病例多见于营养良好、生长发育迅速的仔猪，以 3 ～ 5 周龄猪多发，常突然发病死亡。慢性病例的病程 3 ～ 7d 或者更长，出现水肿、绝食、呕吐，腹泻与便秘交替，运动障碍，抽搐、尖叫、呼吸困难，心跳加快。有的病猪呈现黄疸，个别病猪在耳、头、背部出现坏疽，体温一般不高。死后剖检，皮下组织和内脏黄染；急性病例的肝脏呈紫黑色，肿大 1～2 倍，质脆易碎，呈豆腐渣样；慢性病例的肝脏表面凹凸不平，正常肝小叶与坏死肝小叶混合存在，体积缩小，质地变硬。

广泛的心肌充血、出血、实质变性及大脑白质溶解，心肌毛细血管内有透明微小血栓生成。

4. 诊断

根据基本症状、病史、病理变化及亚硒酸钠治疗效果可作出初步诊断，确诊需做病理组织学检查。

5. 防治

猪群中出现维生素 E－硒缺乏的表现时，可采用肌肉注射亚硒酸钠维生素 E 注射液 1～3mL（含硒 1m/mL，维生素 E 50IU），或用 0.1% 亚硒酸钠溶液，皮下注射或肌肉注射，2～4mL/次，成年猪注射 10～20mL，隔 20d 再注射 1 次，疗效良好。也可醋酸生育酚，剂量：0.1～0.5mL/头，肌肉注射，隔日给药，连续使用半个月左右，效果显著。

在进行治疗的同时，也应对未发病的猪只进行预防，在平时的饲养中，应注意饲料搭配和有关添加剂的应用。缺硒地区的妊娠母猪产前 15～25d 内及仔猪生后第 2 天起，每 30d 肌肉注射 0.1% 亚硒酸钠液 1 次，母猪 3～5mL、仔猪 1mL；也可在母猪产前 10～15d 喂给适量的硒和维生素 E 制剂，有一定的预防效果。

（五）维生素 C 缺乏

猪缺乏维生素 C 时，猪只出现生长停滞、食欲不佳、活动力丧失，皮下及关节弥散性出血，皮毛无光、贫血、下痢、坏血病等症状。

1. 病因

原发性维生素 C 缺乏症在临床上比较少见，通常发生于下列情况：规模化养殖场的猪只长期饲喂缺乏维生素 C 的饲料、浸膏高温加工之后的饲料及被太阳光暴晒过后的干草（体内大量的维生素 C 被破坏）、煮熟的粉料及因为长期储存而变质甚至霉变。当猪只患有胃肠道疾病或肝脏疾病，使维生素 C 的吸收、合成利用出现障碍时，很有可能患上肺炎、慢性传染病或中毒病。幼龄仔猪吮吸的母乳中维生素 C 含量不足很容易引起仔猪维生素 C 缺乏症，因为幼龄仔猪在出生之后的一段期间内是不能合成维生素 C 的。

2. 维生素 C 的生理功能

（1）参与细胞间质的形成　维生素 C 是合成胶原和黏多糖等细胞间质所必

需的物质。如机体缺乏维生素 C，则会出现坏血病，此时毛细血管细胞间质减少变脆，通透性增大，皮下、肌肉、肠胃黏膜出血，骨骼和牙齿容易折断或脱落，创口溃疡不易愈合。因此，为幼龄仔猪提供足够的维生素 C 很有必要。

（2）解毒作用　大剂量的维生素 C 可以缓解铅、砷、苯及某些细菌毒素进入体内造成的毒害。其原理是维生素 C 是强还原剂，能使体内氧化型谷胱甘肽转变为还原型谷胱甘肽，还原型谷胱甘肽可与重金属离子结合而排出体外，从而保护体内含活性巯基（—SH）酶的活性 SH 基因而解毒。

（3）参与体内氧化还原反应　维生素 C 可脱氢成为脱氢抗坏血酸，此反应可逆，在猪只体内参与生物氧化反应。维生素 C 缺乏将导致新陈代谢紊乱。

（4）参加体内其他代谢反应　在叶酸转变为四氢叶酸过程中、酪氨酸代谢过程中及肾上腺皮质激素合成过程中都需要维生素 C 参与。此外，维生素 C 还能促进肠道内铁的吸收。许多维生素是幼龄仔猪体内不能合成的重要物质，如果体内没有维生素供应，幼龄仔猪就会产生严重的维生素 C 缺乏症。幼龄仔猪合成维生素的能力因品种而异，在应激条件下，成年猪只也一样，因此添加维生素 C 对提高成年猪只的生产性能是必要的。

3. 症状

病初猪只食欲减退，精神不振，成年猪只生产性能下降，幼龄仔猪生长发育缓慢。随着病情的发展，病猪逐渐出现特征性的出血性素质。猪只口腔及齿龈出血，齿龈黏膜肿胀、疼痛、出血，形成溃疡。严重时颊和舌也发生溃疡或坏死。由于齿龈坏死或齿槽萎缩，引起牙齿松动甚至脱落。发病猪只大量流涎且口腔有不良气味，皮肤出血多发生于颈部和背部，毛囊周围呈点状出血，继而融合成斑片状，鼻腔、胃肠、肾和膀胱出血，红细胞总数及血红蛋白含量下降，逐渐发展成正细胞性贫血，并伴发白细胞减少症。病猪关节肿胀、疼痛，多喜躺卧，活动困难。机体抵抗力低下，易继发感染肺炎、胃肠炎和某些传染病。猪的出血性素质表现明显，皮肤黏膜出血、坏死，口腔、齿龈、舌黏膜尤为明显，皮肤出血部位的被毛易脱落，新生仔猪常发生脐管大出血造成死亡。

4. 诊断

本病一般根据饲养管理情况、临床症状、特征性病理变化以及实验室检验，进行综合分析后可初步确诊。

5. 防治

为了预防维生素 C 缺乏症的发生，应注意保持日粮组成的全价性，保证日粮中含足量的维生素 C。在圈舍内应补饲富含维生素 C 的青绿饲料，为防止新生仔猪脐管出血，可于产前 1 星期给妊娠母猪补饲维生素 C。猪只发病时应查明病因，改善饲养管理条件，并调整日粮组成，给予富含维生素 C 的青绿饲料，如块根类新鲜青草、三叶草、苜蓿等。

治疗可使用维生素 C 制剂。维生素 C 注射液，猪 0.2 ~ 0.5g，每天 1 次连用 7d，皮下或静脉注射。维生素 C 丸剂，成年猪 0.5 ~ 1.0g，仔猪 0.1 ~ 0.2g，内服或混饲，连用 15d。对口腔溃疡或坏死者在补充维生素 C 的同时，可用 0.1% 庆大霉素溶液或高锰酸钾溶液冲洗患部，并涂抹碘甘油或抗生素药膏。

项目思考

1. 对于规模化猪场，如何防治霉菌及其产生的毒素？
2. 如何综合防治异食癖的发生，在不同的阶段各有哪些措施？
3. 维生素对于维持动物机体具有哪些重要的作用？

附　　录

附录一　《中华人民共和国动物防疫法》

《中华人民共和国动物防疫法》已由中华人民共和国第十届全国人民代表大会常务委员会第二十九次会议于 2007 年 8 月 30 日修订通过，自 2008 年 1 月 1 日起施行。

目　　录

第一章　总　　则

第一条　为了加强对动物防疫活动的管理，预防、控制和扑灭动物疫病，促进养殖业发展，保护人体健康，维护公共卫生安全，制定本法。

第二条　本法适用于在中华人民共和国领域内的动物防疫及其监督管理活动。

进出境动物、动物产品的检疫，适用《中华人民共和国进出境动植物检疫法》。

第三条 本法所称动物，是指家畜家禽和人工饲养、合法捕获的其他动物。

本法所称动物产品，是指动物的肉、生皮、原毛、绒、脏器、脂、血液、精液、卵、胚胎、骨、蹄、头、角、筋以及可能传播动物疫病的奶、蛋等。

本法所称动物疫病，是指动物传染病、寄生虫病。

本法所称动物防疫，是指动物疫病的预防、控制、扑灭和动物、动物产品的检疫。

第四条 根据动物疫病对养殖业生产和人体健康的危害程度，本法规定管理的动物疫病分为下列三类：

（一）一类疫病，是指对人与动物危害严重，需要采取紧急、严厉的强制预防、控制、扑灭等措施的；

（二）二类疫病，是指可能造成重大经济损失，需要采取严格控制、扑灭等措施，防止扩散的；

（三）三类疫病，是指常见多发、可能造成重大经济损失，需要控制和净化的。

前款一、二、三类动物疫病具体病种名录由国务院兽医主管部门制定并公布。

第五条 国家对动物疫病实行预防为主的方针。

第六条 县级以上人民政府应当加强对动物防疫工作的统一领导，加强基层动物防疫队伍建设，建立健全动物防疫体系，制定并组织实施动物疫病防治规划。

乡级人民政府、城市街道办事处应当组织群众协助做好本管辖区域内的动物疫病预防与控制工作。

第七条 国务院兽医主管部门主管全国的动物防疫工作。

县级以上地方人民政府兽医主管部门主管本行政区域内的动物防疫工作。

县级以上人民政府其他部门在各自的职责范围内做好动物防疫工作。

军队和武装警察部队动物卫生监督职能部门分别负责军队和武装警察部队现役动物及饲养用动物的防疫工作。

第八条 县级以上地方人民政府设立的动物卫生监督机构依照本法规定，负责动物、动物产品的检疫工作和其他有关动物防疫的监督管理执法工作。

第九条 县级以上人民政府按照国务院的规定，根据统筹规划、合理布局、综合设置的原则建立动物疫病预防控制机构，承担动物疫病的监测、检测、诊断、流行病学调查、疫情报告以及其他预防、控制等技术工作。

第十条 国家支持和鼓励开展动物疫病的科学研究以及国际合作与交流，推广先进适用的科学研究成果，普及动物防疫科学知识，提高动物疫病防治的科学技术水平。

第十一条 对在动物防疫工作、动物防疫科学研究中做出成绩和贡献的单位和个人，各级人民政府及有关部门给予奖励。

第二章 动物疫病的预防

第十二条 国务院兽医主管部门对动物疫病状况进行风险评估，根据评估结果制定相应的动物疫病预防、控制措施。

国务院兽医主管部门根据国内外动物疫情和保护养殖业生产及人体健康的需要，及时制定并公布动物疫病预防、控制技术规范。

第十三条 国家对严重危害养殖业生产和人体健康的动物疫病实施强制免疫。国务院兽医主管部门确定强制免疫的动物疫病病种和区域，并会同国务院有关部门制订国家动物疫病强制免疫计划。

省、自治区、直辖市人民政府兽医主管部门根据国家动物疫病强制免疫计划，制订本行政区域的强制免疫计划；并可以根据本行政区域内动物疫病流行情况增加实施强制免疫的动物疫病病种和区域，报本级人民政府批准后执行，并报国务院兽医主管部门备案。

第十四条 县级以上地方人民政府兽医主管部门组织实施动物疫病强制免疫计划。乡级人民政府、城市街道办事处应当组织本管辖区域内饲养动物的单位和个人做好强制免疫工作。

饲养动物的单位和个人应当依法履行动物疫病强制免疫义务，按照兽医主管部门的要求做好强制免疫工作。

经强制免疫的动物，应当按照国务院兽医主管部门的规定建立免疫档案，加施畜禽标识，实施可追溯管理。

第十五条 县级以上人民政府应当建立健全动物疫情监测网络，加强动物疫情监测。

国务院兽医主管部门应当制定国家动物疫病监测计划。省、自治区、直辖市人民政府兽医主管部门应当根据国家动物疫病监测计划，制订本行政区域的动物疫病监测计划。

动物疫病预防控制机构应当按照国务院兽医主管部门的规定，对动物疫病的发生、流行等情况进行监测；从事动物饲养、屠宰、经营、隔离、运输以及动物产品生产、经营、加工、贮藏等活动的单位和个人不得拒绝或者阻碍。

第十六条 国务院兽医主管部门和省、自治区、直辖市人民政府兽医主管部门应当根据对动物疫病发生、流行趋势的预测，及时发出动物疫情预警。地方各级人民政府接到动物疫情预警后，应当采取相应的预防、控制措施。

第十七条　从事动物饲养、屠宰、经营、隔离、运输以及动物产品生产、经营、加工、贮藏等活动的单位和个人，应当依照本法和国务院兽医主管部门的规定，做好免疫、消毒等动物疫病预防工作。

第十八条　种用、乳用动物和宠物应当符合国务院兽医主管部门规定的健康标准。

种用、乳用动物应当接受动物疫病预防控制机构的定期检测；检测不合格的，应当按照国务院兽医主管部门的规定予以处理。

第十九条　动物饲养场（养殖小区）和隔离场所，动物屠宰加工场所，以及动物和动物产品无害化处理场所，应当符合下列动物防疫条件：

（一）场所的位置与居民生活区、生活饮用水源地、学校、医院等公共场所的距离符合国务院兽医主管部门规定的标准；

（二）生产区封闭隔离，工程设计和工艺流程符合动物防疫要求；

（三）有相应的污水、污物、病死动物、染疫动物产品的无害化处理设施设备和清洗消毒设施设备；

（四）有为其服务的动物防疫技术人员；

（五）有完善的动物防疫制度；

（六）具备国务院兽医主管部门规定的其他动物防疫条件。

第二十条　兴办动物饲养场（养殖小区）和隔离场所，动物屠宰加工场所，以及动物和动物产品无害化处理场所，应当向县级以上地方人民政府兽医主管部门提出申请，并附具相关材料。受理申请的兽医主管部门应当依照本法和《中华人民共和国行政许可法》的规定进行审查。经审查合格的，发给动物防疫条件合格证；不合格的，应当通知申请人并说明理由。

动物防疫条件合格证应当载明申请人的名称、场（厂）址等事项。

经营动物、动物产品的集贸市场应当具备国务院兽医主管部门规定的动物防疫条件，并接受动物卫生监督机构的监督检查。

第二十一条　动物、动物产品的运载工具、垫料、包装物、容器等应当符合国务院兽医主管部门规定的动物防疫要求。

染疫动物及其排泄物、染疫动物产品，病死或者死因不明的动物尸体，运载工具中的动物排泄物以及垫料、包装物、容器等污染物，应当按照国务院兽医主管部门的规定处理，不得随意处置。

第二十二条　采集、保存、运输动物病料或者病原微生物以及从事病原微生物研究、教学、检测、诊断等活动，应当遵守国家有关病原微生物实验室管理的规定。

第二十三条　患有人畜共患传染病的人员不得直接从事动物诊疗以及易感

染动物的饲养、屠宰、经营、隔离、运输等活动。

人畜共患传染病名录由国务院兽医主管部门会同国务院卫生主管部门制定并公布。

第二十四条　国家对动物疫病实行区域化管理，逐步建立无规定动物疫病区。无规定动物疫病区应当符合国务院兽医主管部门规定的标准，经国务院兽医主管部门验收合格予以公布。

本法所称无规定动物疫病区，是指具有天然屏障或者采取人工措施，在一定期限内没有发生规定的一种或者几种动物疫病，并经验收合格的区域。

第二十五条　禁止屠宰、经营、运输下列动物和生产、经营、加工、贮藏、运输下列动物产品：

（一）封锁疫区内与所发生动物疫病有关的；

（二）疫区内易感染的；

（三）依法应当检疫而未经检疫或者检疫不合格的；

（四）染疫或者疑似染疫的；

（五）病死或者死因不明的；

（六）其他不符合国务院兽医主管部门有关动物防疫规定的。

第三章　动物疫情的报告、通报和公布

第二十六条　从事动物疫情监测、检验检疫、疫病研究与诊疗以及动物饲养、屠宰、经营、隔离、运输等活动的单位和个人，发现动物染疫或者疑似染疫的，应当立即向当地兽医主管部门、动物卫生监督机构或者动物疫病预防控制机构报告，并采取隔离等控制措施，防止动物疫情扩散。其他单位和个人发现动物染疫或者疑似染疫的，应当及时报告。

接到动物疫情报告的单位，应当及时采取必要的控制处理措施，并按照国家规定的程序上报。

第二十七条　动物疫情由县级以上人民政府兽医主管部门认定；其中重大动物疫情由省、自治区、直辖市人民政府兽医主管部门认定，必要时报国务院兽医主管部门认定。

第二十八条　国务院兽医主管部门应当及时向国务院有关部门和军队有关部门以及省、自治区、直辖市人民政府兽医主管部门通报重大动物疫情的发生和处理情况；发生人畜共患传染病的，县级以上人民政府兽医主管部门与同级卫生主管部门应当及时相互通报。

国务院兽医主管部门应当依照我国缔结或者参加的条约、协定，及时向有关国际组织或者贸易方通报重大动物疫情的发生和处理情况。

第二十九条　国务院兽医主管部门负责向社会及时公布全国动物疫情，也

可以根据需要授权省、自治区、直辖市人民政府兽医主管部门公布本行政区域内的动物疫情。其他单位和个人不得发布动物疫情。

第三十条 任何单位和个人不得瞒报、谎报、迟报、漏报动物疫情，不得授意他人瞒报、谎报、迟报动物疫情，不得阻碍他人报告动物疫情。

第四章 动物疫病的控制和扑灭

第三十一条 发生一类动物疫病时，应当采取下列控制和扑灭措施：

（一）当地县级以上地方人民政府兽医主管部门应当立即派人到现场，划定疫点、疫区、受威胁区，调查疫源，及时报请本级人民政府对疫区实行封锁。疫区范围涉及两个以上行政区域的，由有关行政区域共同的上一级人民政府对疫区实行封锁，或者由各有关行政区域的上一级人民政府共同对疫区实行封锁。必要时，上级人民政府可以责成下级人民政府对疫区实行封锁。

（二）县级以上地方人民政府应当立即组织有关部门和单位采取封锁、隔离、扑杀、销毁、消毒、无害化处理、紧急免疫接种等强制性措施，迅速扑灭疫病。

（三）在封锁期间，禁止染疫、疑似染疫和易感染的动物、动物产品流出疫区，禁止非疫区的易感染动物进入疫区，并根据扑灭动物疫病的需要对出入疫区的人员、运输工具及有关物品采取消毒和其他限制性措施。

第三十二条 发生二类动物疫病时，应当采取下列控制和扑灭措施：

（一）当地县级以上地方人民政府兽医主管部门应当划定疫点、疫区、受威胁区。

（二）县级以上地方人民政府根据需要组织有关部门和单位采取隔离、扑杀、销毁、消毒、无害化处理、紧急免疫接种、限制易感染的动物和动物产品及有关物品出入等控制、扑灭措施。

第三十三条 疫点、疫区、受威胁区的撤销和疫区封锁的解除，按照国务院兽医主管部门规定的标准和程序评估后，由原决定机关决定并宣布。

第三十四条 发生三类动物疫病时，当地县级、乡级人民政府应当按照国务院兽医主管部门的规定组织防治和净化。

第三十五条 二、三类动物疫病呈暴发性流行时，按照一类动物疫病处理。

第三十六条 为控制、扑灭动物疫病，动物卫生监督机构应当派人在当地依法设立的现有检查站执行监督检查任务；必要时，经省、自治区、直辖市人民政府批准，可以设立临时性的动物卫生监督检查站，执行监督检查任务。

第三十七条 发生人畜共患传染病时，卫生主管部门应当组织对疫区易感染的人群进行监测，并采取相应的预防、控制措施。

第三十八条　疫区内有关单位和个人，应当遵守县级以上人民政府及其兽医主管部门依法作出的有关控制、扑灭动物疫病的规定。

任何单位和个人不得藏匿、转移、盗掘已被依法隔离、封存、处理的动物和动物产品。

第三十九条　发生动物疫情时，航空、铁路、公路、水路等运输部门应当优先组织运送控制、扑灭疫病的人员和有关物资。

第四十条　一、二、三类动物疫病突然发生，迅速传播，给养殖业生产安全造成严重威胁、危害，以及可能对公众身体健康与生命安全造成危害，构成重大动物疫情的，依照法律和国务院的规定采取应急处理措施。

第五章　动物和动物产品的检疫

第四十一条　动物卫生监督机构依照本法和国务院兽医主管部门的规定对动物、动物产品实施检疫。

动物卫生监督机构的官方兽医具体实施动物、动物产品检疫。官方兽医应当具备规定的资格条件，取得国务院兽医主管部门颁发的资格证书，具体办法由国务院兽医主管部门会同国务院人事行政部门制定。

本法所称官方兽医，是指具备规定的资格条件并经兽医主管部门任命的，负责出具检疫等证明的国家兽医工作人员。

第四十二条　屠宰、出售或者运输动物以及出售或者运输动物产品前，货主应当按照国务院兽医主管部门的规定向当地动物卫生监督机构申报检疫。

动物卫生监督机构接到检疫申报后，应当及时指派官方兽医对动物、动物产品实施现场检疫；检疫合格的，出具检疫证明、加施检疫标志。实施现场检疫的官方兽医应当在检疫证明、检疫标志上签字或者盖章，并对检疫结论负责。

第四十三条　屠宰、经营、运输以及参加展览、演出和比赛的动物，应当附有检疫证明；经营和运输的动物产品，应当附有检疫证明、检疫标志。

对前款规定的动物、动物产品，动物卫生监督机构可以查验检疫证明、检疫标志，进行监督抽查，但不得重复检疫收费。

第四十四条　经铁路、公路、水路、航空运输动物和动物产品的，托运人托运时应当提供检疫证明；没有检疫证明的，承运人不得承运。

运载工具在装载前和卸载后应当及时清洗、消毒。

第四十五条　输入到无规定动物疫病区的动物、动物产品，货主应当按照国务院兽医主管部门的规定向无规定动物疫病区所在地动物卫生监督机构申报检疫，经检疫合格的，方可进入；检疫所需费用纳入无规定动物疫病区所在地地方人民政府财政预算。

第四十六条 跨省、自治区、直辖市引进乳用动物、种用动物及其精液、胚胎、种蛋的，应当向输入地省、自治区、直辖市动物卫生监督机构申请办理审批手续，并依照本法第四十二条的规定取得检疫证明。

跨省、自治区、直辖市引进的乳用动物、种用动物到达输入地后，货主应当按照国务院兽医主管部门的规定对引进的乳用动物、种用动物进行隔离观察。

第四十七条 人工捕获的可能传播动物疫病的野生动物，应当报经捕获地动物卫生监督机构检疫，经检疫合格的，方可饲养、经营和运输。

第四十八条 经检疫不合格的动物、动物产品，货主应当在动物卫生监督机构监督下按照国务院兽医主管部门的规定处理，处理费用由货主承担。

第四十九条 依法进行检疫需要收取费用的，其项目和标准由国务院财政部门、物价主管部门规定。

第六章 动物诊疗

第五十条 从事动物诊疗活动的机构，应当具备下列条件：

（一）有与动物诊疗活动相适应并符合动物防疫条件的场所；

（二）有与动物诊疗活动相适应的执业兽医；

（三）有与动物诊疗活动相适应的兽医器械和设备；

（四）有完善的管理制度。

第五十一条 设立从事动物诊疗活动的机构，应当向县级以上地方人民政府兽医主管部门申请动物诊疗许可证。受理申请的兽医主管部门应当依照本法和《中华人民共和国行政许可法》的规定进行审查。经审查合格的，发给动物诊疗许可证；不合格的，应当通知申请人并说明理由。

第五十二条 动物诊疗许可证应当载明诊疗机构名称、诊疗活动范围、从业地点和法定代表人（负责人）等事项。

动物诊疗许可证载明事项变更的，应当申请变更或者换发动物诊疗许可证。

第五十三条 动物诊疗机构应当按照国务院兽医主管部门的规定，做好诊疗活动中的卫生安全防护、消毒、隔离和诊疗废弃物处置等工作。

第五十四条 国家实行执业兽医资格考试制度。具有兽医相关专业大学专科以上学历的，可以申请参加执业兽医资格考试；考试合格的，由省、自治区、直辖市人民政府兽医主管部门颁发执业兽医资格证书；从事动物诊疗的，还应当向当地县级人民政府兽医主管部门申请注册。执业兽医资格考试和注册办法由国务院兽医主管部门商国务院人事行政部门制定。

本法所称执业兽医，是指从事动物诊疗和动物保健等经营活动的兽医。

第五十五条 经注册的执业兽医，方可从事动物诊疗、开具兽药处方等活动。但是，本法第五十七条对乡村兽医服务人员另有规定的，从其规定。

执业兽医、乡村兽医服务人员应当按照当地人民政府或者兽医主管部门的要求，参加预防、控制和扑灭动物疫病的活动。

第五十六条 从事动物诊疗活动，应当遵守有关动物诊疗的操作技术规范，使用符合国家规定的兽药和兽医器械。

第五十七条 乡村兽医服务人员可以在乡村从事动物诊疗服务活动，具体管理办法由国务院兽医主管部门制定。

第七章 监督管理

第五十八条 动物卫生监督机构依照本法规定，对动物饲养、屠宰、经营、隔离、运输以及动物产品生产、经营、加工、贮藏、运输等活动中的动物防疫实施监督管理。

第五十九条 动物卫生监督机构执行监督检查任务，可以采取下列措施，有关单位和个人不得拒绝或者阻碍：

（一）对动物、动物产品按照规定采样、留验、抽检；

（二）对染疫或者疑似染疫的动物、动物产品及相关物品进行隔离、查封、扣押和处理；

（三）对依法应当检疫而未经检疫的动物实施补检；

（四）对依法应当检疫而未经检疫的动物产品，具备补检条件的实施补检，不具备补检条件的予以没收销毁；

（五）查验检疫证明、检疫标志和畜禽标识；

（六）进入有关场所调查取证，查阅、复制与动物防疫有关的资料。

动物卫生监督机构根据动物疫病预防、控制需要，经当地县级以上地方人民政府批准，可以在车站、港口、机场等相关场所派驻官方兽医。

第六十条 官方兽医执行动物防疫监督检查任务，应当出示行政执法证件，佩戴统一标志。

动物卫生监督机构及其工作人员不得从事与动物防疫有关的经营性活动，进行监督检查不得收取任何费用。

第六十一条 禁止转让、伪造或者变造检疫证明、检疫标志或者畜禽标识。

检疫证明、检疫标志的管理办法，由国务院兽医主管部门制定。

第八章 保障措施

第六十二条 县级以上人民政府应当将动物防疫纳入本级国民经济和社会

发展规划及年度计划。

第六十三条　县级人民政府和乡级人民政府应当采取有效措施,加强村级防疫员队伍建设。

县级人民政府兽医主管部门可以根据动物防疫工作需要,向乡、镇或者特定区域派驻兽医机构。

第六十四条　县级以上人民政府按照本级政府职责,将动物疫病预防、控制、扑灭、检疫和监督管理所需经费纳入本级财政预算。

第六十五条　县级以上人民政府应当储备动物疫情应急处理工作所需的防疫物资。

第六十六条　对在动物疫病预防和控制、扑灭过程中强制扑杀的动物、销毁的动物产品和相关物品,县级以上人民政府应当给予补偿。具体补偿标准和办法由国务院财政部门会同有关部门制定。

因依法实施强制免疫造成动物应激死亡的,给予补偿。具体补偿标准和办法由国务院财政部门会同有关部门制定。

第六十七条　对从事动物疫病预防、检疫、监督检查、现场处理疫情以及在工作中接触动物疫病病原体的人员,有关单位应当按照国家规定采取有效的卫生防护措施和医疗保健措施。

第九章　法律责任

第六十八条　地方各级人民政府及其工作人员未依照本法规定履行职责的,对直接负责的主管人员和其他直接责任人员依法给予处分。

第六十九条　县级以上人民政府兽医主管部门及其工作人员违反本法规定,有下列行为之一的,由本级人民政府责令改正,通报批评;对直接负责的主管人员和其他直接责任人员依法给予处分:

(一) 未及时采取预防、控制、扑灭等措施的;

(二) 对不符合条件的颁发动物防疫条件合格证、动物诊疗许可证,或者对符合条件的拒不颁发动物防疫条件合格证、动物诊疗许可证的;

(三) 其他未依照本法规定履行职责的行为。

第七十条　动物卫生监督机构及其工作人员违反本法规定,有下列行为之一的,由本级人民政府或者兽医主管部门责令改正,通报批评;对直接负责的主管人员和其他直接责任人员依法给予处分:

(一) 对未经现场检疫或者检疫不合格的动物、动物产品出具检疫证明、加施检疫标志,或者对检疫合格的动物、动物产品拒不出具检疫证明、加施检疫标志的;

(二) 对附有检疫证明、检疫标志的动物、动物产品重复检疫的;

（三）从事与动物防疫有关的经营性活动，或者在国务院财政部门、物价主管部门规定外加收费用、重复收费的；

（四）其他未依照本法规定履行职责的行为。

第七十一条 动物疫病预防控制机构及其工作人员违反本法规定，有下列行为之一的，由本级人民政府或者兽医主管部门责令改正，通报批评；对直接负责的主管人员和其他直接责任人员依法给予处分：

（一）未履行动物疫病监测、检测职责或者伪造监测、检测结果的；

（二）发生动物疫情时未及时进行诊断、调查的；

（三）其他未依照本法规定履行职责的行为。

第七十二条 地方各级人民政府、有关部门及其工作人员瞒报、谎报、迟报、漏报或者授意他人瞒报、谎报、迟报动物疫情，或者阻碍他人报告动物疫情的，由上级人民政府或者有关部门责令改正，通报批评；对直接负责的主管人员和其他直接责任人员依法给予处分。

第七十三条 违反本法规定，有下列行为之一的，由动物卫生监督机构责令改正，给予警告；拒不改正的，由动物卫生监督机构代作处理，所需处理费用由违法行为人承担，可以处一千元以下罚款：

（一）对饲养的动物不按照动物疫病强制免疫计划进行免疫接种的；

（二）种用、乳用动物未经检测或者经检测不合格而不按照规定处理的；

（三）动物、动物产品的运载工具在装载前和卸载后没有及时清洗、消毒的。

第七十四条 违反本法规定，对经强制免疫的动物未按照国务院兽医主管部门规定建立免疫档案、加施畜禽标识的，依照《中华人民共和国畜牧法》的有关规定处罚。

第七十五条 违反本法规定，不按照国务院兽医主管部门规定处置染疫动物及其排泄物，染疫动物产品，病死或者死因不明的动物尸体，运载工具中的动物排泄物以及垫料、包装物、容器等污染物以及其他经检疫不合格的动物、动物产品的，由动物卫生监督机构责令无害化处理，所需处理费用由违法行为人承担，可以处三千元以下罚款。

第七十六条 违反本法第二十五条规定，屠宰、经营、运输动物或者生产、经营、加工、贮藏、运输动物产品的，由动物卫生监督机构责令改正、采取补救措施，没收违法所得和动物、动物产品，并处同类检疫合格动物、动物产品货值金额一倍以上五倍以下罚款；其中依法应当检疫而未检疫的，依照本法第七十八条的规定处罚。

第七十七条 违反本法规定，有下列行为之一的，由动物卫生监督机构责令改正，处一千元以上一万元以下罚款；情节严重的，处一万元以上十万元以下罚款：

（一）兴办动物饲养场（养殖小区）和隔离场所，动物屠宰加工场所，以及动物和动物产品无害化处理场所，未取得动物防疫条件合格证的；

（二）未办理审批手续，跨省、自治区、直辖市引进乳用动物、种用动物及其精液、胚胎、种蛋的；

（三）未经检疫，向无规定动物疫病区输入动物、动物产品的。

第七十八条 违反本法规定，屠宰、经营、运输的动物未附有检疫证明，经营和运输的动物产品未附有检疫证明、检疫标志的，由动物卫生监督机构责令改正，处同类检疫合格动物、动物产品货值金额百分之十以上百分之五十以下罚款；对货主以外的承运人处运输费用一倍以上三倍以下罚款。

违反本法规定，参加展览、演出和比赛的动物未附有检疫证明的，由动物卫生监督机构责令改正，处一千元以上三千元以下罚款。

第七十九条 违反本法规定，转让、伪造或者变造检疫证明、检疫标志或者畜禽标识的，由动物卫生监督机构没收违法所得，收缴检疫证明、检疫标志或者畜禽标识，并处三千元以上三万元以下罚款。

第八十条 违反本法规定，有下列行为之一的，由动物卫生监督机构责令改正，处一千元以上一万元以下罚款：

（一）不遵守县级以上人民政府及其兽医主管部门依法作出的有关控制、扑灭动物疫病规定的；

（二）藏匿、转移、盗掘已被依法隔离、封存、处理的动物和动物产品的；

（三）发布动物疫情的。

第八十一条 违反本法规定，未取得动物诊疗许可证从事动物诊疗活动的，由动物卫生监督机构责令停止诊疗活动，没收违法所得；违法所得在三万元以上的，并处违法所得一倍以上三倍以下罚款；没有违法所得或者违法所得不足三万元的，并处三千元以上三万元以下罚款。

动物诊疗机构违反本法规定，造成动物疫病扩散的，由动物卫生监督机构责令改正，处一万元以上五万元以下罚款；情节严重的，由发证机关吊销动物诊疗许可证。

第八十二条 违反本法规定，未经兽医执业注册从事动物诊疗活动的，由动物卫生监督机构责令停止动物诊疗活动，没收违法所得，并处一千元以上一万元以下罚款。

执业兽医有下列行为之一的，由动物卫生监督机构给予警告，责令暂停六个月以上一年以下动物诊疗活动；情节严重的，由发证机关吊销注册证书：

（一）违反有关动物诊疗的操作技术规范，造成或者可能造成动物疫病传播、流行的；

（二）使用不符合国家规定的兽药和兽医器械的；

（三）不按照当地人民政府或者兽医主管部门要求参加动物疫病预防、控制和扑灭活动的。

第八十三条 违反本法规定，从事动物疫病研究与诊疗和动物饲养、屠宰、经营、隔离、运输，以及动物产品生产、经营、加工、贮藏等活动的单位和个人，有下列行为之一的，由动物卫生监督机构责令改正；拒不改正的，对违法行为单位处一千元以上一万元以下罚款，对违法行为个人可以处五百元以下罚款：

（一）不履行动物疫情报告义务的；

（二）不如实提供与动物防疫活动有关资料的；

（三）拒绝动物卫生监督机构进行监督检查的；

（四）拒绝动物疫病预防控制机构进行动物疫病监测、检测的。

第八十四条 违反本法规定，构成犯罪的，依法追究刑事责任。

违反本法规定，导致动物疫病传播、流行等，给他人人身、财产造成损害的，依法承担民事责任。

第十章　附　则

第八十五条 本法自 2008 年 1 月 1 日起施行。

附录二　《重大动物疫情应急条例》

2005 年 11 月 18 日国务院令第 450 号发布，根据 2017 年 10 月 7 日国务院令第 687 号《国务院关于修改部分行政法规的决定》修正。

目　　录

第一章　总　　则

第一条　为了迅速控制、扑灭重大动物疫情，保障养殖业生产安全，保护公众身体健康与生命安全，维护正常的社会秩序，根据《中华人民共和国动物防疫法》，制定本条例。

第二条　本条例所称重大动物疫情，是指高致病性禽流感等发病率或者死亡率高的动物疫病突然发生，迅速传播，给养殖业生产安全造成严重威胁、危害，以及可能对公众身体健康与生命安全造成危害的情形，包括特别重大动物疫情。

第三条　重大动物疫情应急工作应当坚持加强领导、密切配合，依靠科学、依法防治，群防群控、果断处置的方针，及时发现，快速反应，严格处理，减少损失。

第四条　重大动物疫情应急工作按照属地管理的原则，实行政府统一领导、部门分工负责，逐级建立责任制。

县级以上人民政府兽医主管部门具体负责组织重大动物疫情的监测、调查、控制、扑灭等应急工作。

县级以上人民政府林业主管部门、兽医主管部门按照职责分工，加强对陆生野生动物疫源疫病的监测。

县级以上人民政府其他有关部门在各自的职责范围内，做好重大动物疫情的应急工作。

第五条　出入境检验检疫机关应当及时收集境外重大动物疫情信息，加强进出境动物及其产品的检验检疫工作，防止动物疫病传入和传出。兽医主管部门要及时向出入境检验检疫机关通报国内重大动物疫情。

第六条　国家鼓励、支持开展重大动物疫情监测、预防、应急处理等有关技术的科学研究和国际交流与合作。

第七条　县级以上人民政府应当对参加重大动物疫情应急处理的人员给予适当补助，对作出贡献的人员给予表彰和奖励。

第八条　对不履行或者不按照规定履行重大动物疫情应急处理职责的行为，任何单位和个人有权检举控告。

第二章　应　急　准　备

第九条　国务院兽医主管部门应当制定全国重大动物疫情应急预案，报国务院批准，并按照不同动物疫病病种及其流行特点和危害程度，分别制定实施方案，报国务院备案。

县级以上地方人民政府根据本地区的实际情况，制定本行政区域的重大动物疫情应急预案，报上一级人民政府兽医主管部门备案。县级以上地方人民政府兽医主管部门，应当按照不同动物疫病病种及其流行特点和危害程度，分别制定实施方案。

重大动物疫情应急预案及其实施方案应当根据疫情的发展变化和实施情况，及时修改、完善。

第十条　重大动物疫情应急预案主要包括下列内容：

（一）应急指挥部的职责、组成以及成员单位的分工；

（二）重大动物疫情的监测、信息收集、报告和通报；

（三）动物疫病的确认、重大动物疫情的分级和相应的应急处理工作方案；

（四）重大动物疫情疫源的追踪和流行病学调查分析；

（五）预防、控制、扑灭重大动物疫情所需资金的来源、物资和技术的储备与调度；

（六）重大动物疫情应急处理设施和专业队伍建设。

第十一条　国务院有关部门和县级以上地方人民政府及其有关部门，应当根据重大动物疫情应急预案的要求，确保应急处理所需的疫苗、药品、设施设备和防护用品等物资的储备。

第十二条　县级以上人民政府应当建立和完善重大动物疫情监测网络和预防控制体系，加强动物防疫基础设施和乡镇动物防疫组织建设，并保证其正常运行，提高对重大动物疫情的应急处理能力。

第十三条　县级以上地方人民政府根据重大动物疫情应急需要，可以成立应急预备队，在重大动物疫情应急指挥部的指挥下，具体承担疫情的控制和扑灭任务。

应急预备队由当地兽医行政管理人员、动物防疫工作人员、有关专家、执业兽医等组成；必要时，可以组织动员社会上有一定专业知识的人员参加。公安机关、中国人民武装警察部队应当依法协助其执行任务。

应急预备队应当定期进行技术培训和应急演练。

第十四条 县级以上人民政府及其兽医主管部门应当加强对重大动物疫情应急知识和重大动物疫病科普知识的宣传，增强全社会的重大动物疫情防范意识。

第三章 监测、报告和公布

第十五条 动物防疫监督机构负责重大动物疫情的监测，饲养、经营动物和生产、经营动物产品的单位和个人应当配合，不得拒绝和阻碍。

第十六条 从事动物隔离、疫情监测、疫病研究与诊疗、检验检疫以及动物饲养、屠宰加工、运输、经营等活动的有关单位和个人，发现动物出现群体发病或者死亡的，应当立即向所在地的县（市）动物防疫监督机构报告。

第十七条 县（市）动物防疫监督机构接到报告后，应当立即赶赴现场调查核实。初步认为属于重大动物疫情的，应当在 2 小时内将情况逐级报省、自治区、直辖市动物防疫监督机构，并同时报所在地人民政府兽医主管部门；兽医主管部门应当及时通报同级卫生主管部门。

省、自治区、直辖市动物防疫监督机构应当在接到报告后 1 小时内，向省、自治区、直辖市人民政府兽医主管部门和国务院兽医主管部门所属的动物防疫监督机构报告。

省、自治区、直辖市人民政府兽医主管部门应当在接到报告后 1 小时内报本级人民政府和国务院兽医主管部门。

重大动物疫情发生后，省、自治区、直辖市人民政府和国务院兽医主管部门应当在 4 小时内向国务院报告。

第十八条 重大动物疫情报告包括下列内容：

（一）疫情发生的时间、地点；

（二）染疫、疑似染疫动物种类和数量、同群动物数量、免疫情况、死亡数量、临床症状、病理变化、诊断情况；

（三）流行病学和疫源追踪情况；

（四）已采取的控制措施；

（五）疫情报告的单位、负责人、报告人及联系方式。

第十九条 重大动物疫情由省、自治区、直辖市人民政府兽医主管部门认定；必要时，由国务院兽医主管部门认定。

第二十条 重大动物疫情由国务院兽医主管部门按照国家规定的程序，及时准确公布；其他任何单位和个人不得公布重大动物疫情。

第二十一条 重大动物疫病应当由动物防疫监督机构采集病料。其他单位和个人采集病料的，应当具备以下条件：

（一）重大动物疫病病料采集目的、病原微生物的用途应当符合国务院兽医主管部门的规定；

（二）具有与采集病料相适应的动物病原微生物实验室条件；

（三）具有与采集病料所需要的生物安全防护水平相适应的设备，以及防止病原感染和扩散的有效措施。

从事重大动物疫病病原分离的，应当遵守国家有关生物安全管理规定，防止病原扩散。

第二十二条 国务院兽医主管部门应当及时向国务院有关部门和军队有关部门以及各省、自治区、直辖市人民政府兽医主管部门通报重大动物疫情的发生和处理情况。

第二十三条 发生重大动物疫情可能感染人群时，卫生主管部门应当对疫区内易受感染的人群进行监测，并采取相应的预防、控制措施。卫生主管部门和兽医主管部门应当及时相互通报情况。

第二十四条 有关单位和个人对重大动物疫情不得瞒报、谎报、迟报，不得授意他人瞒报、谎报、迟报，不得阻碍他人报告。

第二十五条 在重大动物疫情报告期间，有关动物防疫监督机构应当立即采取临时隔离控制措施；必要时，当地县级以上地方人民政府可以作出封锁决定并采取扑杀、销毁等措施。有关单位和个人应当执行。

第四章 应 急 处 理

第二十六条 重大动物疫情发生后，国务院和有关地方人民政府设立的重大动物疫情应急指挥部统一领导、指挥重大动物疫情应急工作。

第二十七条 重大动物疫情发生后，县级以上地方人民政府兽医主管部门应当立即划定疫点、疫区和受威胁区，调查疫源，向本级人民政府提出启动重大动物疫情应急指挥系统、应急预案和对疫区实行封锁的建议，有关人民政府应当立即作出决定。

疫点、疫区和受威胁区的范围应当按照不同动物疫病病种及其流行特点和危害程度划定，具体划定标准由国务院兽医主管部门制定。

第二十八条 国家对重大动物疫情应急处理实行分级管理，按照应急预案确定的疫情等级，由有关人民政府采取相应的应急控制措施。

第二十九条　对疫点应当采取下列措施：

（一）扑杀并销毁染疫动物和易感染的动物及其产品；

（二）对病死的动物、动物排泄物、被污染饲料、垫料、污水进行无害化处理；

（三）对被污染的物品、用具、动物圈舍、场地进行严格消毒。

第三十条　对疫区应当采取下列措施：

（一）在疫区周围设置警示标志，在出入疫区的交通路口设置临时动物检疫消毒站，对出入的人员和车辆进行消毒；

（二）扑杀并销毁染疫和疑似染疫动物及其同群动物，销毁染疫和疑似染疫的动物产品，对其他易感染的动物实行圈养或者在指定地点放养，役用动物限制在疫区内使役；

（三）对易感染的动物进行监测，并按照国务院兽医主管部门的规定实施紧急免疫接种，必要时对易感染的动物进行扑杀；

（四）关闭动物及动物产品交易市场，禁止动物进出疫区和动物产品运出疫区；

（五）对动物圈舍、动物排泄物、垫料、污水和其他可能受污染的物品、场地，进行消毒或者无害化处理。

第三十一条　对受威胁区应当采取下列措施：

（一）对易感染的动物进行监测；

（二）对易感染的动物根据需要实施紧急免疫接种。

第三十二条　重大动物疫情应急处理中设置临时动物检疫消毒站以及采取隔离、扑杀、销毁、消毒、紧急免疫接种等控制、扑灭措施的，由有关重大动物疫情应急指挥部决定，有关单位和个人必须服从；拒不服从的，由公安机关协助执行。

第三十三条　国家对疫区、受威胁区内易感染的动物免费实施紧急免疫接种；对因采取扑杀、销毁等措施给当事人造成的已经证实的损失，给予合理补偿。紧急免疫接种和补偿所需费用，由中央财政和地方财政分担。

第三十四条　重大动物疫情应急指挥部根据应急处理需要，有权紧急调集人员、物资、运输工具以及相关设施、设备。

单位和个人的物资、运输工具以及相关设施、设备被征集使用的，有关人民政府应当及时归还并给予合理补偿。

第三十五条　重大动物疫情发生后，县级以上人民政府兽医主管部门应当及时提出疫点、疫区、受威胁区的处理方案，加强疫情监测、流行病学调查、疫源追踪工作，对染疫和疑似染疫动物及其同群动物和其他易感染动物的扑杀、销毁进行技术指导，并组织实施检验检疫、消毒、无害化处理和紧急免疫接种。

第三十六条　重大动物疫情应急处理中，县级以上人民政府有关部门应当在各自的职责范围内，做好重大动物疫情应急所需的物资紧急调度和运输、应急经费安排、疫区群众救济、人的疫病防治、肉食品供应、动物及其产品市场监管、出入境检验检疫和社会治安维护等工作。

中国人民解放军、中国人民武装警察部队应当支持配合驻地人民政府做好重大动物疫情的应急工作。

第三十七条　重大动物疫情应急处理中，乡镇人民政府、村民委员会、居民委员会应当组织力量，向村民、居民宣传动物疫病防治的相关知识，协助做好疫情信息的收集、报告和各项应急处理措施的落实工作。

第三十八条　重大动物疫情发生地的人民政府和毗邻地区的人民政府应当通力合作，相互配合，做好重大动物疫情的控制、扑灭工作。

第三十九条　有关人民政府及其有关部门对参加重大动物疫情应急处理的人员，应当采取必要的卫生防护和技术指导等措施。

第四十条　自疫区内最后一头（只）发病动物及其同群动物处理完毕起，经过一个潜伏期以上的监测，未出现新的病例的，彻底消毒后，经上一级动物防疫监督机构验收合格，由原发布封锁令的人民政府宣布解除封锁，撤销疫区；由原批准机关撤销在该疫区设立的临时动物检疫消毒站。

第四十一条　县级以上人民政府应当将重大动物疫情确认、疫区封锁、扑杀及其补偿、消毒、无害化处理、疫源追踪、疫情监测以及应急物资储备等应急经费列入本级财政预算。

第五章　法律责任

第四十二条　违反本条例规定，兽医主管部门及其所属的动物防疫监督机构有下列行为之一的，由本级人民政府或者上级人民政府有关部门责令立即改正、通报批评、给予警告；对主要负责人、负有责任的主管人员和其他责任人员，依法给予记大过、降级、撤职直至开除的行政处分；构成犯罪的，依法追究刑事责任：

（一）不履行疫情报告职责，瞒报、谎报、迟报或者授意他人瞒报、谎报、迟报，阻碍他人报告重大动物疫情的；

（二）在重大动物疫情报告期间，不采取临时隔离控制措施，导致动物疫情扩散的；

（三）不及时划定疫点、疫区和受威胁区，不及时向本级人民政府提出应急处理建议，或者不按照规定对疫点、疫区和受威胁区采取预防、控制、扑灭措施的；

（四）不向本级人民政府提出启动应急指挥系统、应急预案和对疫区的封锁建议的；

（五）对动物扑杀、销毁不进行技术指导或者指导不力，或者不组织实施检验检疫、消毒、无害化处理和紧急免疫接种的；

（六）其他不履行本条例规定的职责，导致动物疫病传播、流行，或者对养殖业生产安全和公众身体健康与生命安全造成严重危害的。

第四十三条 违反本条例规定，县级以上人民政府有关部门不履行应急处理职责，不执行对疫点、疫区和受威胁区采取的措施，或者对上级人民政府有关部门的疫情调查不予配合或者阻碍、拒绝的，由本级人民政府或者上级人民政府有关部门责令立即改正、通报批评、给予警告；对主要负责人、负有责任的主管人员和其他责任人员，依法给予记大过、降级、撤职直至开除的行政处分；构成犯罪的，依法追究刑事责任。

第四十四条 违反本条例规定，有关地方人民政府阻碍报告重大动物疫情，不履行应急处理职责，不按照规定对疫点、疫区和受威胁区采取预防、控制、扑灭措施，或者对上级人民政府有关部门的疫情调查不予配合或者阻碍、拒绝的，由上级人民政府责令立即改正、通报批评、给予警告；对政府主要领导人依法给予记大过、降级、撤职直至开除的行政处分；构成犯罪的，依法追究刑事责任。

第四十五条 截留、挪用重大动物疫情应急经费，或者侵占、挪用应急储备物资的，按照《财政违法行为处罚处分条例》的规定处理；构成犯罪的，依法追究刑事责任。

第四十六条 违反本条例规定，拒绝、阻碍动物防疫监督机构进行重大动物疫情监测，或者发现动物出现群体发病或者死亡，不向当地动物防疫监督机构报告的，由动物防疫监督机构给予警告，并处 2000 元以上 5000 元以下的罚款；构成犯罪的，依法追究刑事责任。

第四十七条 违反本条例规定，不符合相应条件采集重大动物疫病病料，或者在重大动物疫病病原分离时不遵守国家有关生物安全管理规定的，由动物防疫监督机构给予警告，并处 5000 元以下的罚款；构成犯罪的，依法追究刑事责任。

第四十八条 在重大动物疫情发生期间，哄抬物价、欺骗消费者、散布谣言、扰乱社会秩序和市场秩序的，由价格主管部门、工商行政管理部门或者公安机关依法给予行政处罚；构成犯罪的，依法追究刑事责任。

第六章 附 则

第四十九条 本条例自公布之日起施行。

参考文献

［1］陈浦言．兽医传染病学．［M］．5版．北京：中国农业出版社，2006.

［2］李文刚，姚卫东，秦华．畜禽传染病与诊疗技术［M］．北京：中国农业大学出版社，2011.

［3］关文怡，蒋增海．动物常见病防治［M］．北京：中央广播电视大学出版社，2015.

［4］葛兆洪．动物传染病［M］．北京：中国农业出版社，2018.

［5］张西臣、李建华．动物寄生虫病学．［M］．4版．北京：科学出版社，2019.